統合自然地理学

Integrated Physical Geography

岩田修二 [著]

東京大学出版会

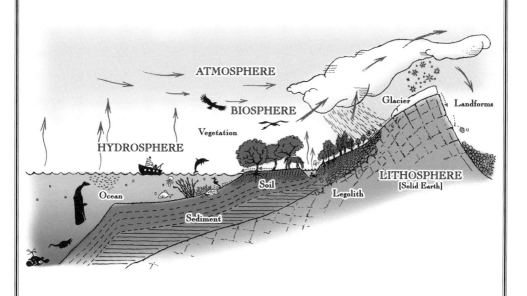

―― 内容紹介 ――

1. この本は，大学学部レベルの自然地理学系の授業のための教科書・副読本・参考書として執筆・刊行された．

2. ただし，講義と組み合わせなくとも使用できるように（読むだけで理解できるように），本文の解説・説明はくわしく書き込んだ．

3. 第1部・第2部は，気候学や地形学などの研究領域に細分されない，統合された自然地理学（統合自然地理学，言い換えれば縫い目のない自然地理学）の論理と方法論（自然地理学概論）である．

4. 第3部には，統合自然地理学の研究例を示した．

5. 半期の授業（15コマ）に適合するように構成されている．残りの半期の，研究領域別に構成された（個別領域別の）自然地理学の授業と組み合わせて使われることを想定している．

6. 第1章・第5章では，児童向けの文章などを引用し，取りつきやすい内容にした．

7. 数学や物理，化学の知識がなくても理解できる内容である．

8. 自習のための材料にもなるように，参考資料や注を付け加えた．

9. 内容の骨子は，2015・2016年度の早稲田大学教育学部「自然地理学研究1」で使用した講義録と配付資料である．

Integrated Physical Geography

Shuji IWATA

University of Tokyo Press, 2018
ISBN978-4-13-022501-4

はじめに

　40 年も昔のことだが，大学院博士課程で学んでいたとき，大学の非常勤講師として，一般教育課程の自然地理学を担当することになった．そのとき，わたしは，自然地理学でなにを教えるかに悩んだ．わたしが学んだ地理学の専門教育では，自然地理学という名前の授業はなく，地形学，気候学，植生地理学などの細分化された科目を学んだだけだったからである（一般教育課程の「自然地理学」は，地理学専攻生は受けなくてよいと言われた）．地形学や気候学などの領域別科目のダイジェストを順に解説するだけの授業はやりたくない．寄せ集めではない自然地理学にするにはどうすべきか．わたしは，卒業研究や学位研究で，高山帯での，地形変化と気候・植生・表層地質との関連を研究していたので，そのような，地球表層部における諸現象の相互関連性を教えたいと考えた．しかし，残念ながら，そのときには，思うような授業はできなかった．

　その後，21 世紀になって，地球環境問題が切迫した社会問題になり，自然災害が頻発し，地域の自然・環境を総合的・俯瞰的にとらえる自然地理学の重要性が再評価されるようになった．たとえば雑誌「科学」では 2015 年秋から自然地理をアッピールするエッセイが連載されている．そこで強調されるのは，領域ごとの分析的研究にはない俯瞰的視点である．自然地理学で扱う地表付近の自然は，相互に関連しているので，研究領域ごとに分断することができない．この理解なしには，高等学校の地理の教科書に必ず載せてある，世界の気候区分・植生区分・土壌区分などの図がよく似ていることの意味を理解できないだろう．ここに，地表付近の自然を，細分せずに総体として研究することの意味，つまり自然地理学の存在理由がある．

　しかしながら，その自然地理学の担い手である自然地理学者自身が，自然地理学の本質や特質を理解しているのかが疑問になってきた．というのは，近年刊行された自然地理学のいくつかの教科書では，地形学，気候学などの個別領域が章ごとに並べられているだけで，自然地理学とはどういう科学な

i

のかの説明もほとんど書かれていないのを見たからである．自然地理学が異なる研究領域を寄せ集めただけの学問であるという実態はまったく変わっていないのである．

　自然地理学という授業は広く開講されている．大学の一般教育科目では，自然・環境を広く教えるのに好都合な科目であると認識されている．また，教員養成課程の地歴科目の必修科目として設置せざるを得ない科目である．それに対して，地理学科や地理学専攻における専門科目では，教員の専門領域に合わせた，専門領域別の授業，地形学や気候学，水文学，植生地理学，土壌地理学など，あるいは名称は自然地理学であっても特定のせまい領域に限定された授業が開講され，自然の総体を教える自然地理学は置かれないのが普通のようである．

　東京都立大学の自然史学講座の設置にかかわった貝塚爽平先生は，1980年代に，研究領域ごとに分断された自然地理学ではなく，自然の全体像を扱う自然地理学の重要性を認識されていた．その内容は，朝倉書店の地理学講座の1冊として刊行される予定だったが，結局，実現しなかった．1990年代の中ごろ，東京都立大学の「自然史博物館学」の授業を，植物や動物の専門家とともにわたしが担当したときには，貝塚先生の考えに基づいた地表諸現象の相互の関連をある程度教えることができた．さらに，2005年ごろから，専修大学や早稲田大学の学部・大学院で自然地理学の授業をおこなってきた．それらの授業では，研究領域ごとの自然地理学ではなく，自然地理学の本質や，総合的に自然を理解する方法について解説してきた．

　これらの経験に基づいて，研究領域別ではない自然地理学の構築に向けての考えを教科書としてまとめたのが，この本である．ここでは領域別ではない自然地理学を**統合自然地理学**と呼ぶことにする．

　ここにのべたような自然地理学の本質と特徴，方法論は，自然地理学の核心部としてきちんと教育されなければならない．それがあればこそ，精緻な実証研究をおこなう個別領域研究の自然地理学に支えられて，地表の自然を総合的にとらえる自然地理学が成り立つと考える．それなしには，自然地理学は，やがて，地形学や気候学などに分解して消滅し，教職課程社会科地理のためだけの，諸領域寄せ集めの授業科目に名を留めるだけになろう．

謝　辞

　この本をまとめるきっかけになった「自然地理学研究」の授業（早稲田大学教育学部）を担当する機会を与えてくださった久保純子教授，14章のアムール・オホーツクプロジェクト関連の草稿を読みコメントをくださった北海道大学白岩孝行准教授，本書の内容に注目され，編集・出版の労をとってくださった東京大学出版会編集部の小松美加さん，また，『氷河地形学』に続いて，すてきな表紙カバーをデザインしてくださった向井一貞さんに感謝いたします．文中，著者がお世話になった方がたのことに触れた箇所がありますが，文脈上，お名前の敬称を省かせていただきました．失礼をお許し頂ければ幸いに存じます．

2018 年 4 月 18 日　飄臥亭にて

岩田修二

目　次

はじめに

第 1 部　統合自然地理学とは何か

第 1 章　自然地理学で学習すること……………………………………2

1-1　『初歩の科学　自然地理学』　2

1-2　『初歩の科学　自然地理学』からわかる 19 世紀の自然地理学の内容　6

1-3　現在の自然地理学　8

1-4　まとめ：領域と領域とをつなぐ研究の必要性　8

第 2 章　自然地理学の歴史……………………………………………11

2-1　萌芽期（自然哲学から博物学へ）　11

2-2　誕生と成長期（近代地理学の成立）　12

2-3　個別領域科学へ（近代科学への仲間入り）　15

2-4　自然地理学統合化の動き（領域俯瞰型研究へ）　16

　　参考資料 1　地理学と探検　19

第 3 章　領域俯瞰型自然地理学をめざして：
　　　　　統合自然地理学の提唱……………………………………22

3-1　自然地理学の特徴（ユニークさ）と問題点，対応策　22

　　　1）博物学の遺産　　2）人間との関係　　3）俯瞰的見方

3-2　領域別自然地理学の問題点　27

　　　1）個別領域研究の問題点　　2）自然地理学教育での問題

iv

3-3　領域俯瞰型研究の必要性　30

3-4　まとめ：統合自然地理学の提唱　32

　参考資料2　ハクスリーの『地文学』とサマーヴィルの『自然地理学』　35

　第1部のまとめ　37

第2部　統合自然地理学の論理と方法

第4章　風景と景観：地域の形態 …………………………………………40

4-1　風景とは　40

4-2　景観とラントシャフト　41

4-3　ランドスケープ　43

4-4　風景論　44

4-5　自然地理学における風景研究の論理　44

　　　1）風景要素　　2）風景は形態

4-6　自然地理学における風景研究の方法　47

　　　1）気候景観の場合　　2）反復写真と地理情報解析

4-7　まとめ　50

第5章　空間スケール ……………………………………………………53

5-1　地球の大きさと形　53

5-2　『地球がもし100 cmの球だったら』　54

5-3　地球の本当の形は？　57

5-4　風の空間スケール：長さ（距離）　60

5-5　G-スケール：自然地理学での広さの単位　61

5-6　自然地域のスケール区分　61

5-7　まとめ　63

　参考資料3　「10のべき」の旅：宇宙から素粒子までの大きさ　65

第6章　時間スケールおよび空間スケールとの関係：
　　　　自然地理学の法則性 …………………………………………67

6-1　全地球史の時代区分　67

6-2　地球の誕生がもし1年前だったら　68

6-3　地球の時間（地質時代）の区分と年代　70

　　　　1）地質時代の区分　　2）数値年代とその表記

6-4　風が示す現在の時間　72

　　　　1）短い時間スケールの現象　　2）風の時間スケールと空間スケール

6-5　空間スケールと時間スケールとの関係　75

6-6　まとめ：空間・時間・領域の多様性を把握する研究方法とは　79

　　参考資料4　さまざまな地学現象の説明　81

　　参考資料5　大地の自然史ダイアグラム　83

第7章　地図の重ね合わせ：分布図の利用 ……………………………87

7-1　分布と分布図　87

7-2　阪神・淡路大震災の後，起こったこと　88

　　　　1）作成された多くの分布図　　2）分布図による研究の手順

7-3　分布図の重ね合わせと対応関係・因果関係　91

7-4　世界の気候区，植生帯，土壌帯の重ね合わせと因果関係　93

　　　　1）世界気候区（ケッペンの気候区）

　　　　2）気候・植生・土壌などの対応関係のまとめ

7-5　鈴木秀夫の分布図の論理：雪国離婚仮説は正しいか？　100

7-6　結論：分布図の重ね合わせに不可欠なのは因果関係の発見　103

　　参考資料6　地球規模の地形地域（気候地形区分）　106

第8章　地生態学の考え方 ………………………………………………111

8-1　トロルの地生態学　111

8-2　エコシステムとエコトープ　112

8-3　エコトープの垂直的関係と水平的関係　113

8-4　エコトープの水平的関係とカテナの考え方　117

8-5　エコトープとパッチ　118

8-6　地生態収支　120

8-7　まとめ　121

　　参考資料7　ヒマラヤでのジャック゠アイヴスの地生態学　125

第9章　システム科学の使い方 ……………………………………128

9-1　シームレスな自然はシステム　128

9-2　システムとは何か　129

9-3　システムの種類と構造　130

　　　1）システムの機能分類　　2）システムの構造分類

9-4　地球惑星システム科学の考え方　136

　　　1）地球システム科学　　2）地球システム科学における気候システム

　　　3）気候システムの研究と地球環境問題

　　　4）システム全体の把握のためには　　5）システムの安定性

9-5　まとめ：システム科学の使い方　142

　　参考資料8　大陸が動けば氷河時代になる　144

　　第2部のまとめ　146

第3部　統合自然地理学の研究例

第10章　丘陵地域の自然の構成：
　　　ミクロな自然システムの把握法 ……………………………150

10-1　丘陵地と里山，ニュータウン開発　150

10-2　谷頭部の地形・土壌・水・植生　152

　　　1）微地形区分　　2）土壌　　3）水の動きと地形形成作用　　4）植生

目　次——vii

10-3　現地での調査（自然地理学実習）　158

　　　1）地域環境を理解する大縮尺の地図

　　　2）地形・土壌・植生の対応関係

10-4　まとめ：自然の総合的な把握と環境評価・環境管理　164

第11章　白馬岳高山帯の風景の成り立ち …………………………167

11-1　高山帯の自然の総合的研究　167

11-2　雪窪の測量から砂礫移動へ，そして共同調査　168

11-3　砂礫地をめぐる風景をつくる要因の研究　171

　　　1）方向1（斜面プロセス研究）　2）方向2（風景の形成要因研究）

　　　3）学位論文の方向（高山帯の自然の成り立ちの筋書きの解明）

11-4　砂礫斜面研究の方法　173

　　　1）砂礫地から砂礫斜面へ　2）さまざまなスケールの地図の作成

　　　3）地図の重ね合わせ　4）砂礫斜面での詳細調査

　　　5）砂礫斜面の属性（砂礫斜面台帳の作成）

11-5　得られた結果（砂礫斜面を取りまく諸要因）　182

11-6　まとめ　184

　　　1）砂礫斜面の重要性　2）風景を決めるもの

第12章　上高地谷の地形変動と河畔林の動態 ………………………189

12-1　上高地自然史研究会の発足　189

12-2　上高地の自然の空間・時間スケール　191

12-3　上高地谷の全体像（大正池から横尾まで）　193

　　　1）地形の全体像　2）植生の全体像

12-4　上高地谷（大正池から横尾まで）の谷底部　194

　　　1）流路と河原　2）氾濫原　3）沖積錐

12-5　明神橋から徳沢までの河原とヤナギ類群落　200

　　　1）調査範囲の河原　2）流路変化

3）ヤナギ類（先駆樹種）群落の動態　　4）ヤナギ類の栽培実験

12-6　調査範囲の氾濫原の河畔林　206

1）林分の分布　　2）河畔林の成立史

12-7　上高地谷の風景の維持機構　210

1）土砂の流れ　　2）河畔林の動態

第13章　ブータンの氷河湖決壊洪水 ……………………………215

13-1　ヒマラヤでの拡大する氷河湖決壊洪水の危機　215

13-2　氷河湖決壊の謎　216

13-3　ブータンでの広域氷河湖危険度判定調査　216

13-4　その後の調査の経緯　219

13-5　災害対策のための新しいプロジェクト　221

13-6　研究プロジェクトでおこなわれたこと　224

1）リモートセンシング分析による広域氷河湖調査

2）現地調査による個別氷河湖調査　　3）氷河湖の総合評価

4）リモートセンシング分析による下流域の災害対策研究

5）現地調査による下流域の災害対策研究

6）下流域の災害対策の総合評価　　7）技術移転

8）市民への広報・教育活動

9）学術的貢献（ヒマラヤでの氷河湖の形成条件）

13-7　まとめ：このプロジェクトと統合自然地理学　234

第14章　アムール川とオホーツク海の環境変化 ……………………237

14-1　本の評価　237

14-2　研究計画　240

14-3　プロジェクト始動　242

14-4　仮説の検証結果　242

14-5　結論と将来予測　247

目　次──ix

14-6　まとめ　250

　　第3部のまとめ　254

第15章　成功する統合自然地理学への道：注文の多い付録文⋯⋯⋯257

15-1　昆虫採集・切手収集・鉄道趣味　257

15-2　登山と探検　258

15-3　領域俯瞰型研究のための学習　259

　　　1）幅広い学習が必要　　2）野外学校の重要性

15-4　共同研究　262

　　　1）共同研究の難しさ　　2）リーダーの必要性（ひとり学際研究）

　　　3）共同研究のための人的ネットワークづくり

15-5　領域俯瞰型研究を推進するための学習　264

　　　1）学部での領域俯瞰研究の試み

　　　2）大学院での領域俯瞰研究の試み

15-6　教員への提言（教員が変わること）　266

索引　271

本扉，第1部扉イラスト：向井一貞

x

第1部
統合自然地理学とは何か

　自然の全体像を説明しようとするイギリス19世紀の自然地理学が，現在では領域別に限られた自然を分析する学問に変わってしまった．それはなぜなのか．まず自然地理学の歴史をひも解こう．それによって自然地理学が現在置かれている位置が明確になる．これは自然地理学の特徴（ユニークさ）を検討することでもある．自然地理学とほかの学問分野との違いを明確にし，自然の全体像を明らかにする自然地理学の必要性を理解しよう．

第1章
自然地理学で学習すること

イギリス 19 世紀の自然地理学は自然の全体像を説明しようとする教科だった．まず，それを確認する．しかし，現在の自然地理学は領域別に細分された自然を教える教科に変わってしまった．

1-1 『初歩の科学 自然地理学』

自然地理学がどのような学問かを知るために，学問の中身をわかりやすく書いた文章を最初に読もう．下に引用した「休日の散歩」は，19 世紀にイギリスで出版されたギーキー著『初歩の科学 自然地理学』（Geikie 1875）の「はじめに（Introduction）」の前半部分と最後のパラグラフ（パラグラフ番号は原書のもの）である[注1]．この本は，明治新政府の中学校用の教科書として翻訳され，『地文學初歩』として 1877（明治 10）年に出版された（日刻氏 1877）（図 1-1）．しかし，ここに翻訳した原著の「はじめに」は，残念ながら翻訳された『地文學初歩』では省略され，まったく別の文章が置かれている．

──── **休日の散歩：『初歩の科学 自然地理学』の「はじめに」の翻訳** ────

1. 今は夏で，田舎にいるきみは，ある日，休日の散歩をすることにした．野草の花を集めたり，小石を拾い集めたりする人も，休日を楽しむ以上の特別な目的のない人も，なにかのスポーツや，散歩にともなう冒険を楽しむ人もいるだろう．その大事な日には，きみは，日の出直後に起床して，晴れた空に太陽が暖かく輝いているのを見てうれしくなる．しかし，朝食を終えるまでは出発できない決まりだ．その間に，バスケット（かご）や杖，その日に使うそのほかの用具を準備するのに大忙しになる．しかし，朝の輝きは陰りはじめる．最初に，数片の雲が大きくなり，そのうちに集まってさらに大きくなって嵐がはじまりそうになってきた．確かに，朝食が終わる前に，不

2──第 1 部 統合自然地理学とは何か

図1-1 『地文學初歩』の見返し．ここに示したものは 1882（明治15）年に再印刷されたものである．

吉な，最初の大きな雨粒が落ちはじめたのが見える．それでも，すぐに降り止む，にわか雨だろうという期待にこだわって，きみは徒歩旅行の用意を続ける．しかし，雨がすぐに止む気配は見えない．大きな雨粒がはげしく落ちてくるようになり，水たまりが道路の窪みにできはじめ，すでに窓ガラスには雨水が流れるように落ちている．今日の遠足は，もうあきらめなければならないので，きみは悲しみでいっぱいになる．

2. 約束されていた楽しみが，直前に，このように駄目になると，だれでも落胆する．しかし，悪天候からでも，なにか，かわりになるものを引き出せないか探してみよう．午後，おそく，空がやや明るくなってきて，雨が止んだ．きみは再び外に出られるので喜ぶ．みんなで外に出て歩こう．泥水の流れがまだ坂道に沿って流れている．もし，きみがわたしにガイドをしてくれというなら，近くの川に沿って歩くことを勧める．濡れた緑の小道を，生け垣から水がまだ滴り落ちているところを橋まで進む．橋では川を見下ろす．今日一日の豪雨がどんなに大きな変化を与えたか！　昨日，きみは川底の石

第1章　自然地理学で学習すること ―― 3

を数えることができた．水流はとても浅く透明だったからだ．今はどうだ！水流は川岸までいっぱいになり，渦巻き速く流れている．橋の上からしばらくの間眺めていると，数えきれない葉っぱや小枝が表面に浮かんでいた．ときには，大きな枝や，樹の幹さえ流れ下り，洪水流によってぶつかったりグルグル回ったりしている．麦藁や干し草の束，板きれ，生け垣の一部，ときにはかわいそうなアヒルが急流にもがきながら流されている．川は，岸まで水位を上げ農地に被害を与えていることもわかる．

3．橋の上にしばらくとどまって，川の水が激しく流下し，川に運ばれて流れて来るさまざまな物体を眺める．あふれそうな濁った水が渦巻きながら流れ下る，怒ったような，増水した川の光景を見ることができたので，休日を失ったのも価値あることだときみは考えるかもしれない．今，きみの目の前にある光景が新鮮なうちに，その光景についての，いくつかの簡単な疑問について考えよう．そうすれば，期待していた遠足が駄目になったことを残念に思わないですむ別の理由がみつかるかもしれない．

4．最初の疑問は，川の流れに付け加わったこの大量の水がどこから来たかということだ．きみは雨によってもたらされたというだろう．そのとおり，しかし，どうやってこの大きな川までやって来たのだろう．雨は，なぜ川をつくって地面を流れるのだろう．

5．しかし，第2の疑問は，雨はどこから来たのかだ．早朝，空は輝いていた．その後，雲が現れ，雨になった．雨をもたらしたのは雲だときみは答える．しかし，雲はべつの源から水を供給されねばならない．どのようにして雲は雨を集めるのか，そして地上に降らすのか．

6．第3の疑問は，川が，でたらめではなく，ひとつの方向に流れる理由である．川の水位が低いときには水面に出ている石を踏んで流れを渡っただろう．川は明らかに穏やかに流れていた．水は川の流路に沿っておなじ場所から流れて来ていた．しかし，今，川の流路は水でいっぱいで，濁った水が渦巻いて急流となっているが，まだ流れはおなじ方向であるのをきみは見ている．なぜそうなのか答えられますか．

7．繰り返すが，昨日水は透明だった．今日は濁って変色している．この汚れた水を少し汲んで家に持ち帰り，コップに入れて一晩おいておこう．翌朝，水は透明になっており，細かい泥の層が底に沈んでいるのをみつけるだろう．だから増水した川の濁りは泥なのだ．しかし，この泥はどこから来たのか．簡単に言えば，激しい雨と洪水状態になった川によって起こったなにかに違いない．

8. さて，この川は，浅くても洪水でも，いつもおなじ方向に流れており，川に含まれる泥も，川が流れるのとおなじ場所に運ばれてゆく．橋に座って泡立つ水が渦巻いてぐるぐるまわりながら流れすぎるのを見ている間に，疑問が浮かび上がってくる──この大量の水と泥はどうなるのか．

9. われわれが見ている川は，この国を流れる何百もの川のたったひとつであり，今日，われわれが見たおなじことが起こっている何千もの川が世界にはあることを覚えておこう．それらの川はすべて，大雨が降ると洪水を起こし，下流に流れ，川に沿って多かれ少なかれ泥を運搬する．

10. 家路をたどりながら，今日一日に経験した主要な現象をつなぎ合わせてみよう．晴れた青空に太陽が暖かく輝いていた．雲が空を横切り，厚く広がり，雨になった．川が流れ，雨によって増水し，泥水になった．このようにして，われわれは，頭上の空と，足もとの大地とのあいだには密接な関係があることを学んだ．朝には，雲が空を覆うのはたいしたことではないように見えた．しかし，夕方には，雲は，川に，洪水になるまでの変化をもたらし，それは，樹木や垣根や農作物を押し流し，橋を壊し，畑や村や町を水浸しにし，人間生活と財産を大きく破壊することになった．

（中略）

16. この後の学習で，わたしは自然の二つの部分──とくに大気と大地についてのみなさんの疑問に答えたい．われわれの一人ひとりが，呼吸している大気や，住んでいる大地や，その二つの関係について，いろいろ知らなければならない．この前の散歩によって，垣根や農場の損害と大空での雲の発生とが関係していることを知ることができた．きみたちはもっといろいろな関係をみつけることができる．それらを調べるためにはいっぱい勉強しなければならない．それは自然地理学と呼ばれている科学分野である．これは，地球の表面で続いているすべての運動を記録し説明しようとするものである．しかし，それは，とくにむずかしかったり退屈だったりする仕事ではない．きみたちのまわりでいつも起こっているできごとを注意深い目で観察し，それらの変化の意味と，どのように関係し合っているかを探るだけである．

（「はじめに」了：岩田修二訳）

第1章　自然地理学で学習すること──5

1-2 『初歩の科学 自然地理学』からわかる19世紀の自然地理学の内容

この本『初歩の科学 自然地理学』でどのような内容を学習するのかを知るために，目次をチェックしよう．目次は次のようになっている．

・地球の形
・昼と夜
・大気：1. 大気の成分，2. 大気の昇温と冷却，3. 昇温と冷却によって発生すること―風，4. 大気中の水蒸気―蒸発と凝結，5. 露・霧・雲，6. 雨と雪はどこから降る，7. まとめ
・大地での水の循環：1. 雨が降ると起こること，2. 湧水はどうしてできる，3. 地下水の作用，4. 地球表面はどのように壊れる，5. 壊れた岩石はどうなる，土壌生成，6. 小川と河，その起原，7. まとめ，8. 小川と河，その作用，9. 雪原と氷河
・海洋：1. 海と陸の区分，2. 海はなぜ塩からい，3. 海流，4. 海底
・地球の内部

この目次には地形という項目がないが，「大地での水の循環」の中身の大半は地形学の内容である．図1-2と図1-3に示したように氷河についてもしっかりと書かれている．この時代，19世紀の後半では，地形学はまだ自然地理学のなかでも，独立した学問領域[注2)]とは認められていなかったのだろう．一方，この「初歩の科学」シリーズでは，地質学，天文学，植物学は別の巻になっている．これらの分野は，すでに，独立した学問分野と認められていたことがわかる．

つまり，自然地理学の内容は次のようにまとめられる．自然地理学とは，地球表面の自然界（地球・大地・大気・海洋）で起こっているさまざまな現象の変化・運動を記述する科学分野で，とくに大気と大地について注目し，両者の関係について明らかにする．そのために，これらの現象を室内実験や野外観察で確認し，それらの現象の変化の意味と，現象相互の関係を探ることが強調されている．これは，この時代のイギリスの科学教育の特徴であり，

6――第1部 統合自然地理学とは何か

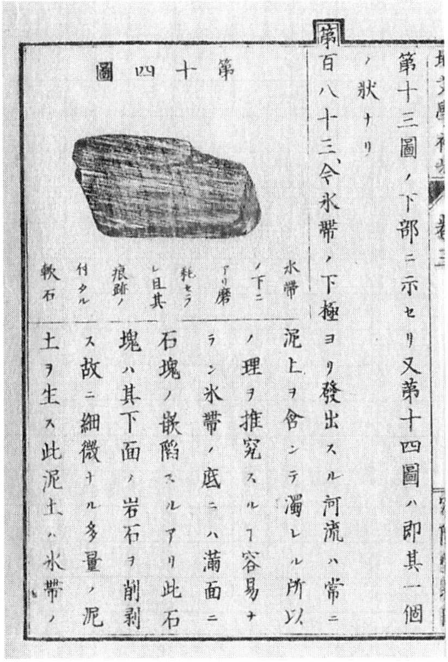
第十三圖ノ下部ニ示セリ又第十四圖ハ即其一個ノ狀ナリ

第百八十三、今氷帶ノ下極ヨリ發出スル河流ハ常ニ泥土ヲ含ンテ濁レル所以ノ理ヲ推究スルヿ容易ナラン氷帶ノ底ニハ滿面ニ石塊ノ嵌陷スルアリ此石塊ハ其下面ノ岩石ヲ削剥スル故ニ細微ナル多量ノ泥土ヲ生ス此泥土ハ氷帶ノ

第十四圖

氷帶ノ下ニアリ磨耗セラレ且其痕跡ノ付タル軟石

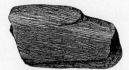

図 1-2 『地文學初歩』の氷河の部分．氷河擦痕礫の図が載っている．

OF WATER.] PHYSICAL GEOGRAPHY. 83

the rounded ice-worn bosses of rock are shown in the fore-ground of the diagram (fig. 13).

200. You will now see the reason why the river, which escapes from the end of a glacier, is always muddy. The bottom of the glacier is stuck all over with stones, which are scraping and wearing down the rock underneath. A great deal of fine mud is thus produced, which, carried along by streams of water flowing in channels under the glacier, emerges at the far end in the discoloured torrents which there sweep from under the ice.

FIG. 14.—Loose stone polished and scratched under glacier-ice.

201. A glacier is not only busy grinding out a bed for itself through the mountains; it bears on its back down the valley enormous quantities of fallen rock, earth, and stones, which have tumbled from the cliffs on either side. In this way blocks of rock as big as a house may be carried for many miles, and dropped where the ice melts. In the following figure (fig. 15) you have a drawing of one of these huge masses of stone. Thousands of tons of loose stones and mud are every year moved on the ice from the far snowy moun-

G 2

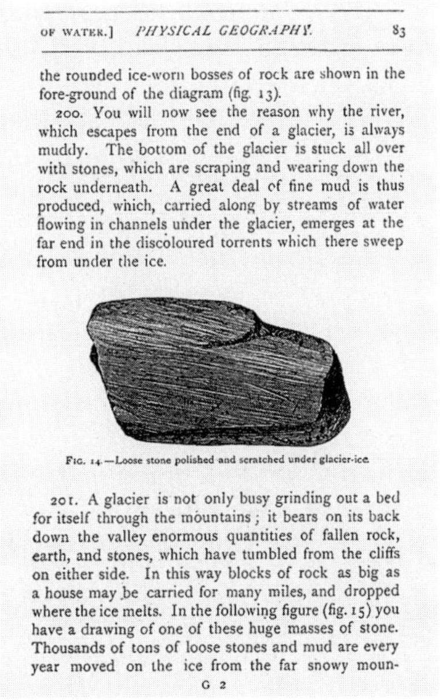

図 1-3 『地文學初歩』の原本 “*Physical Geography*” の図 1-2 と対応するページ．

有名な物理学者ティンダルの児童向けの講演記録[注3] や，トーマス＝ハクスリーの著書『地文学』にもよく現れている（第 3 章の参考資料 2 参照）．19 世紀後半の自然地理学は，地球表層部の自然を，**ひとまとまりの関連する自然**として研究する科学分野として出発した．

つまり，自然地理学の対象には，地球表層部に存在する諸現象が広範囲・網羅的に取り込まれていた．『初歩の科学 自然地理学』には植物や動物などの生物圏のことは書かれていないが，生物を中心に扱った教科書（Somerville 1854）もあった（第 3 章参考資料 2 参照）．当時の自然地理学には，大気現象・気候・地形・表層地質・土壌・水文現象・海洋・雪氷・植生・動物などの地表圏の現象のすべてと，さらに太陽と惑星としての地球，地図作成なども含まれていた．そして，それら諸現象の相互関係を解明し，縫い目のない自然（シームレスな自然）の全体像を明らかにするのが自然地理学であるとされていた[注4]．

1-3　現在の自然地理学

　ところが，現在の自然地理学は，自然を，ひとまとまりの関連する自然として研究する学問分野ではない．このことを，上に翻訳引用した「休日の散歩」の例で示そう．

　朝の輝かしい陽の光で蒸発した水蒸気は，上空で水滴になり雲をつくり，やがて雨となって地表に降り注ぐ．この部分は**気候学**の領域で扱われる．降った雨は地表面から浸透し地下水となる．これは**水文学**の領域である．地上の植物は降雨起源の水分や土壌中の養分を吸収して成長し，大地を広く覆い，野山の森林や草原となる．これは**植生地理学**で扱われる．枯死した植物遺体と堆積物や基盤岩の風化した部分が合わさって土壌となり地表面を構成する．土壌を扱うのは**土壌地理学**である．地中に吸収されなかった雨水は地表面を流れ，やがて川に流れ込み流下する．その過程で，大地を侵食し地形を形成する．また，土砂や植物遺体，さまざまな化学物質を運搬し，堆積させる．これらの現象を扱う研究領域は**地形学**である．

　気候学・水文学・植生地理学・土壌地理学・地形学は，それぞれ独立した研究領域と考えられ，自然地理学の中核をなす研究領域と考えられている．このことは自然地理学の教科書を見ればわかる．各領域が，独立した章に，相互の関係を説明することなく並べられている．近年刊行された教科書（高橋・小泉 2008；松山ほか 2014）でも，地形学，気候学などの個別領域が章ごとに書かれているだけで，自然地理学がどういう科学なのかの説明は書かれていない（表 1-1，表 1-2）．それぞれの研究領域では，それぞれの研究対象がくわしく分析・研究されているが，個別の研究領域の研究では，休日に起こった自然の変化の一部分だけしか把握できないであろう．自然地理学は領域別自然地理学というべきものに変わってしまった．

1-4　まとめ：領域と領域とをつなぐ研究の必要性

　上に挙げた五つの研究領域が自然地理学の主要領域であることは，多くの自然地理学者に疑いなく受け容れられている．しかし，この五つの研究領域

表 1-1 『地理学基礎シリーズ2 自然地理学概論』の目次

章	章ごとのタイトル
1	惑星としての地球:空間・時間の認識方法(経緯度と方位)
2~7	気候要素と気候因子,世界の気候区分,地球のエネルギー収支と大気大循環,地域スケールの気候,日本の気候,気候の変化・変動
8~11	世界と日本の大地形,第四紀と氷河時代,山地と丘陵地の地形,平野と海岸の地形
12	生物の地理学
13	水の循環と水資源
14	自然災害
15	地球規模の環境問題

(高橋・小泉,2008)

表 1-2 『自然地理学』の目次

章	章の内容
序章	自然地理学の醍醐味
1~3	地形学
4~6	気候学
7~9	水文学
10~11	環境地理学(植生地理学・地生態学)
12~13	環境地理学(土壌学と土壌地理学:基礎と応用)
14~15	地理情報学

(松山ほか,2014)

は,それぞれに独立した研究領域であると考えている人びとが多い.それぞれの名前を冠した学会も設立されている.つまり,自然地理学は,19世紀のギーキーの『初歩の科学 自然地理学』とは大きくかけ離れたものになってしまった.

　これは学問の発展の結果であり,自然現象の細かい部分の解明には成功したとも考えられるが,「休日の散歩」に描かれた自然の全体像,気候と,水文現象,地形との相互の関係はわからなくなってしまったのではないかという疑問が浮かんでくる.自然のすべてを取りまとめて総合的に研究することはできないのだろうか.そのためには,研究領域ごとに別べつに研究するのではなく,さまざまな領域を俯瞰するように研究すること(領域俯瞰型研究),あるいは領域と領域の境をなくすような,**領域相互をつなぐ研究**が必要であると考えられる.

第1章 自然地理学で学習すること──9

そこで，第2章では自然地理学がこのように変化した経緯を見るために自然地理学の歴史を振り返ってみよう.

注1）イギリスで小学生向けに刊行された教科書もしくは副読本. 科学・歴史・文学の諸分野をカバーする叢書（全部で20巻）で，シリーズの編者はHuxleyと，Roscoe, Balfour Stewartと書かれている.
注2）領域と分野：領域と分野は同じ意味で使われる. かつては分野が一般的だったが，最近では領域が多く使われる. 科学技術振興機構では分野を大分類，領域を小分類として使っている. 本書でもそれにならい，自然地理学分野は気候学領域，地形学領域などから構成されているという使い方をする. ただし，厳密に使い分けてはいない.
注3）Tyndall, John 1872. *"The Form of Water in Clouds and River, Ice and Glaciers"*. （ジョン＝ティンダル 三宅泰雄 訳『水のすがた——雲・河・氷・氷河』創元文庫, 1953）にもおなじような記述がある.
注4）シームレス：シームレスという言葉は，1960年ごろから広く使われだしたシームレスストッキングで知られるようになった. 産業技術総合研究所地質調査総合センターのデジタル地質図は，ディスプレイ上で連続的に表示されるので，シームレス地質図と呼ばれている.

【引用・参照文献】

Geikie, Archibald 1875. *"Physical Geography"*, Fourth Edition: Science Primers (edited by Huxley, Roscoe, and Balfour Stewart), London, MacMillan and Co.
松山 洋・川瀬久美子・辻村真貴・高岡貞夫・三浦英樹 2014.『自然地理学』ミネルヴァ書房.
日刻 選, 片山平三郎 訳 1877.『地文學初歩』錦森堂.
Somerville, Mary 1854. *"Physical Geography"*, (The third London edition), Philadelphia, Blanchard and Lea.
高橋日出男・小泉武栄 2008.『地理学基礎シリーズ2 自然地理学概論』朝倉書店.

第2章
自然地理学の歴史

> 自然の全体像をとらえようとしたフンボルトからはじまった自然
> 地理学は，19世紀後半からの自然科学の要素還元主義・因果律決定
> 論の影響を受けて，細分化した領域に分かれた科学分野に変わった．

　自然地理学がどのようにして，現在のような学問になったのかを知るために
は学問の歴史を知らなければならない．まず，自然地理学という学問分野
が形成された全体の流れを探ろう．

2-1　萌芽期（自然哲学から博物学へ）

　人類の自然や環境への関心は，それぞれの人類集団内に蓄積され，学問と
して体系化されてきた．しかし，現代の自然地理学に直接関係する学問とし
て成立したのは古代ギリシャにおいてである．自然現象，地理，住民，物産
などを対象にするアリストテレスの**自然学**（physikē）が起こり，地球の形や
大きさが測定され，気候帯が認識された．古代ギリシャから古代ローマにか
けて発展した自然に関する学術は**自然哲学**あるいはギリシャ科学と呼ばれる．
　古代ギリシャや古代ローマの自然哲学の書籍は，5-6世紀にアラビア語に
盛んに翻訳され，バグダッドなどの図書館に蓄積され，イベリア半島から中
央アジアまで広がるイスラム圏で継承された．**イスラム科学**（あるいはアラ
ビア科学）と呼ばれる．交易・商業が盛んなイスラム世界を反映して地理学
も大いに発展した．
　イスラム科学は，十字軍の遠征などを通じて，13世紀ごろからアラビア
語からラテン語に翻訳されてヨーロッパに伝わりはじめ，イスラム科学が中
世ヨーロッパのキリスト教の教義に基づく学術を変えることになる．それは，
14世紀にイタリアではじまったルネサンス，その後，イベリア半島で15世

11

紀にはじまる大航海時代に大きな影響を与えた．ただし，ギリシャ科学もイスラム科学も論理実証主義に基づいたものではなかった．そのなかにあって，西暦 1500 年前後には，ルネサンスを代表する芸術家・科学者のレオナルド゠ダ゠ヴィンチ（Leonardo da Vinci）が化石や流水作用を観察している．

　大航海時代以降のヨーロッパの世界侵略によって，ヨーロッパには世界中のさまざまな自然や地域に関する情報が蓄積された．16 世紀後半から 17 世紀にかけては，航海者や探検家の採集した植物や動物，その他さまざまな自然現象や地理情報の記載と分類がおこなわれた．ドイツ・オランダの地理学者ワレニウス（Bernhardus Varenius 1622-1650）の『一般地理学』（1650 年）には，自然地理学の先駆けとなる部分が含まれている．**博物学**注1) の時代のはじまりである．

　18 世紀から 19 世紀にかけては，動植物の採集や地理情報の収集のための探検旅行や航海がおこなわれ，膨大な量の自然誌・自然地理情報が蓄積された．1749 年から刊行されはじめたビュフォン（Georges-Louis Leclerc Buffon 1707-1788）の『博物誌』（初版 44 巻）は，美しい図版と華麗な文体で世界の動物・植物・鉱物を整理一覧し，博物学を確立した．一方，西欧近世の代表的哲学者カント（Immanuel Kant 1724-1804）は，このような世界の地域情報を用いて，大学で自然地理学を 48 回も講義し，『自然地理学（自然地理学講義録）』（1802 年）を刊行し，地表の自然現象を専門に扱う専門分野としての自然地理学を創設した．自然地理学は，このようにして，世界の自然に関する情報を網羅的に集め整理する学術をルーツにもつことになったのである．

2-2　誕生と成長期（近代地理学の成立）

　前後するが，17 世紀には，コペルニクス（Nicolaus Copernicus 1473-1543）や，ケプラー（Johannes Kepler 1571-1630），ガリレイ（Galileo Galilei 1564-1642），ニュートン（Isaac Newton 1642-1727）が，天文学と力学において重要な発見をおこない，近代科学の成立とみなされる科学史上の大変革をもたらした．これによって，実験や観察によって論理を証明するという**論理実証主義**が確立したのである．

その後，現代につながる自然地理学の思想と方法を確立したのはフンボルト（Alexander von Humboldt 1769-1859）である．1799-1804 年にわたる南米大陸での野外調査によって自然の全体像をとらえようとした．風景の相貌的（全体的）把握によって，自然諸現象が相互に関連をもち，まとまりある全体を構成していることを主張した．合わせて，各種の観測機器によって定量的な情報を得て複数の現象の関係を説明した．たとえば，アンデス高山における高度と気温，植生分布の関係を垂直変化としてとらえた（図 2-1）．このような成果は未完の大著『コスモス：自然学的世界記述の試み』（5 巻 1845-1862）にまとめられた．フンボルトは，ある場所での異なる現象の相互関係を明らかにし，その自然の全体像を把握し，異なる場所との比較をおこなうのが自然地理学であることを示したのである．

　1854 年には，オックスフォード大学のメアリー゠サマーヴィル（Mary Somerville）が "*Physical Geography*"（自然地理学）を著し，世界中の地形・気候・生物などを記載した．その冒頭で，自然地理学を「大地や海洋，大気と，そこに生息する動物や植物，その存在の成り立ちや，分布の原因を記述する」学問分野と定義した．

　わが国では江戸時代に**本草学**（ほんぞうがく）として独自の博物学が発達したが，それとは別に欧米の学問が輸入され，江戸時代末には世界地誌の出版が相次ぎ，そのなかには自然地理学分野の記述も含まれていた．その代表は，幕府の通訳であった箕作省吾（みつくりしょうご）が著した『坤輿図識補編』（こんよずしき）（1846 年）である．

　明治時代になって新しくなった学校教育には，自然地理学が**地文学**（ちもんがく）という名前で導入された．第 1 章で取り上げた，その教科書『地文學初歩』（日刻氏 1877）は，地質学者アーチバルド゠ギーキー（Archibald Geikie）著 "*Physical Geography*"（1875 年）を翻訳したものである．

　おなじころトーマス゠ハクスリー（Thomas Huxley）は，地文学と訳されることが多い "*Physiography*" [注2] を 1877 年に刊行した．これはイギリス南東部のテムズ川流域を手がかりに，地球表層部を構成するさまざまな自然について世界各地の例を含めて記述したもので，「自然研究のための序説」という副題がついている．

　このようにして成立した自然地理学の対象には，地球表層部に存在する諸

図 2-1 フンボルトによる熱帯地域の自然図（主要部分）（手塚 1997：付図）．「新大陸の熱帯地域が，太平洋の海岸からアンデスの最高峰の頂きにいたるまで，われわれに示してくれる自然現象の総体を，一枚の図にまとめる」（フンボルト自身の言葉）試み（手塚 1997：23）．

14 ── 第 1 部　統合自然地理学とは何か

現象が広範囲・網羅的に取り込まれた．そのなかには地表圏の現象だけではなく，地殻や，太陽，惑星としての地球，なども含まれていた．これは，当時，すでに地質学や天文学，植物学が独立した科学分野として確立し，海洋学や水文学も独立の徴候をみせていたなかで，それらも部分的に含む形で構成されているのは，教育を強く意識したからであった．それは，とくにハクスリーの著書"*Physiography*"によく現れている（第3章の参考資料2参照）．

2-3 個別領域科学へ（近代科学への仲間入り）

地形学や気候学は，19世紀後半から，地質学や気象学の影響を受けて，近代科学としての体裁を整えつつあったが，独自の学問領域として成立したのは19世紀から20世紀に移り変わるころであった．このころ，わが国では地理学会が設立され，地形学と気候学は地理学会における中心的な研究領域となった．20世紀の前半（とくに1930年代）には，すでに独立したようにみえる地形学や気候学も違和感なく自然地理学に包含され，自然地理学は全盛期をむかえた．この自然地理学が華ばなしく開花した状態は，20世紀後半（1950年代以降）に入ってからも，しばらくは続いた．この時期の自然地理学では，地域の自然を構成する諸要素の地域区分図を重ね合わせて総合的な自然地域区分をおこなうことが盛んにおこなわれた．自然地理学は，まだ，博物学（このころから自然史学と呼ばれはじめた）の性格を色濃く残していた．

ところで，17世紀に成立し，19世紀に大きく発展した近代科学を支える主要な論理は，要素還元主義と因果律決定論である．**要素還元主義**とは，複雑な現象でも，それを構成する要素に分解し，その個別の要素を理解すれば，現象の全体が理解できるという考えである．これは分析的理解と言い換えることができる．この考えによって，研究対象や研究方法ごとに科学の領域はどんどん細分化し，精密な分析的研究が自然科学の主流になった．一方の**因果律決定論**とは，あらゆる現象は，先行する現象によって決定しているという考えである．つまり，先行する条件が整えば同じ現象が起こる（自然には再現性がある）．これによって，仮説や理論を証明するために実験や観測を

繰り返し，定量化することが自然科学の方法として確立した．これによって自然科学の王道は分析や実験で定量的に研究を進める物理学や化学であるという常識ができた．

20世紀後半（第二次世界大戦後）には，わが国にも，要素還元主義と因果律決定論に基づく分析科学こそが真の科学であるという考えが広がり，博物学（自然史学）の伝統を受け継ぐ自然地理学は時代遅れという風潮が現れた．たとえば，1980年ころからの地形学では，地質学・第四紀学・地球物理学・土木工学などの諸研究領域との連携や，地形学専門誌「地形」の刊行，国際地形学会議の開催などを通して，関連諸領域と同格の領域となるために自然地理学から独立すべきであるという動きが顕在化した．気候学でも，グローバルスケールの気候や高層気候の研究が進んだことや，国際的な気候変動プロジェクトが盛んになったことによって，自然地理学からの離脱傾向が現れた．おなじ動きは水文学でも見られ，植生地理学は生態学にほとんど吸収されている．自然地理学は分解寸前で，気候学，水文学，地形学，植生地理学，土壌地理学などの寄せ集めの**領域別自然地理学**に変わった．このような諸領域の独立・離脱によって，自然地理学は地理学のなかでも影の薄い存在になりつつある．人文地理学者のなかには，自然地理学（つまり，その構成諸領域）は地理学から離脱すべきだという意見もある．

地形学や気候学，水文学が独立した領域になりつつあったころから，自然地理学という「独自の研究領域をもつ単一の学問」は存在しないという主張も以前からあった（たとえば，岡山 1976：11-14）．地理学の専門教育では，領域別の授業，地形学や気候学，水文学，植生地理学，土壌地理学などが開講され，自然地理学という科目名の授業は開講されない場合が多くなった．

2-4　自然地理学統合化の動き（領域俯瞰型研究へ）

しかし，自然地理学はあくまで地域の自然の全体像という具体的な対象を扱う学問であり，研究対象のもつ本質と関係ない細分化は無意味であるという考え方は根強く残っている．自然地理学の分解（個別領域化）に対しては，1930年代末に地生態学（geoecology; 景観生態学，地域生態学もおなじ，第

8章で扱う）が誕生し，地域の自然を総合的に扱う努力がおこなわれ，土地管理などに大きな成果を挙げた．しかし，これらは自然地理学というよりも，応用地理学の一部とみなされがちである．

独立したとはいえ，地形学者や気候学者の多くの活動の主舞台は，いまだに地理学界である．これは，地形学や気候学の主要な方法論が地理学の方法論を用いているからである．地理学の専門教育課程以外では，自然地理学という名称もしぶとく生き残っている．その理由は次の三つである．①大学の一般教育科目では，自然や環境を広く教えるには好都合な科目であると認識されている，②教職課程の地歴科目では自然地理学が必修であるから，教職課程を専攻する学生のために自然地理学を開講せざるをえない，③教職課程の自然地理学を，自然科学系科目として教職課程以外の学生にも受講させるのはカリキュラム編成上も便利である．

ともかく，多くの大学で自然地理学の授業が開講されている．自然地理学の「地理」という名前を嫌って自然地域論や自然環境論，地球環境論などの名前が使われることもあるが，内容から見ると自然地理学の授業がおこなわれていることにかわりはない．

2011年3月の東日本大震災や原発事故をきっかけに，工学の諸領域や地震学，地質学など，従来からの個別分野・領域の研究が批判されるようになった．それにかわって，広い視野でものごとを見る俯瞰的視点をもった研究が重要であるという意見が多くなった．地理学者も，自然地理学は俯瞰型研究の代表的なものであるとその重要性を主張している（たとえば，鈴木 2015）．外国の地理学者にも，沈滞気味の地理学を活性化し，現代的課題に適合する地理学に脱皮するための核（コア）になるのは自然地理学であるという主張がある（マシューズ・ハーバート 2015 の第4章）．このような考え方が，現在の自然地理学の主流の考え方とは思えないが，本書の趣旨とは一致している．

多くの研究領域を広く見る領域俯瞰型[注3]の自然地理学の復活は，とくに環境教育や災害教育の現場から強く望まれている．それが自然地理学を生き残らせる途でもある（岩田 2015, 2016）．

注1）博物学：世界のあらゆる事物を記載し，命名し，分類する学問．西欧では Historia

naturalis と呼ばれる．この場合の historia は歴史ではなく記述の意味なので，自然誌と訳される．「博物学」は，明治政府によって本草学が改称されたのがはじまり．「博物」は中国の 3 世紀の書『博物志』に由来する．

注 2）1900 年代初期には地域の地質や地形の記載（地質・地形誌）がフィジオグラフィーと呼ばれていた．自然地理学との関係は，磯崎（1991）による解説がある．フィジオグラフィーは<u>フィジカル＝ジオグラフィー</u>の（下線部の）短略形であり，自然地理学と同義であるというのは誤りであろう．

注 3）領域俯瞰型：複数の学問領域を見下ろすように俯瞰して（広い視野で）眺めるという意味．第 3 章 3-1 節 3）参照．

【引用・参照文献】

Geikie, Archibald 1875. *"Physical Geography"*, Fourth Edition: Science Primers (edited by Huxley, Roscoe, and Balfour Stewart), London, MacMillan and Co.

磯崎哲夫 1991．イギリスにおける地学教育成立過程に関する研究（I）― 19 世紀の地質学（Geology）と地文学（Physiography）．地学教育，**44**(4)，175-187.

岩田修二 2015．自然地理学の存在意義―その本質と特徴．地理，**60**(1)，19-22.

岩田修二 2016．領域横断型研究としての自然地理学．科学，**86**, 0871-0873.

マシューズ・ハーバート 著，森島 済・赤坂郁美・羽田麻美・両角政彦 訳 2015．『地理学のすすめ』丸善出版．（原書：John A. Matthews and David T. Herbert 2008. *"Geography: A Very Short Introduction"* Oxford University Press).

日刻 選，片山平三郎 訳 1877．『地文學初歩』錦森堂．

岡山俊雄 1976．『自然地理学―地形』法政大学通信教育部．

鈴木康弘 2015．リレーエッセイ「地球を俯瞰する自然地理学」を始めるにあたって．科学，**185**, 922-923.

手塚 章 1997．『続・地理学の古典―フンボルトの世界』古今書院．

-------------------------------- 【参考資料1】 --------------------------------
地理学と探検

探検とは何か

　「人類の住み家」を研究する地理学のはじまりが探検であったことは，地球科学の古典的教科書（ホームズ 1983：7）にも書かれており，最近の地理学の解説書（マシューズ・ハーバート 2015：1）にも，多くの探検家の名を挙げて，地理学の本質的特徴は「世界についてより多くの発見をしたいという欲望である」と書かれている．これらは，探検が地理学の「生みの親」であると言っているかのようである．そこで，探検とその歴史について手短かに解説しよう．

　探検（exploration, expedition）とは，文明世界にとっての未知の地域を踏破し，地理的情報や資源を発見・調査する行動である．したがって，先史時代における世界各地への人類の拡散・移住は，文明世界への情報提供がないので探検には含まない．また，交易や武力行使のためだけの旅行・遠征も探検とは言わない．「探検」という語は大航海時代以降にヨーロッパで使われはじめた．ヨーロッパによる世界の植民地化と結び付いた語として，使用を避けることもある．探検は未知の土地でおこなわれるから，探検では，その土地の自然から住民の文化まで，地域の情報をすべて収集するのが普通である．これは自然地理学や地誌学の考え方と共通する．

探検の歴史

　探検が地球を発見する行動であるとするならば，探検の歴史は地理知識の集積の歴史である．探検の歴史を説明しよう．

　[**古代**]　紀元前のフェニキア人によるイギリス周航や，カルタゴ人によるアフリカ西岸の航海，ギリシャ人による北欧探査などは古代の探検とみなされている．これらの情報はギリシャの自然学や歴史（地理も含まれる）にも取り込まれた．中国では漢の張騫が中央アジアを旅行し情報をもたらした．

　[**中世**]　7世紀に唐の玄奘は中央アジアやインドの情報を中国にもたらした．スカンディナビアのバイキングは，アイスランド，グリーンランド経由で北アメリカまで達した（図 A-1）．10-14世紀にはイスラム圏の人びとがアジアやアフリカの交易・旅行を盛んにおこなった（図 A-2）．これらのイスラム圏が得た情報は中世末にはヨーロッパへ伝わり，ヨーロッパも旧世界全体（北アフリカからアジア）の概略を知ることになった．

第2章　自然地理学の歴史 —— 19

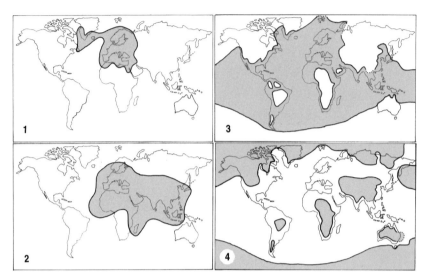

図A 探検によって知られた世界（生田 1988 を簡略化）．陰をつけた部分は，A-1：中世ヨーロッパに知られた世界，A-2：中世イスラム世界の範囲，A-3：大航海時代（15-16世紀）のヨーロッパに知られた世界，A-4：17世紀のヨーロッパにとっての未知の世界．

［**大航海時代**］ 15世紀初頭，中国明時代の鄭和がインド洋への航海をたびたびおこないアフリカまで達したが，中国国内の政治的な決定によって，外洋航海は禁止された．

ヨーロッパ人による大航海時代のはじまりは，1433年にポルトガルがはじめたアフリカ沿岸の交易航海である．これ以後，ポルトガルとスペインが，アフリカ大陸・インド洋沿岸，新大陸（南北アメリカ大陸），東南アジアから極東までを航海し，中米・南米の内陸踏査をおこなった．欧米ではこの時代を「地理上の発見時代」「探検の時代」と呼ぶが，日本では「大航海時代」とする．新航路を開拓し，未知の地域に達した航海者や征服者たちは，キリスト教の布教を旗印に，それら地域を武力で征服し財宝を奪い，植民地を建設し，旧大陸からもち込んだ伝染病によって先住民の大量死をもたらした．一方，この時代のポルトガルやスペインの航海者や征服者たちは，スポンサーである王家に探検行動を報告する義務を負っていたため，大量の書簡や報告書を残したので，ヨーロッパに影響される直前の現地の地理的情報が記録された．

16世紀末には，ポルトガルとスペインに替わって，オランダとイギリスが海

上交通の覇権をにぎり，北米大陸，南米大陸の一部，東南アジア，インドなどを植民地化した（図A-3）．これは，ほぼ17世紀末まで続いた．

　この間に世界の熱帯・温帯地域の輪郭がほぼ明らかになり，さまざまな地理的情報がヨーロッパに蓄積され，自然地理学の先駆けとなるワレニウスによる地理書の出版もあった．真の意味での世界地理が描ける時代となり，人間，栽培植物，家畜，病原菌などの移動・交流（西欧文明の席巻）が世界的規模ではじまった．

　[学術探検]　17世紀末での地理的に未知の領域は，南北両半球の高緯度地方や，大陸内部の森林地帯，山岳地帯だけであった（図A-4）．18世紀には，伝説の「未知の南方大陸」がクックなどの航海によって探られ，オーストラリアや南極大陸が発見された．大陸内部では河川流域の探検によって分水界が確定していった．この時代の探検は，列強の帝国主義的な領土拡大に寄与した．一方で科学調査を目的とした探検も本格的にはじまった．フンボルトによる南米大陸調査（1799-1804）は純粋な学術探検の先駆けである．主要大陸の領土分割がほぼ完成した19世紀末からは，科学調査を目的とする探検が盛んになった．探検報告（探検記）が多くの読者を獲得し，膨大な量の自然に関する情報がヨーロッパに蓄積され，自然地理学が誕生した．19世紀末から20世紀前半には，残された未知の領域（極地と高山，熱帯雨林）での探検（両極点や世界最高峰への到達を含む）がおこなわれた．

　[20世紀後半以後]　第二次世界大戦中から1970年代にかけて，世界中で空中写真が撮影され，それによって各国で中・大縮尺地図が作成され，陸上の地図の空白部はなくなった．最近では人工衛星による地理情報も簡単に入手できる．したがって，未知の領域を探査するという意味での探検は，深海底と地球外の天体を対象とすることになった．しかし，政治的，悪天候などの理由で地理情報が得られない陸地部分が局地的には存在する．探検活動をおこなう場所が地上からすべて消滅したとは言いきれない．

【参照・参考文献】

生田　滋 1988. 大航海時代. 『世界大百科事典』平凡社，**16**, 588-592.

ホームズ，A. 著，上田誠也・貝塚爽平・兼平慶一郎・小池一之・河野芳輝 訳 1983. 『一般地質学I　原書第3版』東京大学出版会.

増田義郎 1965. 総説. 『航海の記録　大航海時代叢書1巻』9-39, 岩波書店.

マシューズ・ハーバート 著，森島 済・赤坂郁美・羽田麻美・両角政彦 訳 2015. 『地理学のすすめ』丸善出版.

第**3**章

領域俯瞰型自然地理学をめざして
統合自然地理学の提唱

　自然地理学にはほかの科学にはない特徴がある．しかし，それら
の特徴にはそれぞれに批判があり，それらへの対応のために自然地
理学は変貌した．変貌を是正するために領域俯瞰型の統合自然地理
学への回帰を提唱する．

3-1　自然地理学の特徴（ユニークさ）と問題点，対応策

　自然地理学の歴史的な経緯や，辞書・教科書類に書かれた内容をもとに，
ここでは，自然地理学の特徴（ユニークさ）を整理する．自然地理学の特徴
は，①博物学の遺産，②人間との関わり，③俯瞰的見方，の３点に絞られる．
ただし，これらの特徴に対しては，さまざまな問題点が指摘された．しかし，
その指摘に対応したために自然地理学は本来の特徴を失った．

1）博物学の遺産

地球表層環境全体を網羅的に扱うという特徴

　19 世紀なかばに博物学から離脱して独立した学問分野になったが，自然
地理学はいまでも博物学（自然誌学・自然史学）の特徴を受け継いでいる．
自然地理学は自然史科学[注1] に分類され（貝塚 1970），全体的自然を網羅的
に扱うとされている．

　自然地理学の研究対象は「地球表層の環境」である（松山ほか 2014：序章）．
地球表層の環境とは，地球表面における地形・気候・海洋・陸水・土壌・生
物などの諸環境（中山 1996）の全体であり，それは「地生態圏」と呼ばれる
こともある（マシューズ・ハーバート 2015：180）．地球表層・地生態圏の平
面的広がりは地球全体，その厚さ（高さ方向の広がり）は圏界面からプレー

22 —— 第 1 部　統合自然地理学とは何か

表 3-1　ストレーラーの自然地理学の教科書（1975 年版）の内容

大項目	小項目
地球	地球の形態，経緯度，地図投影法，測量と方位，自転公転と日射，時間，月と潮汐
大気圏	地球大気，太陽放射と熱収支，大気大循環，水蒸気と降水，気団，前線，低気圧の通路
水圏	海洋，地下水，表層水
気候	世界の気候区分，赤道・熱帯気候，中緯度気候，極地気候，高山気候
土壌	土壌生成作用，世界の土壌区分
植生	植生の構造，植生環境，自然植生の分布
地殻	地球の構成物質と鉱物資源，地殻とその起伏（プレートテクトニクス）
地形	斜面地形変化，流水・河川地形，地形輪廻，侵食地形計測，平原と組織地形，断層地形，褶曲地形，火山地形，氷河地形，海岸地形，風成地形
付録	読図，世界の気候表，数量分析の方法，世界の地形区分（マーフィの方式），リモートセンシングの技術

(Strahler 1975)

ト表層部までを含む．そこで対象になる物体や現象の大きさは，最大が地球，最小は生物個体や鉱物などであろう．これは自然史科学が対象とするマクロ物体[注2]とほぼ一致する（貝塚 1970）．

　1960-70 年代によく使われたストレーラーの教科書（Strahler 1975）に挙げられている内容目次（表 3-1）は，自然地理学の具体的な対象を示している．19 世紀に独立した当時の自然地理学は，地球表層部の自然のほとんどすべてを対象にしていた．参考資料 2 の表に示したのは，第 2 章で触れたハクスリーの『地文学』（Huxley 1877）の内容である．生物以外の，ほとんどすべての地表付近の自然を含んでいる．一方，サマーヴィル（Somerville 1854）の『自然地理学』は地誌的であるが，生物が重視されている．

近代的な科学ではないという批判

　自然地理学が自然の諸現象を全体的・網羅的に扱うことは，専門化の著しい自然科学の世界では，時代遅れの博物学とおなじように見られるという問題を生んでいる．地球の森羅万象を対象にする博物学は「自然界のインベントリー（目録）作りや百科事典の編集」と揶揄されることが多く，自然地理学もその同類とみなされがちである．伝統的な地理学や自然史科学の方法は，現代の分析科学の方法から見ると時代遅れであると感じている科学者も少なくない．また，日本では，多くの地理学教室が文系学部に属し[注3]，人間との関係を強調することから，「自然地理学は，理系の研究者からまっとうな

第 3 章　領域俯瞰型自然地理学をめざして——23

自然科学とはみなされてこなかった」という指摘（小野 2016）もある.

個別領域化・分析科学化

　科学でないという批判に対応するために，多くの自然地理学者が選んだのが自然地理学の個別領域化と分析科学化であった．第 2 章で説明したように，自然地理学に含まれる主要な領域（地形領域や気候領域）は，1930 年代ごろには，独立した研究領域であることを強く意識するようになり，領域ごとの分析的研究を進めた．自然地理学への帰属意識は薄くなった．地形学者岡山俊雄は「自然地理学とは気候学・海洋学・陸水学・地形学・土壌学・生物地理学・数理地理学などを総括する伝統的な，あるいは便宜的な名称である．（中略）自然地理学という，独自の研究領域をもつ単一の学問があるわけではない．あるのは，自然地理学という呼び名の寄り合い世帯をつくる自然科学的ないくつかの学問である」と述べている（岡山 1976：13）．自然地理学は，細分化した狭い領域を分析する個別領域研究の集合体「領域別自然地理学」に変貌した.

　それと同時に，近代自然科学で一般的な分析的方法論（要素還元主義による因果律決定論）を用い，精密自然科学[注4] の仲間入りをするようになった．スイス連邦工科大学チューリッヒ校（ETHZ）地理学教室の代表だった大村　纂[注5] は「自然地理学の対象が自然現象である以上，自然法則を使い数学的手段を駆使するのは当然であり，（中略）歴代教授は，この線を躊躇なく押してきた」（大村 1997）とのべている．事実，大村たち ETHZ 地理学教室は気象学，気候学，氷河学，都市環境学などで，世界的な研究実績を次つぎに達成した．このような流れにのって，自然地理学の諸領域は，それぞれの領域を精密科学的・分析的方法によって深く掘り下げて研究するようになり，その結果，周辺分野からも評価される個別領域群に成長した.

2）人間との関係

人間と関係した自然を対象とするという特徴

　自然地理学が研究対象とする事物・現象には，ほかの自然科学や工学，農学などの研究領域と重複する部分が少なからずある．独立した当初の自然地理学は，それらの領域との違いを際だたせる必要に迫られた．そこで強調さ

れたのは人間との関係である．自然地理学の特徴として，①単なる自然現象の究明にとどまらない（福井 1989），②人間の生活舞台としての自然を対象とする（米倉 2001），③人間生活と自然現象とを密接に関連させながら考察する，の3点が強調された．

人間との関わりを強調しなくてもよいという反論

しかし，これに反対する考え方もある．日本列島の自然地理を総合的に解説した『日本の自然』（阪口 1980）は，土壌や河川などの一部をのぞき，人間の手が加わっていない原自然（原生自然）を扱っている．「まず原自然への理解の度を深めねばなるまい．原自然は，いろいろな意味で日本のバックグラウンドである」（阪口 1980）と，人間と関係する自然だけを自然地理学の対象とすることを戒めている．自然地理学の研究の基本には純粋な自然の研究を置くべきであるという立場である．

別の立場からの反論もある．地球環境問題が人類共通の課題となり，大規模な自然災害が世界各地で発生している現在，多くの自然科学諸領域が人類と関係する自然の研究をおこなっている．工学や農学などの技術や応用科学分野は，古くから，人間生活との関連で成り立ってきた．したがって，「人間との関係」だけでは自然地理学の特徴（ユニークさ）をアピールできない時代になっている．人間との関係をいまさら強調する必要はないという意見である．

それに加えて，自然地理学の諸領域がそれぞれに専門化・分析科学化したので，人間との関わりに関する意識が薄れてきた．そのために，人文地理学者と自然地理学者との対話（共同研究や討論）が不可能，あるいは不要になってきたという．そこで，自然地理学と人文地理学が地理学に同居する必要はない，つまり自然地理学は地理学から出て行くべきであるという意見が表明されるようになってきた．

人間との関係を再構築する動き

しかし，それに対して，一部の人文地理学者からは，人間と自然の関わりを探ろうとする動きが出てきている．その成果は，たとえば，わが国では「ネイチャー・アンド・ソサエティ研究」[注6]として結実した（宮本・野中 2014 など）．これには自然地理研究者も参加している．本書の第3部で取

第3章　領域俯瞰型自然地理学をめざして——25

り上げる統合自然地理学の研究事例には，人間活動との関わりを扱っている
ものが少なくない．地球環境問題や災害科学でも自然と人間との関係が重視
され，生態学でも社会での課題を解決する研究「課題駆動型の地域環境学」
（佐藤 2016）が提案されている．

　まとめると，自然地理学は必ず人間活動と関係すべきであると考える必要
もないが，自然地理学と人間活動との関わりを排除する必要もない．むしろ
それは今後重要になってくると思われる．

3）俯瞰的見方

俯瞰的という特徴

　自然地理学は自然や環境の空間的特性を扱うのが得意である．さまざまな
スケールで空間を扱うが，大きな規模（広い範囲）を見るのが得意である．
これは，鳥が空から地上を眺める鳥瞰的，あるいは俯瞰的な視点である．自
然地理学は土地の成り立ちも扱う．そのためには，地質時代を大きく遡って
過去をさぐる．地理学と歴史学とを対比するとき，地理学は空間を，歴史学
は時間を対象とすると考えられがちだが，自然地理学の研究は，場合によっ
ては過去数百万年，あるいはそれ以上の時間軸に沿う研究になることがある．
時間的俯瞰性の視点も重要である．

　第2章で触れた自然地理学の創始者フンボルトは，「自然地理学は，自然
諸科学を百科事典的に寄せ集めたものではない．同種あるいは類似した自然
的関係を指摘すること，さらには地上の諸現象をそれらの空間的分布や気候
帯との関係に着目して一般的に把握することである．重要なことは，組み合
わせて考察する態度である」（フンボルト 1991）とのべ，「自然現象の総体」
（図2-1）を描くために「地表にみられる全現象，全事象を結びあわせるこ
と」（フンボルト 1997）を強調した．フンボルトの方法は次のようである．
まず，ある場所での，多様な自然諸現象の相互関係を明らかにする．これは，
気候・水文現象・植生・土壌・地形・地質などの地表自然の構成要素相互の
複雑で入り組んだ関係の解明である．そして，異なる場所との比較によって，
さらに広い範囲の地域の自然の全体像を理解する．

　この複雑な，相互関係を解きほぐすためには，自然地理学の諸領域を広く

26——第1部　統合自然地理学とは何か

カバーする領域横断型研究や，領域と領域の境目を埋める学際的研究をおこなわなければならない．これが**領域俯瞰的視点**である．これこそが，自然地理学のもっとも本質的な特徴のひとつであると考えられる．

俯瞰的見方への批判

空間的・時間的・領域的に広範囲を考慮する俯瞰的見方は，地理学研究者にとっては当たり前のことであるが，実験室や限られた現場で研究する科学者や技術者にはしばしば理解されなかった．つまり，俯瞰的見方は科学研究ではない，遠くから眺めているだけでは本質には近づけないと批判された．たしかに，俯瞰的見方として，分布傾向や諸要因の把握のような，概念的・包括的な理解の段階で終わっていた自然地理学者も少なくなかったのは事実であろう．

俯瞰的見方の再評価

2011年3月11日に発生した東日本大震災をきっかけに，地震学や土木工学，原子力工学などへの批判が高まった．狭い空間範囲，短い時間スケール，狭い研究領域だけにとらわれた研究では災害研究や環境研究はうまく進まないだけではなく，決定的な誤りを生むという意見が多くなり，俯瞰的な視点の重要性が強調されるようになった．雑誌「科学」には2015年秋から自然地理学の俯瞰的視点をアッピールするエッセイが連載され（鈴木 2015 など），そのなかには領域俯瞰型の研究の重要性をのべた記事（たとえば安成 2016；岩田 2016）も掲載されている．

3-2　領域別自然地理学の問題点

上記，3-1節「自然地理学の特徴と問題点，対応策」の1）でのべた個別領域化の問題は重要である．博物学の遺産という特徴から抜け出すために自然地理学の個別領域化が進んだのは，必要な変化ではあったが，そのことによる弊害が生じている．ここではそれについて論じる．

1）個別領域研究の問題点

まず，領域別の分析的研究の問題点を整理しておこう．領域別の自然地理

第3章　領域俯瞰型自然地理学をめざして──27

学研究には，①無意味な細分化によって研究対象が限定される，②有機的な結合における「思わぬつながり」を解明できない，③地球規模の自然や人類社会全体に関わる問題を解明できない，④領域別研究どうしの共同研究がうまくいかない，という問題がある．以下順にのべる．

①無意味な細分化によって研究対象が限定される

「わかる」という言葉は「分ける」という語からきており，それは複雑な物事の違いを認識し区別するという意味であるという（東京大学地球惑星システム科学講座編 2004：3）．これこそ，個別領域研究の要素還元主義の本質を示している．研究領域の個別化・細分化とは，研究の周辺的な部分を切り捨てて，中心的な作用（過程）だけを取り出して研究することである．周辺的な部分の除去は，網羅的な研究を旨とする自然地理学にとっては致命的な行為である．

研究領域の細分化に対して，地球科学者の竹内 均と島津康男は，以前から，地球科学はあくまで地球という具体的な対象を扱う学問であり，対象がもつ本質と無関係な研究の細分化は無意味であることを強調していた（竹内・島津 1969）．その根拠を，地球は大きな物体であり，一様な物質からできているわけではない．しかし相互に無関係な単細胞の集まりではない．生物体や人類社会のように高度なものでないとしても，有機的な結合をもった複合体と見てよいと説明した（竹内・島津 1969）．研究領域の細分化は，地球というまとまった研究対象を分解することになり，地球科学の存在を危うくすると考えたのである．このことは自然地理学にも当てはまる．

②有機的な結合における「思わぬつながり」を解明できない

地球の自然では，大気圏・水圏・地圏・生物圏のそれぞれで一見無関係に進行している現象が，思わぬつながりをする例は少なくない．繰り返すが，自然現象とは元来「シームレスの織物」のようにつながっていることを竹内・島津（1969）は強調する．

思わぬつながりの例としてよくひきあいに出される語句に「風が吹けば桶屋がもうかる」がある（図 3-1）．これは部分と部分とのもっともらしい論理の積み重ねから，意外な（あるいは誤った）結論が導かれるというたとえに用いられる．誤った結論が導かれる理由は，①部分部分のもっともらしい

論理が実は誤り，②部分部分の論理は正しくとも，全体の並べ方（論理の流れ）が誤り，③部分部分の論理も全体の並べ方も正しくても，全体として組み合わさった場合には予想外のことを引き起こす，という三つである（東京大学地球惑星システム科学講座編 2004：235）．ここでいう「部分部分の論理」をささえているのは要素還元主義の個別領域研究であり，これだけでは，意外な（あるいは誤った）結論が導かれるのを防ぐことができないということになる．

③地球規模の自然や人類社会全体に関わる問題を解明できない

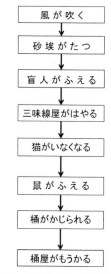

図3-1 「風が吹けば桶屋がもうかる」の論理（竹内・島津 1969）．

地球温暖化問題や，地球の生命進化と地球環境の変遷の問題，あるいは地球資源と人類文明のゆくえの問題などは，従来の個別領域研究では解明できない．その理由は，これらの問題に含まれる現象や作用（プロセス・過程）は広範な異なる研究領域にまたがっており，それらの境界部分の現象や作用の研究が欠かせないからである．たとえば，地球温暖化問題は，人間の経済・社会活動の作用，炭素循環作用，大気・海洋の作用が連動して起こる現象だから，それらの間の関係を無視したら理解できない（東京大学地球惑星システム科学講座編 2004：235）．

④領域別研究どうしの共同研究がうまくゆかない

上にのべたような地球規模の問題や，人類全体に関わる問題は，これまで，異なる領域の研究者による共同研究によって解明できると考えられていた．しかし，分析的科学研究は，長い間，周辺的な部分を切り捨てて，中心的な作用（過程）だけを取り出して研究してきたので，研究領域ごとに，基本的な考え方や方法，言語などが異なってしまった．領域間の意思の疎通が不可能であるだけではなく，ほかの領域の成果を無視したり排除したりすることもある．共同研究といっても，現在おこなわれているのは，異なる領域の成

果を寄せ集めただけ，あるいは，ある領域の成果を別の領域が利用するだけというような研究がほとんどである．真の共同研究はめったにない．

2）自然地理学教育での問題

　自然地理学が個別領域科学の集合体となったために，「自然地理学」という名前の授業では，気候学・地形学・水文学・植生地理学などが領域別に教えられている．教科書もそうなっている．何のために自然地理学という名前の講義が存在するのかが疑問に思われる．大学においても，既存の地理学教室や地理学専攻の教育システムは領域別になっている．これでも自然地理学諸領域の概要を理解させることはできるだろうし，地球表層部の自然を把握できることを否定するものではない．しかし，自然地理学の特徴である，総体としての自然や，異なる自然の相互関係などを教えることができない．これは，とくに，環境教育や災害教育にとっては大きなマイナスになる．卒業研究や修士論文などにおいても領域俯瞰的な研究をおこなうのは困難である．このような教育からは，期待されている領域俯瞰的見方ができる自然地理学者は育たない．この問題に関して岩田（2015, 2016）は注意を喚起してきたが，地理学界・地理教育界としての動きはまだない．

3-3　領域俯瞰型研究の必要性

　個別領域研究の問題点が明らかになってきたなかで，上記 3-1 節 3）「俯瞰的見方」の最後にのべたように俯瞰的見方の再評価がはじまっている．それを一歩進めよう．

　じつは，自然地理学の個別領域化が進んだとはいえ，地域の自然の全体像の把握のために，複数の領域での研究を統合しておこなう総合的な自然地理学が必要であるという考えは根強く残っている．第 2 章で触れた地生態学（geoecology，景観生態学，地域生態学）の誕生もそのひとつである（第 8 章で扱う）．

　自然地理学の分析科学化を推し進めた上記の大村　纂も，総合科学としての自然地理学の重要性を強調している．「総合科学としての地理学は地域と

いう明瞭な目的を持ちながら，その総合科学としての成果は往々にして舌足らずの感がある．これは我々が分析という前段階だけで疲労しきってしまって，本来の目的である地域の総合的理解に到達する余力を持たないのか，あるいは分析された知識に満足しきってしまい，総合というより大きく，より高いビジョンを失ったからに相違ない」（大村 1997：893）とのべている．

　総合研究（領域俯瞰型の研究）が必要なのは，自然はシームレスだからである．研究対象の「自然現象は『シームレス（ぬいめなし）の織物』のようにつながっている」（竹内・島津 1969：16）にもかかわらず，研究を担う領域別自然地理学の各研究領域には「縫い目がある」というよりむしろ隙間があいている．自然地理学の各領域はシームレスに連続していなければならない．

　このような，シームレスな領域俯瞰型，領域横断型の自然地理学を絶滅させず維持しなければならないと考えた．それを「**統合自然地理学（integrated physical geography）**」と呼ぶことにする[注7]．従来から地理学では自然地理学と人文地理学の境をなくした地理学を統合地理学と呼んでいた．マシューズ・ハーバート（2015）は，総合的に自然をとらえる自然地理学を統合自然地理学と呼んでその重要性を強調した．その考えは本書の統合自然地理学とおなじである．統合自然地理学は，領域ごとに隔てられた系統地理学に対する，すべての領域を扱う地誌学と似ているがおなじではない[注8]．土壌地形学者田村俊和は自然地理学を「自然環境を空間的に統合して捉えるための方法と，その統合した知見の総体」（田村 1993：765）とのべ「統合」を強調している．ただし，統合自然地理学の「統合」は研究領域の「統合」である．

　統合自然地理学が重要な理由は次のようにも説明できる．地球の自然のしくみは単純なものでなく，竹内・島津（1969）の考えにしたがって言えば，地球は，地球自然の各部分がお互いにかばいあって地球全体の平衡を保とうとしている系である．したがって，各部分のかばい合いと全体との関係を理解しないと地球の自然は理解できないことになる．システム科学的にいうと，①異なる自然（サブシステム）をつなぐ作用（プロセス・過程）を理解すること，②サブシステム相互の調整（フィードバック）機能を理解すること，③システム全体の振る舞いを理解すること，が重要になる．これらの理解のためには，ある研究領域で扱われる作用（過程）と別の研究領域で扱われる

第3章　領域俯瞰型自然地理学をめざして——31

作用（過程）との関係に注目せざるを得ない．つまり，現在の領域別の研究
では，地球の自然全体のしくみは理解できないということである（システム
については第9章で取り上げる）．

3-4　まとめ：統合自然地理学の提唱

　自然地理学の特徴は，地球表面付近の自然を，網羅的，俯瞰的（空間的・
時間的・領域的）に扱うことである．原生自然のみならず，人間が関わる自
然をも対象にする．自然地理学諸領域の精密科学化と個別領域化が進んだ結
果，かつてフンボルトが提唱した自然の総体把握のための自然諸要素の相互
関係の理解という自然地理学の本質は忘れ去られた．自然地理学の諸領域は，
それぞれ独立性を高め，現在では，気候学・地形学・水文学・植生地理学・
土壌地理学などの独立した領域の集合体という領域別自然地理学という体裁
を強めている．

　自然地理学の進む道には次の①②の二つの方向がある．①自然地理学を構
成する諸領域の独立化を進め，自然地理学を解体する方向に進む．そして，
独立した個別領域として，ほかの自然科学の諸領域と肩を並べるように発展
する方向である．②自然地理学を構成する諸領域を包括するような，領域俯
瞰型・領域横断型研究，あるいは領域間の隙間を埋めるような学際的研究を
進める方向である．これが「統合自然地理学」である（図3-2）．

　本書は，言うまでもなく，②「統合自然地理学」の立場を押し進める．本
書を書いた理由は領域俯瞰的な自然地理学研究と教育を推進するためである．
自然地理学への帰属意識がうすくなったとはいえ，個別領域研究の自然地理
学者もまだ地理学分野の学会（地理学界）で活動している．その理由は，こ
れらの学者が，おもに地理学的方法論を用いているからである．統合自然地
理学を振興する希望はまだある．

注1）自然史科学：17-19世紀の博物学・自然誌（natural history）が，20世紀後半にな
　　って地球表層部の具体的自然諸物を広く総合的に研究する科学「自然史科学」に変貌し
　　た．自然地理学，進化生物学，生態学，第四紀学，海洋学，極域研究などが含まれる．
　　数物科学が抽象的・普遍的な研究領域であるのに対して，自然史科学は具体的・個性

32——第1部　統合自然地理学とは何か

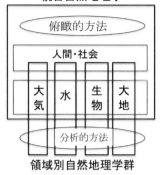

図3-2　領域別自然地理学と統合自然地理学の対象と方法の概念（岩田原図）．

的・歴史的な研究領域である．類型（タイプ）・モデルの構造・機能・運動・発展を総合・比較するという研究方法がおもに用いられる（貝塚 1970）．
注2）マクロ物体：肉眼で見える大きさの物体．肉眼で見えないミクロ物体に対する語．
注3）多くの地理学専攻が文系学部に属すのは，①中等教育での地理学が社会科に属すこと，②地理学は自然と人間の両方を対象とするため文系学部の地理学専攻でも自然地理学の研究教育がおこなわれていること，③日本最初の地理学専攻は京都帝国大学文科大学（現文学部）にできたこと，などによる．
注4）精密自然科学：数学的記述や実験による仮説検証をおこなう科学．
注5）大村 纂（おおむらあつむ）：1942～．スイス連邦工科大学（ETH）名誉教授．東京大学理学部地理学専攻，マッギル大学修士課程を経て，1970年 ETHZ 助手，1980年 ETHZ 地理学教室教授．この間，アクセルハイベルグ島（北極）・アルプスなどで氷河と気候の調査・研究に従事．国際雪氷学会会長などを歴任．
注6）2007年に日本地理学会にできたグループによる，人間と自然の相互関係を総合的に解明する研究．
注7）統合自然地理学をシームレス自然地理学と呼ぶことも可能であるが，シームレス地質図（第1章注4）のような電子版の地理学と間違われる恐れもあるので，ここでは遠慮する．領域の統合と似た意味で用いられる語に，領域横断（domain crossing），学際（interdisciplinary），融合（integration），総合（comprehensive），領域融合・超学際（transdisciplinary）などがあり，ニュアンスは少しずつ違っているが明確な定義はない．
注8）どちらも地域の自然の全体像をとらえようとするが，統合自然地理学は，直面する課題や矛盾を解決するために，さまざまな仮説検証型の研究方法を工夫する．それに対して，自然地誌は，分布図の重ね合わせのような伝統的・形式的・静的な把握にとどまることが多い．

【引用・参照文献】

福井英一郎 1989．自然地理学．日本地誌研究所 編『地理学辞典 改訂版』p.271, 二宮書店．

フンボルト，手塚 章 訳 1991．自然界世界誌の考察範囲と科学的考察方法．手塚 章『地理学の古典—フンボルトの世界』47-67，古今書院．

フンボルト，手塚 章 訳 1997．熱帯地域の自然図．手塚 章『続・地理学の古典—フンボルトの世界』264-266，古今書院．

Huxley, T. H. 1877. *"Physiography: An Introduction to the Study of Nature"*, London, Macmillan and Co.

岩田修二 2015．自然地理学の存在意義—その本質と特徴．地理，**60**(1)，19-22．

岩田修二 2016．領域横断型研究としての自然地理学．科学，**86**，0871-0873．

貝塚爽平 1970．日本の自然と自然史科学．科学，**40**，145-147．

マシューズ・ハーバート 著，森島 済・赤坂郁美・羽田麻美・両角政彦 訳 2015．『地理学のすすめ』丸善出版．

松井孝典 1998．人間圏とは何か．『岩波講座地球惑星科学14 社会地球科学』1-12，岩波書店．

松山 洋・川瀬久美子・辻村真貴・高岡貞夫・三浦英樹 2014．『自然地理学』ミネルヴァ書房．

宮本真二・野中健一 2014．『自然と人間の環境史：ネイチャー・アンド・ソサエティ研究』第1巻，海青社．

中山正民 1996．自然地理学．地学団体研究会 編『新版 地学事典』p.544，平凡社．

大村 纂 1997．スイスにおける地理学教育．地学雑誌，**106**，890-893．

岡山俊雄 1976．『自然地理学—地形』法政大学通信教育部．

小野有五 2016．たたかう自然地理学．科学，**86**，635-637．

阪口 豊 1980．『日本の自然』岩波書店．

佐藤 哲 2016．『フィールドサイエンティスト—地域環境学という発想』東京大学出版会．

Somerville, M. 1854. *"Physical Geography"*, (The third London edition), Philadelphia, Blanchard and Lea.

Strahler, A. N. 1975. *"Physical Geography"*: Fourth Edition, New York, John Wiley and Sons.

鈴木康弘 2015．リレーエッセイ「地球を俯瞰する自然地理学」を始めるにあたって．科学，**85**，922-923．

竹内 均・島津康男 1969．『現代地球科学—自然のシステム工学』筑摩書房．

田村俊和 1993．地形研究を通してみた自然地理学．地理学評論，**66A**，763-770．

手塚 章 1997．『続・地理学の古典—フンボルトの世界』古今書院．

東京大学地球惑星システム科学講座編 2004．『進化する地球惑星システム』東京大学出版会．

安成哲三 2016．Future Earth—地球と人類の持続可能な未来をめざして．科学，**86**，757-759．

米倉伸之 2001．日本の地形研究史．米倉伸之・貝塚爽平・野上道男・鎮西清高 編『日本の地形1 総説』32-46，東京大学出版会．

----------------------------【参考資料2】----------------------------

ハクスリーの『地文学』と
サマーヴィルの『自然地理学』

トーマス゠ハクスリーの『地文学』の内容

「人類の住み家」を研究する自然地理学（別名地文学）は19世紀半ばに学問領域として確立した．そのころイギリスで刊行された教科書の内容を示す．磯崎（1991）による解説がある．

表A ハクスリーの『地文学』の目次

章	章のタイトル（主要な図版の内容）
1	テムズ川流域（北極星，コンパス，丘陵地形，等高線，流域の地形断面）
2	泉（地層と泉，地層，断層，ロンドン盆地の地質断面）
3	雨と露（雲の種類，年降水量分布図，雨量計，湿度計）
4	水の結晶化：雪と氷（コップの中の氷，水晶，雪華，ティンダル像）
5	蒸発（毛髪湿度計，相対湿度計）
6	大気（水銀を作る，水銀気圧計，天気図，気圧変化）
7	水の化学組成（水の電解，酸素と水素，ナトリウム法と熱した鉄による水の分解，水素の燃焼実験）
8	自然界での水の化学組成（トラバーチン，鍾乳石）
9	雨と河川の働き（グランドキャニオン，水系図，ロンドン粘土を刻んだ谷，ナイルデルタ，河川流域，ミシシッピデルタ）
10	氷とその作用（水の凍結実験，氷河，氷河の運動，モレーン，ロッシュムトネ，テムズエスチャリーの海図，波食限界）
11	海とその作用（海食岩塔，大西洋の海流，海水温の鉛直断面，対流実験）
12	地震と火山（火山断面，噴石丘，崩壊した火山，成層火山，ヴェスビオス火山，ヴェスビオスとソンマ，グレアム島，間欠泉）
13	陸地の緩慢な運動（地盤沈下，盆地の沈降，褶曲）
14	生物とその活動の証拠－化石（植物化石，珪藻堆積物，石炭層，石炭の植物化石，シギルラリア，層化した石炭，石炭の顕微鏡写真）
15	動物による土地形成－サンゴ礁（サンゴ虫，サンゴ礁の断面）
16	動物による土地形成－有孔虫堆積物（海底コアサンプラー，海底地形）
17	テムズ河流域の地質構造とその解釈（ロンドンの地下堆積物，表層地質，マンモス，石器，テムズ流域の地質図，貝化石，石灰岩の微化石）
18	大陸と海洋の分布（イギリス周辺の大陸棚，世界の山脈分布，ユーラシア大陸の断面，北アメリカの断面，南アメリカの断面，北極の地図）
19	地球の形（高さによる見える範囲，地球の傾き，地球楕円体，経度緯度，緯線と子午線，投影法，円錐投影，メルカトール投影，極投影）
20	地球の運動（地球と太陽の位置関係，季節変化，北半球の夏，分点の地球，近日点と遠日点，寒帯・温帯・熱帯）
21	太陽（視角度，大きさ，黒点の通過コース，コロナ，プリズム分光）

第3章　領域俯瞰型自然地理学をめざして──35

Huxley, T. H. 1877. "*Physiography: An Introduction to the Study of Nature*", London, Macmillan and Co. による.

磯崎哲夫 1991. イギリスにおける地学教育成立過程に関する研究（I）― 19世紀の地質学（Geology）と地文学（Physiography）. 地学教育, **44**(4), 175-187.

メアリー=サマーヴィルの『自然地理学』の内容

「自然地理学」という書名ではじめて刊行された教科書の内容.

表B サマーヴィルの『自然地理学』の目次

章	章のタイトルと内容・補足説明
1	自然地理と地質学（太陽系における地球, 地球の形と密度）
2	大陸と海洋, 山脈の形成, 地質と自然地理, 地質構造, 諸山脈, アルプスの氷河
3-4	諸山脈つづき―コーカサスとアジアの山地
5	低い諸山脈―スカンディナビア, イギリス, ウラル, シベリア低地
6	ユーラシア南部の低地と高原・山地
7	アフリカの地形
8	南北アメリカの地形
9	南アメリカの低地の地形, パタゴニアの砂漠
10	中央アメリカと西インド諸島の地形
11-12	北アメリカの地形（Russian America を含む）
13	オーストラリアとその周辺の地形（日本もここに含まれる）
14	極北地域の地形（グリーンランドからアイスランドまで）
15	鉱脈と鉱山, 金属資源
16	海洋
17-19	世界の河, アフリカの河, アジアの河, アメリカ大陸とオーストラリアの河
20	世界の湖沼
21	世界の気候
22	大気現象：蒸発から雷, 磁気, オーロラなど
23	植生
24-27	世界のフロラ（植生分布）
28	動物　昆虫の分布
29	海獣と魚類などの分布
30	両生類や爬虫類の分布
31	鳥類の分布
32	哺乳類の分布
33	人の分布, 状態, 将来展望
付録（各種表）, 用語解説, 索引	

Somerville, M. 1854. "*Physical Geography*" (The third London edition), Philadelphia, Blanchard and Lea, 570pp.

第1部のまとめ

第1部（第1章～第3章）の内容をまとめよう．

自然地理学とは，地球表層部の自然現象の全体像を研究する地理学のひとつの分野である．全体像を明らかにするには，気圏・地圏・水圏・生物圏などで起こる現象の相互関係を解明しなければならない．

対象：地球表層部の自然．原生自然も人為が加わった自然も対象にする．

方法：まず，地理学的方法論による空間的・時間的・研究領域的な俯瞰的把握に力点をおき，領域ごとの研究を統合する研究をおこなう．

自然地理学は，対象と方法の違いから次の二つに分けられる．

領域別自然地理学（disciplinary physical geography）

対象：地球表層部の諸圏（気圏・水圏・地圏・生物圏など）ごとの自然．

方法：おもに諸現象それぞれの因果関係の解明のための分析的方法．

特徴：1930年代から20世紀後半にかけて発達した，気候学・地形学・水文学・植生地理学・土壌地理学などの個別研究領域の集合体としての自然地理学である．系統地理学に対応する．

統合自然地理学（integrated physical geography）

対象：地球表層部の限定された空間（地球全体から小地域まで）での自然諸要素の相互関係とその自然の全体．

方法：諸現象の相互関係を明らかにする総合科学的方法．本書の第4章以下で説明する．

特徴：従来の自然地理学研究に新しい方法を導入し，ほかの分析的諸科学がなし得ない総合的・俯瞰的に自然を把握しようとする．系統地理学に対する地

図A　統合自然地理学と領域別自然地理学（岩田原図）．

誌学に当たる自然地誌や自然地域学に類した研究領域である.

この統合自然地理学は，地球規模の，環境と人類との葛藤・相克という現代社会の大問題の解決に不可欠であると考えられる．つまり，統合自然地理学は，地球環境問題（地球環境の劣化）や地球規模の資源問題（いわゆる成長の限界の問題），大規模災害からの復興問題などの解決に有用であると認識されはじめている.

第2部
統合自然地理学の論理と方法

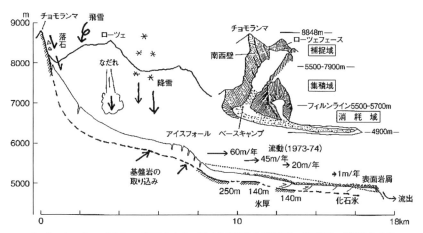

ネパール，チョモランマ南面のクンブ氷河の形態と補捉域・集積域・消耗域（右上）と，氷河の模式断面で示した涵養・消耗の機構（下）．ヒマラヤ山脈の大型氷河では，急峻な岩壁・氷壁の補捉域からのなだれや飛雪が重要な涵養源となっている．消耗域の大部分は表面岩屑に覆われる．岩田修二『氷河地形学』（東京大学出版会 2011）の図 3.3.

　目に見える地域の自然のすがたを風景という．自然地理学の出発点は風景の研究である．多様な風景構成要素を整理するために，自然地理学では，空間の大きさの意味（空間スケール）と時間の意味（時間スケール）を考えてきた．さまざまな風景の空間的広がりは分布図（地図）で見ることができる．その時間的変化も，さまざまな研究領域の現象の対応関係も地図の重ね合わせでわかる．地図の重ね合わせを発展させた研究方法が，地域をシステム化した地生態学である．それは地球システム科学へつながる．自然地理学の，すべての研究領域に共通する論理や方法が統合自然地理学に役立つ．

第**4**章

風景と景観
地域の形態

　まずは目に見えるもの「風景」を正確に把握するのが自然地理学の流儀である．風景の研究は地理学の歴史のはじまりからおこなわれてきたが，概念に関しても，方法に関しても議論は多い．風景こそが地域の外観（形態）である．

4-1　風景とは

　出版社の広告によると，学生にもっとも評判の良い自然地理学の教科書は『風景の中の自然地理』（杉谷ほか 2005）だそうだ．たしかに初級者向けの教科書としてはよくできており，「風景」という言葉にも親しみを感じる．

　「風景」という言葉は，日常生活で普通に使われるが，明治初期に西洋の風景画とともに使われだした語で，それ以前は「風光」や「○○景」という語が使われていた．明治時代によく読まれた『日本風景論』（志賀 1894）は「風景」の語を広めるのに貢献したであろう．風景という語は，「風情がある」とか「すぐれた」というような心情を表す語句とともに使われることが多く，かつては自然地理学で使われることは少なかった．上記の教科書の『風景の中の自然地理』はめずらしい例であろう．

　ただし，この教科書は，風景そのものを自然地理学的に説明しているのではない．章立てを気候・地形・陸水などの研究領域別で構成したのではなく，「山，森，平野などの《風景》で各章を構成」したと「まえがき」に記されている．とはいえ，「火山」や「山と川」の章では地形学，「森林」では植生地理学，「雨と風」では気候学の説明が中心になっており，領域俯瞰型の自然地理学であるとは言えない．

　ところで，地理学では「風景」を使わないかわりに「景観」という語が広

40——第 2 部　統合自然地理学の論理と方法

く使われている．日常語の「風景」とは違って「景観」には学術用語の雰囲気がある．1990 年代に刊行されたシリーズ本『自然景観の読み方』（岩波書店）は一般読者向けの自然の解説書（自然地理学の本）であるが，そのキャッチコピーは「風景にひそむ自然のメッセージを読む」であった．この章では，自然地理学とは切り離せないが，さまざまな使われ方の「風景」と「景観」について考える．

4-2　景観とラントシャフト

　「景観」という言葉は，日常生活ではあまり使われないが，地理学や建築学・都市計画学，あるいは一部の社会科学などではしばしば用いられる．「景観法」（2004 年公布）などのように法律分野でも使われている．このことから予想されるように，「景観」は，さまざまな意味内容で使われている．ここでは，「景観」の代表的な用法を並べてみよう．
　一般的な国語辞典での説明は次のようである．

---

　①けしき．ながめ．すぐれたけしき．風情のあるけしき，ながめ．②〔地理学〕地表上の風景を特色づける諸要素の総合像．自然景観と文化景観とに分けられる．③〔ドイツ語の Landschaft〕人間の視覚によってとらえられる地表面の認識像．山川・植物などの自然景観と，耕地・交通路・市街地などの文化景観に分けられる（『大辞林』三省堂 1988 と『学研国語大辞典』学習研究社 1978 をもとに編集）．

　上記①は「風景」とおなじ用法である．
　上記②に関して，地理学では景観に関するさまざまな考え方があることは，たとえば『地理学辞典』の景観の項（佐々木 1989）や渡部ほか（2009）の総説をみればわかる．
　上記③の"Landschaft"を一般的なドイツ語 – 日本語辞書（『木村・相良独和辞典（新訂版）』博友社 1963）で見ると「ⓐ州，県；地方．ⓑ国会；州会．ⓒ都市の近郊；郊外の住民．ⓓ風景（光），眺望」となっており，風景や眺

第 4 章　風景と景観──41

望より先に，地方や地域と関係した意味が出ている．しかし地理学の内容はない．

　岡田（1992）によると，ドイツの地理学界は19世紀末に"Landschaft"（ラントシャフト）に地理学的な概念を与え，それが，1920年代に日本の地理学界に導入された．そのとき以来"Landschaft"に与えられた訳語は15にもなっているという．「景観」が最多で，次が「風景」，それに「風土」・「地理的景観」（同数）が続く．現在の日本の地理学界では，"Landschaft"の訳語としては「景観」が定着している．したがって，景観の意味をはっきりさせるためにはラントシャフトにまで立ち返らねばならない．

　上記のように，訳語の多さからわかるように，Landschaft の定義（内容）をめぐっても多くの議論があった．岡田（1992）によると，定義は次の三つに分かれるという．

　(i)「総合的内容をもった地域」．地理学的概念が与えられた Landschaft 本来の意味内容である．それは「任意の広さの地表断片であり，その地表面断片とは，その外貌と内在する諸現象により，またその内外の位置関係によって一定の性格を持つ空間単元で，別の性格を持つ周囲の地表面とは区別して取り出せる」と説明される（佐々木 1989）．この説明は，地理学での「地域」そのものである．この意味に対する訳語は，風土・地理的景観・風景・景域などが使われており，「景観」単独では使われていないのは注目に値する．「景域」という訳こそがふさわしいという飯本伸之の主張がよく引用されるが，景域の語が広く使われることはなかった．

　(ii)「類型としての地域」．これは，地域単位として表示・分類しうるものとして把握され，ドイツ語辞書の「州，県；地方」に対応するのであろう．訳語としては景相・地相景がある．景観生態学（Landschaftsöcologie）を提唱したカール＝トロルによるカルスト景観やプナ景観[注1]という「景観」の使い方はこの定義に含まれると考えられる．

　(iii)「地域の可視的・形状的側面」．これは上記ドイツ語辞書の⓭そのものである．景観・風景という訳語を用い，地域の意味を含ませない．この使い方に関しては，景観地理学を提唱した辻村太郎が「景観の名称は今より30年も前に三好博士が使用されたのを最初とし，初めは植物群落の相観

(Physiognomie)[注2] を言い表すに用いられていた」（辻村 1933）と説明している．つまり，辻村は景観から「地域」の意味を排除し，景観を目に見える風景に限定した．

現在の日本の地理学界では，多くの場合「景観」は，目に見える風景，あるいは地域の外観（田辺 2003）の意味で使用されており，地域の意味で景観を使う例はほとんどない．現在の地理学は「景観からの呪縛から逃れようとしている」（千田 1998）ともいわれるが，「景観」が地域という意味を引きずっていることは忘れられてはいない．人文地理学の石井英也は景観の「構成要素の連関構造」を重視し（中村ほか 1991），地生態学の横山秀司は景観を「空間統一体」（横山 1996），歴史地理の千田 稔は「土地性」（千田 1998）と呼んでいる．「景観」はいまだに地域の意味を引きずっており，やっかいである．

4-3　ランドスケープ

Landschaft は，英語圏ではランドスケープ "landscape" と訳されている．ランドスケープの元もとの意味は，風景，景色，ながめなどの意味である（後掲の注4も参照）．この意味を拡張して「地形の集合体」あるいは「地域的広がりをもつ地形」の意味でも使われる[注3]．多くの場合，ランドスケープといったとき，その意味内容からは Landschaft に含まれる地域という概念は除かれている．

ただし，マシューズとハーバートの『地理学のすすめ』では，ランドスケープを「ある地域の全体的特徴」「プロセスの相互作用の総体系」とラントシャフト（地域）に近い観点でとらえている．ランドスケープ研究は，自然現象と人間活動の両方を併せてとらえることができ，地理学の中心課題になる可能性があるという．またリモートセンシングと GIS（地理情報システム）を有効に利用すれば，ランドスケープを総合的にとらえることに成功するかもしれないとのべている（マシューズ・ハーバート 2015）．

建築学や都市工学（とくに都市計画学），造園学などでも景観の語を用いるが，景観の代わりに「ランドスケープ」の語が用いられることが多い．日

第4章　風景と景観——43

本造園学会の機関誌は「ランドスケープ研究」という誌名に替わった．これらの場合の「ランドスケープ」は，大まかには，風景や外観を中心に据えた，都市空間や造園空間，建物群，街並などの人工物を意味する．さらに，その土地に含まれる自然や土地利用などの諸要素をベースとした，人工物を中心とした空間的広がりの意味も含まれる．

4-4　風景論

　一方，風景は，地理学者や建築家，造園家以外にも広い領域で関心をもたれている．風景を見る者の知覚，感受性という心理的側面を基礎にした風景評価（中村 1982），文化・歴史をになう建築文化としての風景（加藤ほか2006），観光や保護の観点からの自然風景（西田 2011），風景からの現代文明批評（カー 2014），など多様な内容が論じられている．これらは，まとめて風景論と呼ばれていて，そのなかには，地理学者による風景観念の東西比較（ベルク 1990）もある．また地理学者も「風景は環境の『見かた』そのもの」であるというような風景の認知あるいは風景概念を論じはじめた（たとえば，阿部 2000）．これらの風景論は，風景の構造的・工学的分析と人間側の心理的・文化的・社会的反応との統合を目ざしているように見えるが，風景「学」としての体系化にはまだほど遠く，確立した学術領域として認められているわけではない．

4-5　自然地理学における風景研究の論理

1）風景要素

　これまでのべてきたように，「景観」「ラントシャフト」「ランドスケープ」のいずれもが，さまざまな意味内容をもっている．なかでも地理学で多く使われている「景観」には問題が多いが，景観に替わる別の新語を造るのも混乱を招くだけだろう．したがって，本書では，景観やランドスケープなどの語は用いず，目に見えるものに限定する意味で「風景」を使うことにす

る[注4]．それでは，自然地理学では風景をどのようにとらえればよいのか．

　景観を目に見えるものに限定する立場で，気候学者・地誌学者の中村和郎は，目に見える「景観」とは，同時に存在し，相互に関連し合う，多様な風景を一括してとらえたものとする．例として「漁港に建つ灯台1基を切り取って『灯台景観』と呼ぶのは不適切であり，灯台の周囲にある堤防や製氷施設，市場，道路，漁船，集落，地形などと合わせて見る必要がある．この時，灯台は漁港の景観を構成するものの1つであり，『景観要素』と言える」とする（中村ほか 1991）．ここでの「景観」を「風景」に読み替えれば，風景とは，多様な風景要素によって構成されるものであるといえよう．

　中村がのべたのは，ある視点から観た風景が，前に触れた石井英也の「構成要素の連関構造」としてとらえられることを具体的に示したものである．その意味するところは，これらの風景構成要素は，単なる風景の構成要素ではなく，それぞれが，互いに関連する因果関係（プロセス）で結び付けられた複合体であるということである．つまり，可視的な風景の裏にある，地域の自然や人間活動の実態を把握しなければならないということである．風景の目に見える面の把握だけでは地域の本質には迫れないことは，過去の「景観地理学」が地理学の中心になり得なかったことからも明らかである．しかし，地域の風景の外面すらもとらえられないようでは地域の自然の実態の把握にはいたらないのは当然である．

　地理学は，伝統的に，地域の自然や人間生活の本質を風景からくみ取ろうと努力してきた．図2-1に示したフンボルトの「熱帯の自然図」や図4-1に示した東ネパールの風景のスケッチはその例である．その取組みはなかなか成功しないが，これこそが地理学の本質（の一部）であると考えたい．

2）風景は形態

　景観や風景に関する多くの議論のなかで，すでに認識されていることではあるが，そして上の繰り返しになるが，「風景は形態」について改めてのべておこう．風景は地表自然や地域の外観である．地域の外貌・相貌ともいえる．空間的な広がりで見るときには，土地被覆といってもよい．外観・外貌・相貌・被覆などと用語は変わっても，これらが示すものは形・形態であ

第4章　風景と景観——45

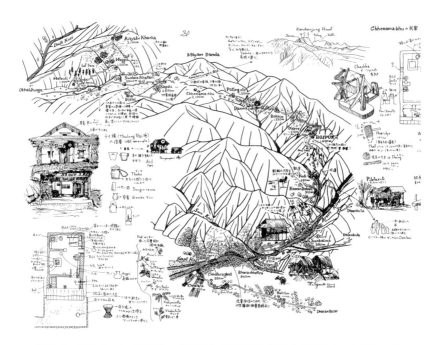

図 4-1　東ネパールの街道沿いの自然と地理情報を風景から読みとったスケッチ
（五百沢 1976 所収の図）．

る．風景を見るということは自然や地域の形態を見ていることになる．つまり**風景は形態**である．

　考えてみれば，自然地理学の研究対象はほとんどが形態であるといえるかもしれない．これは，地形の研究を考えるとよくわかる．地形学は地形の形態を研究する．岩石やその細屑物からなる，基盤岩や堆積層という物質が研究対象の地質学とは大きく異なる．大気の物性や運動（大気という物質）を研究する気象学に対して，気候学は，大気の運動の結果である（強いていえば）形態を研究対象にしているともいえよう．気候の研究で多用される天気図や衛星画像，さまざまな気候図に表されたものが大気現象の形態である．植物生態学は植物群集の植物体そのもの（物質循環やエネルギー循環）を扱うが，植生地理研究は植物群集の地域における形態を扱うといえよう．

　ただし，このような形態の研究は，現代自然科学の二本の柱，物質科学と

生命科学のいずれにも含まれない．ここに自然地理学研究の難しさがあると思われる．表面の形態・状態のような，物質としてとらえられない研究対象を扱っているのが自然地理学であるということは，しっかり認識しておく必要がある．形態そのものの研究方法は，現代自然科学では，まだ確立しておらず，その確立こそが課題であると思われる．言い換えると，さまざまな「もの」の形態を扱っていた 17〜19 世紀の博物学の形態研究から脱したのが現代自然科学であるとも言える．つまり，問題は，博物学に先祖返りをせずに，形態をいかに科学的に扱うかである．

4-6　自然地理学における風景研究の方法

　日本で「景観地理学」が提唱され，多くの風景地理研究がおこなわれたのは 1930 年代であった．それは全国の 5 万分の 1 地形図の完成と手軽に使える写真技術の開発がもたらしたと思われる．風景の記録が容易にできるようになり，それを地形図上に整理できるようになった．土地利用図の作成も容易になった．野外でどのようにして風景を記録し読み解くかは，地理学の教育における最重要の課程である．高等学校でも大学でも，地理教育には野外実習の機会が設けられている（はずである）．多くの参考書がある．ここでは，基礎から実際まで，生物も含めた自然観察と記録の方法をわかりやすく説明した五百沢（1981）の本を挙げておく．図 4-2 はこの本に書かれている，自分で簡単な地図を作りながら風景を記録する方法（地図的記録）である．

1）気候景観の場合

　地理学における風景地理研究で盛んにおこなわれたのは気候風景（気候景観）の研究であり，現在まで続けられている．『日本の気候景観』（青山ほか 2000）には気候風景研究の対象として，さまざまな風景があげられている（表 4-1）．植生分布，土地利用（日照），山間地における集落の位置のような総合的な指標もあるが，大部分は森林限界，偏形樹，屋敷林，防風林などの個別の風景要素である．これでは，気候学の一部として風景の一部を利用した研究にはなるだろうが，統合自然地理学としての風景研究にはならない

第 4 章　風景と景観——47

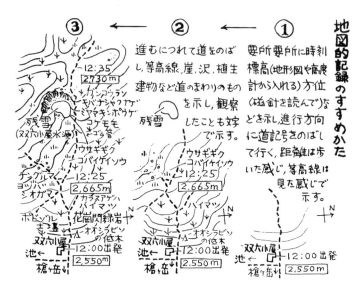

図 4-2 地図的記録の練習方法を示したもの. 前に進むにつれて上方に記入してゆく (五百沢 1981 所収の図).

表 4-1 気候風景研究の対象

気候要素	自 然 風 景	文 化 風 景
風	植生分布, 森林限界, 縞枯れ, 偏形樹, 樹幹の偏奇・年輪, 風成地形, 風稜石, 樹氷, 着雪・着氷雪面形	屋敷林, 防風林, 耕地防風林, しぶきよけ, 雪囲い, 間垣, 家屋の形態・配置,
気温	植生分布, 森林限界, 生物季節, 周氷河現象, 降霜, 雪形 (ゆきがた)	防霜林, 桑畑の分布・仕立て方, 茶畑, 果樹園の分布, 霜害の分布
積雪	雪田植生, 着生植物の高さ, 樹の偏形, 根曲がり, 雪食地形	雪囲い, 防雪林, 雁木, 家屋の形態
その他	着生植物の分布	山間地における集落の分布, 土地利用

青山ほか (2000) の表1を簡略化して一部の字句を変更した.

と思われる.

　1930年代に風景地理と地誌研究を盛んにおこなった岩崎健吉は, 伊豆や紀伊, 室戸などの半島部の気候, 農業, 出稼ぎ移民などについて多数の論文を書いた. 気候風景 (岩崎 1939a, 1941) や風景の類型的調査 (岩崎 1939b) に関して, 気候学者の吉野正敏は, 岩崎の優れた点は「(i) 人文景観を可能

な限り数量的に把握し，その分布を明らかにしようと試みたこと，(ii) その結果を，小気候条件，とくに風の局地性との関係で説明しようと試みたことである．彼の死後数十年経つが，彼の研究にまさる研究はその後ほとんどない」（吉野 2007：389）と絶賛している．岩崎の風景研究は，風景を見るだけではなく，大縮尺図上でのマッピングと防風林や家屋などの実測を徹底的におこなった．風景研究の進むべき道を示している．

2）反復写真と地理情報解析

　写真（この場合は地上写真）は風景研究の重要な道具である．地理写真というジャンルもある．地上写真はもっとも一般的な地理研究の道具のひとつであるが，とくに大きな成果を挙げているのは，同じ場所で繰り返し写真を撮ること（repeat photography）である（たとえば Byers 1987, 2007, 2017; Ives 1987）．過去に撮られた写真（19 世紀末から 20 世紀初頭にガラス乾板に露光された細密風景写真が多く残されている）と同じ場所を同じアングルで写真を撮ると，長期間の風景の変化が解明できる（図 4-3）．

　20 世紀の後半以降は，反復撮影された空中写真が利用できるようになった．広い範囲の風景（鉛直的な）の変化が容易に入手できる．21 世紀になった現在では，空中写真に加えて，人工衛星画像などのデジタル化された映像資料を駆使し，自動化による画像判別，GNSS（衛星測位技術）による位置情報の獲得，GIS を利用した地域情報の整理，地理情報解析と呼ばれる数理的な解析などによって，風景研究の方法は，飛躍的に発展した．自動化された解析手法を用いると広範囲の風景の分析も容易におこなえるようになったし，定量的な把握も可能になった．ここではくわしくはのべないが多くの教科書・参考書がある．手っ取り早い概説は，たとえば松山ほか（2014：14・15章）にある．技術的には，自然地理学における風景研究の前途は大きく開けているといえよう．そして，この方法論や技術は，地理学だけでなく，ほかの自然科学や工学・技術分野で広く使われるようになっており，もはや風景研究は地理学に特有の研究領域ではない．

第 4 章　風景と景観──49

図 4-3　天山山脈ウルムチ河源流部の1号氷河の反復写真の例（1983年（上）と2003年（下）撮影の写真，岩田撮影）．

4-7　まとめ

　これまで地理学で使われてきた「景観」という語にはさまざまな意味が含まれているので，本書では，目に見える地表・地域の形態という意味で「風景」を使用することにする．自然地理学における風景研究は，地表自然あるいは地域自然の外観・外貌を研究することであり，それは物質の研究というよりは形態の研究である．伝統的に，自然地理学での風景の研究は，研究の

入り口であるが本質でもある.

　19世紀の学問の遺産であると揶揄される自然地理学ではあるが,最近では,人工衛星情報などの高度なリモートセンシング技術や,地図情報,位置情報,画像解析技術など,高精度の多様な調査技術を駆使できるようになった.その結果,自然地理学の本質である,地域の全体像としての風景を把握するための大量の空間情報の入手や解析が現実的に可能になっている.これらの技術を駆使することによって,これから風景研究は大きく発展することだろう.

注1）プナ景観：プナとは,アンデス山脈の高地,高原のこと.
注2）相観：植物の形態に関する全体的把握や植物生態学的な把握のこと.三好博士とは植物学者三好 学のこと.相観という語は,人文地理学でも用いられ,「視覚で把握可能な概観や現象像」（田村 1989）とされる.
注3）"*Glaciers and Landscape*"（Sugden and John 1976）という氷河地形学のすぐれた教科書がイギリスで出版されている.
注4）この場合の「風景」を英語にあてはめると "landscape" もしくは "scenery" であろう.手近な英和辞典（『英和中辞典』旺文社 1975）の［類語］の説明によると,landscape は「ある視点から見渡した山野・海岸の風景」,scenery は「ある土地の地理的外観の全体」と書かれている（p. 1981）.

【引用・参照文献】

阿部 一 2000.『空間の比較文化史』せりか書房.
青山高義・小川 肇・岡 秀一・梅本 亨 編 2000.『日本の気候景観—風と樹　風と集落』古今書院.
Byers, A. C. 1987. An assessment of landscape change in the Khumbu region of Nepal using repeat photography. *Mountain Research and Development*, **7**, 77-81.
Byers, A. C. 2007. An assessment of contemporary glacier fluctuations in Nepal's Khumbu Himal using repeat photography. *Himalayan Journal of Sciences*, **4** (6), 21-26.
Byers, A. C. 2017. "*Khumbu Since 1950*", Kathmandu, Vajra Books.
ベルク, オギュスタン 著, 篠田勝英 訳 1990.『日本の風景・西欧の景観—そして造景の時代』（講談社現代新書）講談社.
五百沢智也 1976.『ヒマラヤ・トレッキング』山と渓谷社.
五百沢智也 1981.『山の観察と記録手帳』山と渓谷社.
Ives, J. D. 1987. Repeat photography of debris flows and agricultural terraces in the Middle Mountains, Nepal. *Mountain Research and Development*, **7**, 82-86.
岩崎健吉 1939a. 土佐室戸岬附近海岸に於ける防風林の分布に就いて（南四國の研究 第2報）. 地理學評論, **15**(2), 110-133.
岩崎健吉 1939b. 紀伊半島南海岸における景観の類型的調査（総会講演要旨）. 地理學評論, **15**(4), 476-478.

岩崎健吉 1941. 土佐室戸岬附近沿岸聚落に關する形態計測結果の分布に就て. 地理學評論, **17**(4), 284-304.

加藤哲弘・並木誠士・中川 理 編 2006. 『東山／京都風観論』昭和堂.

カー, アレックス 2014. 『ニッポン景観論』(集英社新書) 集英社.

マシューズ・ハーバート 著, 森島 済・赤坂郁美・羽田麻美・両角政彦 訳 2015. 『地理学のすすめ』第四章, 丸善出版.

松山 洋・川瀬久美子・辻村真貴・高岡貞夫・三浦英樹 2014. 『自然地理学』ミネルヴァ書房.

中村和郎・手塚 章・石井英也 1991. 『地域と景観』地理学講座第 4 巻, 古今書院.

中村良夫 1982. 『風景学入門』(中公新書) 中央公論新社.

西田正憲 2011. 『自然の風景論—自然をめぐるまなざしと表象』清水弘文堂書房.

岡田俊裕 1992. 日本の「景観」概念と「景観」学論. 『近現代日本地理学思想史—個人史的研究』210-247, 古今書院.

佐々木博 1989. 景観. 日本地誌研究所『地理学辞典 改訂版』175-176, 二宮書店.

千田 稔 編 1998. 『風景の文化誌』古今書院.

志賀重昂 1894. 『日本風景論』政教社. 復刻：近藤信行校訂 1995. 岩波書店 (岩波文庫) など.

Sugden, D. E. and John, B. S. 1976. *"Glaciers and Landscape: A Geomorphological Approach"*, Edward Arnord.

杉谷 隆・松本 淳・平井幸弘 2005. 『風景の中の自然地理 改訂版』古今書院. 初版は 1993 年.

田村百代 1989. 相観. 日本地誌研究所『地理学辞典 改訂版』p. 378, 二宮書店.

田辺 裕 監訳 2003. 『オックスフォード 地理学辞典』朝倉書店.

辻村太郎 1933. 『岩波講座地理学 景観地域』9, 岩波書店.

渡部章郎・進士五十八・山部能宣 2009. 地理学系分野における景観概念の変遷. 東京農大農学集報, **54**(1), 20-27.

横山秀司 1996. 景観と生態学. 地理科学, **51**(3), 158-162.

吉野正敏 2007. 『気候学の歴史—古代から現代まで』古今書院.

第**5**章

空間スケール

　多様で入り組んだ風景を整理するために，まず空間スケールを取り上げる．その出発点は，われわれの惑星，地球である．まず地球の大きさを実感し，次に地球の形がスケールの違いでどう変わるかを見よう．最後に自然地理学でのスケールと自然地域の階層性を整理する．

5-1　地球の大きさと形

　地球の大きさと形や，地球と太陽や月，ほかの惑星との関係は，古代ギリシャ時代から自然学の対象だったので，自然地理学に受け継がれて，20世紀前半までは，それらの解説がほとんどの自然地理学の教科書の冒頭にのっていた．しかし，現在では，それらは測地学や惑星科学，天文学の対象になった．

　そうであっても，自然地理学は，すべての地球表面を扱う科学であるから，地球の全表面，つまり地球の大きさや形を扱うことには大きな意味がある．地球の全表面は，自然地理学における空間スケールを考えるときの出発点であり，地球の形の把握と，取り扱うスケールとの関係は興味あるテーマである．自然地理学の基礎になっている空間スケールを考えるときには欠かせない問題である．地球の大きさの基本的数値を表 5-1 に示す．

　しかし，このような数字を見ても実感は得られない．われわれから見ると地球はとてつもなく大きい．そこで，その実感を得るために，ここでは，『地球がもし 100 cm の球だったら』という絵本（図 5-1；永井・木野 2002）を手がかりにして，地球の大きさと地球表層部の諸現象を身近なスケールに読み替えて理解することにしよう．この絵本の主題は環境問題・自然保護であるが，宇宙と地球に関する情報が多く含まれている．この本の著者の永井

53

表5-1　地球に関する基本的数値と参考になる数値

項　目	数　値
赤道半径 a	a：637 万 8137 m（約 6378 km）（測地基準系 1980：GRS80）
極半径 b	b：635 万 6752 m（約 6357 km）（赤道半径との差 約 21 km）
子午線弧長（0°～90°）	約 1 万 0002 km（赤道から極点まで）
地球全面積	約 509.949×10⁶（5 億 1000 万 km²）100.0%
陸地面積	約 148.890×10⁶ km²（1 億 5000 万 km²）29.2%
海洋面積	約 361.059×10⁶ km²（3 億 6000 万 km²）70.8%
最高点	8848 m（海抜高度）エベレスト（チョモランマ）山頂
最深点	1 万 0920 m（水深）マリアナ海溝（11°22′ N，142°36′ E）
陸の平均海抜高度	840 m（杉村ほか 1998）
海洋の平均深度（水深）	3800 m（杉村ほか 1998）
氷河に覆われた地域	16.330×10⁶ km²（1633 万 km²）現在の全陸地の 11.0%
対流圏の高さ　赤道付近	約 12 km
オゾン層の高さの範囲	10-50 km
成層圏の高さ	約 50 km
オーロラが出現する高度	約 100 km
月の直径	3474 km
東京ドーム全体の大きさ	約 200 m
畳 1 畳の面積	1.66 m²

理科年表 2011 年版（東京天文台篇，丸善）やその他の資料による.

智哉は天文学者である[注1].

5-2　『地球がもし 100 cm の球だったら』

①地球

「地球の直径は 1 万 2756 km です．もしも地球を 100 cm の球に縮めると，どうなるでしょうか．地球はお父さんとお母さんが二人で抱えられるぐらいの大きさです」というのが最初の説明である．

ここでは地球を球とみなしているが，地球は完全な球ではない．表5-1 からは赤道半径と極半径との差が 21 km あることがわかる．地球の大きさと形に関するくわしい議論は次の節で説明する．直径 1 m の球というのはかなり大きい．運動会で使われる大玉転がしの球は，直径 1.2-1.3 m くらいが普通である．

②月と太陽，太陽系

地球が直径 1 m ならば，月はビーチボールぐらいの大きさ（直径 27 cm

54── 第 2 部　統合自然地理学の論理と方法

図 5-1 『地球がもし 100 cm の球だったら』の表紙（現物はカラー）（永井・木野 2002）．

ほど）で 30 m ほど離れたところを回っている．30 m というのは，バスケットボールコートの縦の長さである．太陽は直径約 100 m で 12 km 先で輝いている．100 cm の地球では，太陽はちょうど，東京ドームのグラウンドの大きさである．太陽が東京ドームの位置にあるとすると，100 cm の地球は JR 東海道線の大森駅あたりにある．地球の外側を回る惑星たちが構成する太陽系は日本列島をすっぽり覆う範囲を回転している．

③大気圏

　地球表面（陸地表面と海面）のまわりは大気に覆われている．大気圏とその外側の宇宙空間との境は地球表面から高さ 500 km ほどであるが，その高さは 100 cm の地球では 4 cm にすぎない．国際宇宙ステーションの高さは 3 cm ほど，宇宙飛行士が乗るスペースシャトルは 2–3 cm の高さをまわっている．宇宙船といってもこれらは大気圏のなかを飛んでいるのである．極地の夜空を彩るオーロラの発生する高度は 100 km ほど，100 cm の地球では高さ 8 mm なので宇宙船から見下ろすことができる．有害な紫外線を吸収して生命を守る大切な役割を担っているオゾン層は 2–4 mm の高さにあり，そ

こは成層圏である．国際線の旅客機は地表面から 1 mm のところの対流圏と成層圏の境界のすぐ下を飛んでいる．人類の生存に必要な空気が，人類が何とか生存できる濃度で存在する厚さは，100 cm の地球ではわずか 1 mm である．地球を取りまく大気がいかに薄いかがわかる．

④地球の起伏

　世界最高峰のチョモランマ（エベレスト）山の高さ 8848 m は 100 cm の地球では 0.7 mm，日本で最も高い富士山はわずか 0.3 mm である．それに対して一番深い海，マリアナ海溝のチャレンジャー海淵 1 万 920 m は 0.9 mm の深さである．地球の地形の凸凹（起伏）は 100 cm の地球では最大でも 1.6 mm しかなく，ちょっとしたざらつき程度でしかない．

⑤水圏

　直径 100 cm の地球の表面積はたたみ 2 畳ほどの広さ（3.3 m^2）である．そのうち 1 畳半弱が海で，海の平均の深さはたった 0.3 mm にしかすぎない．海水は全部で 660 cc，体積にしてビール大瓶 1 本分ほどである．これを多いと思うか，わずかしかないと思うかは微妙である．

　これに対し淡水の少なさを著者たちは「地球上で飲める淡水は 17 cc しかないのです．さらにそのほとんどの 12 cc が氷河などの氷として存在しています．飲み水などに私たちが利用できる水はスプーン 1 杯にも満たない 5 cc ほどしかないのです」と嘆いている．

⑥陸地の表面被覆

　直径 100 cm の地球では，すべての陸地を集めても 90×90 cm，机の表面ぐらいの広さしかない．陸地には，荒原（サバク）や山岳地帯，氷床など居住に適さない場所も多く，なかでも乾燥地は全陸地の約 40％を占める．森林は陸地の 6 分の 1（17％）を占めるにすぎない．30×45 cm，A3 判用紙より少し大きいくらいである．そのうちの大部分が熱帯林で，直径 100 cm の地球だと，30×30 cm ほどの面積があるが，そのうち 3×3 cm くらいずつ毎年消滅している．3×3 cm とはいっても，実際は，日本全土の約 40％相当分が毎年なくなっている計算になる．人類が居住できる場所はごくわずかである．そのわずかな場所に 74 億人の人類が住んでいる．

⑦生物圏

　地球に生命が誕生して以来，原始的な生物は多様に進化し数を増やしてきた．現在，海洋も陸地も生命であふれかえっている．植物や動物，昆虫，微生物まで含めると知られているだけで 144 万種の生き物が生きている．まだ知られていないものも含めると 800 万種以上，学者によっては 2 億種の生き物が生活しているという．

　ヒトは 144 万種のうちのたったひとつの種である．144 万種のうち，動物は 109 万種，植物が 35 万種である．動物のほとんどは昆虫で，全動物の 60％という圧倒的に多くの種類数を占めている．人間を含めた脊椎動物は全生物の 3％にすぎない．

　種数ではなく，湿潤重量で見ると，ヒト 3 億 5000 万トン，家畜類（ウシ・ヒツジ・ヤギ）6 億 2500 万トン，アリ・シロアリ 7 億 4500 万トン，オキアミ 3 億 8000 万トン，シアノバクテリア（藍藻）10 億トン（Wikipedia 英語版 Biomass: ecology），陸上植物は 1 兆 8340 億トン（吉良 1976：理科年表 2011 年版：東京天文台，丸善）となる．

　このような直径 100 cm の地球で見ていくと，地球表層部がいかに薄いか，地球の表面の凹凸がいかに小さいかが実感できる．面的広がりに比べて高さ（厚さ）の広がりがとても小さいことは驚くべきことである．地形学で問題になるプレートの厚さの平均値 80 km は 6 mm にしかならない．したがって，これに対流圏の厚みを加えても，自然地理学で扱う地球表層部とは 100 cm の地球では 7 mm にしかならない．水平方向と鉛直方向での広がりの違いは，よく認識しておくべきである．しかし，人類にとっては，その，わずかな地球表層部の高さ（厚さ）は，とてつもなく大きい．

5-3　地球の本当の形は？

　地球の形の解明を知ることは，科学・技術史上の興味深い問題である．解説した書籍（測地学の教科書も）は少なくないが，ここでは古在（1973）と大塚（1980：3-66）を挙げておく．

①球

　すでに古代ギリシャ時代には，地球が球であることが理解されていた．エラトステネス（紀元前276-196ころ）は，エジプトのナイル川に沿って，河口のアレクサンドリアから北回帰線上の街シエナまでの距離（5000スタジオン）と，両地点での夏至の南中時の太陽角度を測定し，これらの値から，球としたときの子午線に沿う地球全周を計算して，距離5000スタジオン×（360°÷太陽角度差7°2′）＝25万スタジオン＝4万6250 kmを得た．この値は，現在知られている値より16％大きい．

　地球が球体である事実は，中世ヨーロッパには伝わらなかったが，イスラム世界に継承されていた情報がルネッサンス期にヨーロッパに伝えられた．

②回転楕円体

　17世紀になって学術の中心はフランスに移り，三角測量の原理と，その測角のためのセオドライト（経緯儀）が完成し，メートル法の制定のための地球の大きさの測定がおこなわれた[注2]．その過程で，場所によって緯度1度分の距離が異なることが明らかになった．高緯度の北欧ラップランドと低緯度の赤道アンデスのエクアドルでの測量結果から，地球は球ではなく，極端にいうとミカンのような回転楕円体であることが明らかになった．近年の測量結果である測地基準系1980の値では，赤道面での直径1万2756 kmに対して極方向の直径は1万2714 kmで，約42 kmの差がある（表5-1）．これは100 cmの地球では3.3 mmの差でしかないが，三角測量によって大縮尺の地図を作るときには無視できない値になる．したがって，測地学では地球の形を回転楕円体と定義している．

③ジャガイモのような不規則形

　1957年から打ち上げられはじめた多くの人工衛星の軌道が，予想されたものからずれていることが明らかになり，そのことから，人工衛星の軌道が示す地球表面の実際の形と回転楕円体とがずれていることが明らかになった．人工衛星は，地球表面の凹凸や地殻物質の反映である地球重力の影響を受けて飛んでおり，その軌道を精査することによって地球の表面の形が明らかになった[注3]．地球は極端に誇張していうとジャガイモのような不規則な形をしており（図5-2），回転楕円体とのズレは最大で±100 m程度である．こ

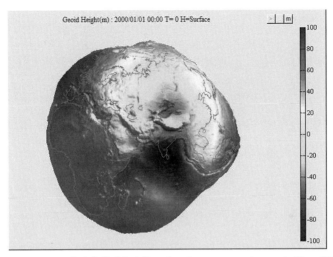

図 5-2 NASA による全球ジオイドモデル（http://gpspp.sakura.ne.jp/diary 200506. htm の画像による）．回転楕円体 WGS84 からのズレが示されている．データは 0.25 度格子のメートル表示．図の中心はイラン付近．高さを強調してあるので，ジャガイモのように見える．

れは，100 cm の地球では 0.01 mm というわずかな差であるが，人工衛星の軌道のズレという観点では大きな距離である．

④正しい地球の形とは

このように，地球の形は歴史的に，球，回転楕円体，ジャガイモのような不規則形というように変化してきた．「正しい地球の形は何か」と問われたらなんと答えればよいのだろうか．答えは「この三つのすべてが正解」となる．ただし見方や使う目的が違えば，正解は変わってくる．直径 100 cm の地球では球，測地学では回転楕円体，人工衛星技術や重力研究ではジャガイモのような不規則形が正解となる．このように地球上の現実に存在する現象は，取り扱う空間規模（空間スケール）や視点の位置（地球からの距離）によって様相（説明や定義も）が変化することがしばしばある．空間スケールは重要である．

表5-2　地球上の風の空間スケール

風の名称	移動の水平距離 （km）	G-スケール
熱帯低気圧・台風・ハリケーンなどの強風	800-8000	1
季節風・貿易風	800-5000	1
温帯低気圧による風	300-5000	1-2
局地低気圧による風	60-500	3-4
地形による局地強風	8-40	7-8
山ごえ気流	3-20	8
寒冷前線による突風	1-10	8
竜　巻	0.5-2	9
陸　風	0.2-2	9
湖　風	0.2-2	9
海　風	0.1-6	9
谷　風	0.1-5	9
山　風	0.1-2	9
河　風	0.1-0.3	9
晴夜の冷気流（斜面下降風）	0.02-0.1	9-10
ビル風	0.009-0.03	10
舞台風（ぶたいかぜ）[注5]	0.008-0.02	10以下
すきま風	0.001-0.009	10以下

吉野（2016）の図から作成．移動距離は線であり，G-スケールは面積であるから正確に
は対応しないので，図5-2に基づく大まかな値である．

5-4　風の空間スケール：長さ（距離）

　自然地理学で扱う現象は，最大では地球全体に広がる現象，最小では身の
まわりの自然や空間の現象まで，さまざまな大きさをもっている．例として，
ここでは大気の流れ（風）の空間スケールを取り上げてみよう．表5-2には，
さまざまな風の移動の水平距離を示した．最大の風は熱帯低気圧・台風・ハ
リケーンなどの強風で，半球規模あるいは大陸規模の空間スケールをもつ．
これに対して，もっとも短い移動距離の風として挙げられているのは，部屋
のなかで起こる数メートル移動するようなすきま風である．これら両者のあ
いだにさまざまな空間スケールの風があることがわかる．

　このような現象の違いによる空間スケールの多様性は，海洋や湖水での流
れや，地形や植生の空間的広がりでも認められ，それを整理して認識するこ
とが自然地理学の重要な課題である．

60 —— 第2部　統合自然地理学の論理と方法

図 5-3　G-スケール（野間ほか 1974 に加筆）．0-10 の数字が G-スケールの値（対数）．最上段の面積がそれぞれのスケールに対応する面積．この場合の G-スケール 10 はおよそ 250×200 m の範囲に相当する．下段は具体的な地域の G-スケール値（面積ではないことに注意）．

5-5　G-スケール：自然地理学での広さの単位

　上にのべたように，自然地理学の対象は，身のまわりの（家の庭や公園のような）自然から，大陸規模，地球全体の自然まで，さまざまな空間的広がりをもっている．そのバラバラな空間スケールを科学的に整理して記載する方法（単位）の基準が考えられている．そのひとつが地理学のための空間（広さ）の単位 G-スケール（G-scale）である（Haggett *et al.* 1965）．すなわち

$$G = \log(G_a/R_a)$$

ただし G_a は地球全表面積，R_a は対象地域の面積，で与えられる（野間ほか 1974）[注4]．その具体例を図 5-3 に示す．しかしながら，このようなスケール尺度が一般的に使われるようにはなっていない．

5-6　自然地域のスケール区分

　自然地理学で扱う自然の空間的まとまり（空間的単位）を自然地理学では自然地域という．自然地域の区分の基準や呼称方式は，国や地域，研究者によってバラバラで，多様なものが併存し統一されていない．それは，自然地域区分が，多くの国で国土を把握する基本的な情報として各国別におこなわれているからである．たとえば日本では国土調査法（1951 年）に基づく土地

第 5 章　空間スケール——61

表 5-3　自然地域単位のヒエラルキーと図化スケールの例

名　称	定　義	図化スケール[注6]	G-スケール
Land Zone	主要な気候地域（大生態系）	1：1500 万以下の小縮尺	1
Land Division	大陸を構成する構造地形（大地形）	1：1500 万	2
Land Province	二次オーダーの構造地形・大地質系統	1：500 万-1500 万	3
Land Region	地質的なまとまり，あるいは同質の地形発達を示す地形単位	1：100 万-1500 万	4
Land System	成因的に結合している Land Facet の集合体	1：25 万-100 万	5-6
Land Facet	Land Element の集合体．まわりと区別できる，ほぼ同質の地形景観の部分	1：1 万-8 万	7-8
Land Element	地形景観のもっとも単純な部分．地質・地形・土壌・植生が同質	1：1 万以上の大縮尺	9-10

野間ほか（1974）の表6を一部分改変，加筆．

分類基本調査があり，これは 50 万分の 1，20 万分の 1，5 万分の 1 のスケールごとに調査され地図化されている．外国ではもっと包括的に土地をスケールごとに分類した自然地域区分がある．その呼称とスケールの一例を表 5-3 に示す．

　表 5-3 は，CSIRO（オーストラリア連邦科学産業庁），南アフリカ国立道路試験所，MEXE（イギリス軍事工学研究所）の代表者が集まって，土地分類体系とデータ整理の討議の結果をまとめたものである．しかし，このような自然地域の空間規模区分のスタンダードが自然地理学者の間に広く行き渡っているとは言い難い．

　この表に表されたのと似たような考え方をブロックダイアグラムで図示したものが図 5-4 である．この図では表 5-3 のランドファセットがランドユニットとなっているが，考え方は同じである．図の説明では自然地域単位と書かれているが，実際にはスケールごとの地形区分と呼んでもよい．

　小さいスケールの自然地域が集まって，より大きな（上位の）スケールの自然地域を作り，それが，さらに大きなスケールの自然地域を作っているという構造は，**入れ子構造**（同じような構造・形態の箱などが順になかに入っているもの）や**フラクタル構造**（小部分がより大きな部分と相似になっていて繰り返される構造）として理解できる．これこそが自然地理学が対象とす

62——第 2 部　統合自然地理学の論理と方法

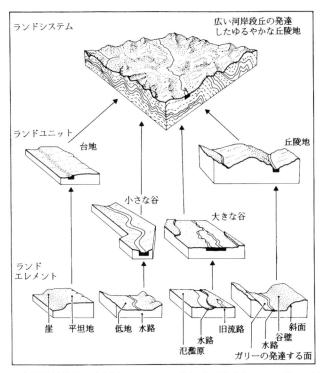

図 5-4 自然地域単位の実例（Lawrence の原図に基づく武内 1991 の図 2.2 を転載）．マレーシアの土地分類体系の一部がブロックダイアグラムで示されている．

る現象の基本的な性格であり，自然地理学の基本的な考え方である．

5-7 まとめ

　空間スケールの問題は，自然地理学におけるもっとも重要な問題のひとつであるにもかかわらず，これまであまり関心が払われてこなかった．われわれの住み処である地球のスケールも 100 cm の地球という模型を考えることでようやく理解できるようになった．空間の水平的広がりに比べて，鉛直的（高さ方向の）広がりが小さいことは，われわれの実感とは大きく異なる．地球の形もとらえるスケールによって変わってくる．空間スケールの単位を定める試みもあるが（たとえば G-スケール），一般的に使われることはまだ

ない．自然地域の単位をスケールごとに定めるのは，国土管理には不可欠な技法なので，国家機関などでは一般的になっているが，自然地理学者の常識となっているわけではない．

　このような状況を踏まえて，空間スケールに関する考察を進めることは，統合自然地理学の大きな課題である．

注1）本書は『世界がもし100人の村だったら』という児童書（池田・スミス2001）にヒントを得て作られたと想像する．
注2）1m：フランス革命の一環として世界の長さの単位を統一することがおこなわれた．地球の子午線1周の長さの4000万分の1を1mと決め，フランスで測量が行われ，1798年に終了した．1799年にメートル原器が作成された．
注3）人工衛星の軌道から明らかにされた，重力を反映した地球の形は，海洋では平均海水面の形と一致する．陸地では，平均海水面を延長した仮想の面を計算によって想定する．これらの面をジオイド面という．ジオイド面は重力の方向（鉛直線）に垂直で，標高（海抜高度）の基準になる．
注4）G-スケール：鉄道模型のGスケール（Gゲージ：軌道幅45mm）とまちがえないこと．
注5）舞台風とは，劇場で幕があがるときに客席にむかって舞台から吹く冷たい風．
注6）図化のスケールとは，地図のスケールのことで，広い範囲をカバーする地図を小縮尺図（小スケール図），狭い範囲をカバーする詳しい地図を大縮尺図（大スケール図）という．

【引用・参照文献】

Haggett, P., Chorey, R. J. and Stoddart, D. R. 1965. Scale standartds in geographical research, a new measure of areal magnitude. *Nature*, **205** (4974), 844-847.

池田香代子 再話, C. ダグラス・スミス 対訳 2001. 『世界がもし100人の村だったら』マガジンハウス.

吉良竜夫 1976. 『陸上生態系―概論』共立出版.

古在由秀 1973. 『地球をはかる』岩波科学の本7, 岩波書店.

永井智哉・木野鳥乎 2002. 『地球がもし100cmの球だったら』世界文化社.

野間三郎・門村 浩・中村和郎・野沢秀樹・堀 信行 1974. 「地域のシステム」に関する諸外国の研究―その展望 (1) (2). 地学雑誌, **83**, 19-37, 103-124.

大塚道男 1980. 『地球を測る』朝日選書155, 朝日新聞社.

杉村 新・中村保夫・井田喜明 編 1998. 『図説地球科学』岩波書店.

武内和彦 1991. 『地域の生態学』朝倉書店.

吉野正敏 2016. 温暖化する気候と生活. 科学, **86**, 0637-0639.

------【参考資料3】------

「10のべき」の旅
宇宙から素粒子までの大きさ

　小学生のころ，わたしはディズニーのアニメ映画や記録映画をよく観た．その冒頭にはきまって，銀河の絵からはじまって太陽系，地球に接近し，やがて大陸に近づき，ゆっくり下降し，ついにストーリーの舞台に到着するという動画があった．空間スケールの変化を示すこのシーンはわたしのお気に入りだった．

　ディズニー映画の冒頭とおなじように宇宙から地上まで（さらに極小の素粒子まで）の見えるものをスケールごとにならべた本があるのを数年前に知った．本のタイトルは"Powers of Ten"（日本語では「10のべき」）．この本には，1 m（10の0乗）から大きい方へは10億光年（10^{25} m）まで，小さい方へは0.1フェムト（10^{-16} m）まで，10進法の桁ごとに，そのスケールで何が見えるかを，1ページごとに写真や写真風イラストで示している．宇宙空間から素粒子まで「もの」の大きさの変化を追うことを，この本では「10のべきの旅」と呼んでいる．

　10^{25} m（10億光年）では，10億光年四方の正方形の画面に，遠ざかりつつある星雲が無数に散らばっている．次の10^{24} m（1億光年）では中央におとめ座星

図A 『パワーズ オブ テン』の表紙．描かれているのは10^{13} m（100億km）四方の太陽系惑星の公転軌道．

第5章　空間スケール——65

雲団が見える．途中省略して，10^{14} m（1000 億 km）の画面では中央に太陽系があり，10^{13} m（100 億 km）では太陽を中央にした太陽系惑星の公転軌道が見える．10^7 m（1 万 km）四方の正方形からは地球がややはみだしている．10^6 m（1000 km）四方にはミシガン湖と中西部の大平原が含まれ，さらに近づいて 10^5 m（100 km）ではシカゴ大都市圏とミシガン湖の一部が見える．10^2 m（100 m）では湖岸の公園が，10^1 m（10 m）では中央に公園でピクニック中のカップルが写っている．10^0 m（1 m）四方の枠では昼寝中の男性の半身が，10^{-1} m（10 cm）になると男性の手の甲しか見えない．さらに拡大して 10^{-2} m（1 cm）では皮膚表面の幾何模様のしわが見える．10^{-5} m（10 ミクロン）四方はリンパ球の細胞の大きさ，10^{-7} m（0.1 ミクロン）は DNA のらせんで埋めつくされ，10^{-8} m（10 ナノ：100 オングストローム）では DNA の二重らせんの細部が見える．10^{-14} m（10 フェムト）になると炭素 12 の原子核（中性子と陽子）が描かれている．この本に示された最小の長さ 10^{-16} m（0.1 フェムト）では陽子の構造を示す想像上の点模様が描かれている．

　このように宇宙から素粒子までこの世界に存在する「もの」の大きさを知ると，自然地理学が扱う現象の空間スケールがいかに限られたものであるかよく理解できる．この本の翻訳が出版されたのは 1983 年であるが，2011 年には 17 刷がでている．よく読まれているのだろう．

【本のタイトル】フィリップおよびフィリス・モリソン，チャールズおよびレイ・イームズ事務所編著，村上陽一郎・公子 訳 1983.『パワーズ オブ テン 宇宙・人間・素粒子をめぐる大きさの旅』日経サイエンス．Morrison, P., Morrison, P. and The Office of Charles and Ray Eames 1982. "*Powers of Ten: About the Relative Size of Things in the Universe*", Scientific American Books.

第6章
時間スケールおよび空間スケールとの関係
自然地理学の法則性

　　空間スケールと並んで重要なのが時間スケールである．自然地理学で扱う現象の継続時間の多様性を見て，次に過去の地質時間の決め方を整理し，その長さを実感する．そして時間スケールと空間スケールとの関係を明らかにする．これこそが自然地理学の法則性である．

6-1　全地球史の時代区分

　地球が誕生したのは46億年前である．したがって，地球上の現象に関わる最長の時間は46億年である．地球46億年の歴史を扱っているのは，惑星科学（地球内部の物性や，隕石，地球以外の惑星や衛星の研究）として地球を研究する地球惑星科学である．以前は，地球の歴史を研究するのはもっぱら地質学であったが，地質学が得意とするのは顕生累代（大型の生物が現れた時代：6-3節1）参照）である．それより古い先カンブリア時代を含む，地球誕生以来の地球史の研究は，地球物理学の一分野とみなされている地球惑星科学が得意な研究領域である．そこでの時代区分は，化石ではなく，地球内部構造の変化や，大気環境の変化，生命の誕生などによって区分されている（図6-1）．

　地球史の時間（全地球年代）は，歴史に特有な，過去の見え方という問題を含んでいる．過去の時間の見え方は大きな錯覚を生みやすい．それは，古い時代のことほど情報が失われているので，実際の時間とは違って古い時代ほど短く感じるという錯覚である．そのことは，図6-2がその事情をよく示している．自然地理学で扱う時代は，世界の大きな地形が現在の形を現しはじめたせいぜい数千万年前までであるが，われわれには十分に長い時間に見

67

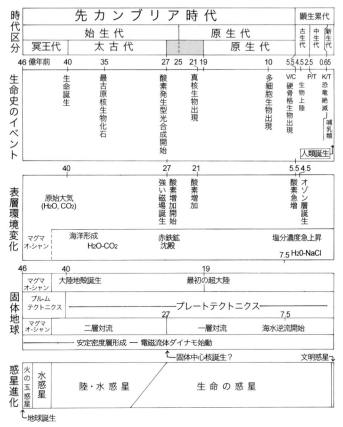

図 6-1　全地球史の時代区分．伝統的地質学・全地球史的立場・比較惑星学的立場による地球史年代図（丸山・磯崎 1998；松井 1996，一部改変）．

える．しかし，地球史全体で見るとわずかな時間なのである．図 6-1 でわかるように数千万年前というのは地球史のごく最近のことに過ぎない．

6-2　地球の誕生がもし 1 年前だったら

　地球の時間スケールを考えるときには，地球史のごく最近の数千万年であっても，日常生活とはかけ離れた長い時間であるから，実感としてとらえるのが難しい．テレビや新聞，雑誌などでは，歴史時代より古いことはすべて

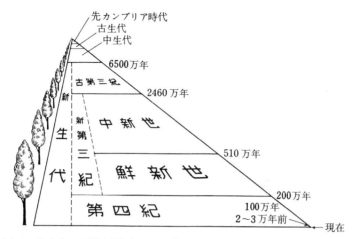

図 6-2　地球史の時間目盛りをいれた道路を過去に向かって眺めた透視図（杉村 1973 による杉村ほか 1988 の図 17.2）．この図では第四紀と鮮新世の境界が 200 万年前になっているが，現在では 260 万年前となった．

「太古」で片づけられてしまう．40 万年前の直立原人と 6500 万年以前の恐竜とが同居しても不思議と思わない．このような地球史の時代をわかりやすく理解する方法として，地球時間という考え方がある．それは「地球の誕生がもし 1 年前だったら」と考えるものである．つまり，全地球史の 46 億年を 24 時間に縮めて考える．

　地球の誕生が 1 日のはじまりの 0 時 00 分 00 秒であり，現在が 24 時 00 分 00 秒であるとする．最初の生命が誕生したと考えられる 35 億年前ごろは，朝の 5 時 45 分ごろであるが，化石が豊富に現れる（硬骨格生物出現）5.5 億年前までには長い時間がかかり，やっと夜の 21 時 7 分 50 秒になってからである．恐竜時代が終わり哺乳類の時代がはじまるのは深夜の 23 時 39 分 39 秒であり，人類と氷河の時代（第四紀）がはじまるのは，1 日が終わる間際の 23 時 59 分 11 秒である．

　このように考えると，自然地理学で扱う地球史の時間が，全地球史と比べるといかに短いかがよくわかる．全地球史を表示するときに等間隔の時間目盛りでは，とくに新しい地質時代に地球で起こった諸現象を表現できないのは明らかである．そのような場合には，自然科学では対数目盛を使うのが普

第 6 章　時間スケールおよび空間スケールとの関係──69

表6-1 年代層序に用いられる年代区分と地層区分の階層的名称

年代単元		年代層序単元		例
累代	Eon	累界	Eonothem	顕生（累代，累界）
代	Era	界	Erathem	新生（代，界）
紀	Period	系	System	第四（紀，系）
世	Epoch	統	Series	完新（世，統）
期	Age	階	Stage	更新後期*，上部更新階*

*慣習的に，後期更新世，更新世後期，上部更新統が用いられることがある．

通である．次項以降の時間・空間の扱いは対数目盛のグラフで示される（図6-3参照）．

6-3　地球の時間（地質時代）の区分と年代

1）地質時代の区分

　地球の時間は，古くから地質学で研究されてきたから地質時代と呼ばれてきた．地質時代の時間的な区分は，地層とそこに含まれる生物化石の変遷によって決められてきた．したがって，時間の区分単元である年代単元は地層の区分単元である年代層序単元と対応している．自然地域区分にスケールごとの階層性があるように，年代単元・年代層序単元にも階層性がある．年代単元は大きな単元から順に，累代＞代＞紀＞世＞期と名付けられている（表6-1）．具体例を示そう．われわれが生きている現在は，年代単元では，顕生累代＞新生代＞第四紀＞完新世となる（〈現在の期〉に対応する名称は確定していない）．顕生累代とは，肉眼でも見える生物化石が現れてくる古生代・中生代・新生代をまとめた時代で，生物が顕著になった時代という意味である．

　顕生累代の地質研究は18世紀末から盛んになり，地層の上下関係と化石による生物進化によって相対的な時代（相対年代：relative age）が決められ，時代ごとに名称が与えられた．さらにくわしい全地球史年表は日本地質学会（2014）などを参照されたい．また，顕生累代より古い時代も含めた全地球史の詳細は，フォーティ（2009）や川幡（2011）を参照されたい．

70──第2部　統合自然地理学の論理と方法

表6-2 顕生累代の地質時代区分とその下限（はじまり）の時，時代の名称の由来

名称（古い名称）	下限年	名称の由来
新生代		新しい動物群の時代.「生代」は生物の時代という意味
第四紀	2.6 Ma	第三紀の地層の上に重なっている地層の時代として命名
第三紀	65 Ma	北イタリアの地層はかつて三分されていた．そのときの第3番目の地層の時代.
中生代（第二紀）		中間の動物群の時代
白亜紀	143 Ma	イギリス南部，フランス北部などに広く分布するチョーク（白亜）層に由来.
ジュラ紀	212 Ma	地層がスイス北西部のジュラ山脈に分布することに由来.
三畳紀	247 Ma	ドイツ南部で，この時代の地層が3層に区分される.
古生代（第一紀）		古い動物群の時代
ペルム紀	289 Ma	ウラル山脈の西のペルミ州に分布する地層に由来.
石炭紀	367 Ma	イギリスやドイツで，この時代の地層に石炭を多く含む.
デボン紀	416 Ma	イギリス南部のデボン州に分布する地層に由来.
シルル紀	446 Ma	模式地のウェールズ南部にむかし住んでいたシルル族に由来.
オルドビス紀	509 Ma	模式地のウェールズ北部にむかし住んでいたオルドビス族に由来.
カンブリア紀	575 Ma	模式地のウェールズ北部の地名に由来.

Ma は 100 万年前.

　顕生累代の時代区分と時代名称の由来は表6-2に示した.

2）数値年代とその表記

　相対年代に対して，特定の条件下で一定の速度で進む反応や作用によって決められ数値で与えられる年代を数値年代（numerical age）と言う．数値年代は，20世紀後半になって，放射性元素を用いた放射年代決定法[注1]が開発されて飛躍的に発展し，地質時代区分に放射年代（radiometric age）・絶対年代（absolute age）による正確な時間軸が加わった．顕生累代の各時代区分の数値年代は表6-2に記入した.

　時間を表記するときには，その時（date）と期間（age）とを区別して表現する．○○年（date）は火山噴火や台風発生のような，事変や現象が起こった，その時（年）「何時（いつ）」を示す．一方，年代（age）は時間幅をもった「期間」を示す.

　なお年代測定の詳細は兼岡（1998）のような教科書を参考にされたい.

　年を表す単位記号として ka（kilo annum）＝1000年，Ma（mega annum）

＝100万年，Ga（giga annum）＝10億年が用いられる．annumはラテン語の「年」で，地質学では○○年前という意味を含めて使う．1000年に関しては，小文字kaを単に1000年，あるいは^{14}C年代の単位として用い，大文字Kaを暦年の単位として用いることが増えてきた．期間を表す場合には，yrs＝年，kyr＝1000年，m.y.，Myr＝100万年を用いる．「900 ka以降には95 kyrの周期が」などのように使い分ける．「90万年前以降には9万5000年の周期が」という意味である．

6-4　風が示す現在の時間

1）短い時間スケールの現象

　自然地理学で扱う時間は，地球史のような過去の時間だけではない．現在起こっている現象の継続時間も扱わなければならない．例として，第5章表5-2で空間スケールを示したのとおなじ大気の流れ（風）の時間スケールを取り上げてみよう．表6-3には，さまざまな風の継続時間を示した．もっとも長く続く風は季節風・貿易風の風で，2週間から4カ月以上の継続時間（時間スケール）をもつ．これに対して，もっとも短時間で終わる風として示されているのは，部屋のなかで起こる数分で終わるすきま風である．これら両者のあいだにさまざまな時間スケールの風があることがわかる．

　自然地理学が対象とする短い時間スケールの現象は，気候学や海洋学，陸水学が扱う現象だけではなく，地形学が扱う落石・崩壊（数分から数時間）や凍結融解作用（数時間），植生地理学が扱う発芽や一斉開花（数時間から数日）のような現象もめずらしくない．自然地理学のさまざまな領域では，秒単位から数千万年単位まで，さまざまな時間スケールが研究対象となるが，それは，空間スケールとおなじように，時間スケールも，非常に範囲が大きいという意味である．このような現象の違いによる時間スケールの多様性を整理して認識することが自然地理学の重要な課題である．

72——第2部　統合自然地理学の論理と方法

表 6-3　地球上の風の時間スケール

風の名称	継続時間（分）	日常生活時間
季節風・貿易風	20,000-200,000	2 週間～4 カ月余
温帯低気圧による風	20,000-80,000	2～3 週間
熱帯低気圧・台風・ハリケーンなどの強風	6,000-60,000	4 日余～40 日
局地低気圧による風	900-10,000	15 時間～7 日
地形による局地強風	400-2,000	7 時間～1 日余
山ごえ気流	300-700	5～12 時間
寒冷前線による突風	90-300	1.5～5 時間
湖　風	60-200	1～3 時間余
陸　風	40-250	40 分～4 時間余
竜　巻	40-100	40 分～1.5 時間
海　風	20-300	20 分～5 時間
谷　風	20-250	20 分～4 時間余
山　風	20-200	20 分～3 時間余
河　風	20-90	20 分～1.5 時間
晴夜の冷気流（斜面下降風）	7-30	30 分未満
ビル風	6-11	10 分前後
舞台風	4-8	10 分以下
すきま風	1-7	数分

吉野（2016）の図から作成.

2）風の時間スケールと空間スケール

　これまで見てきたように，自然地理学で扱う現象は，大気圏から生物圏，水圏，地圏まで多様な自然であり，それらは多様な空間スケールと時間スケールの現象である．そのなかで，前章とこの章で風の空間スケールと時間スケールを取り上げたのには理由がある．地形学者貝塚爽平によると，20 世紀の地球の自然を扱う諸科学のなかで，時間スケールと空間スケールの関連がもっとも早く注目されたのは気象学・気候学においてであったという（貝塚 1989：163）．気候学では，地球規模の風や気温の資料が古くから集められ，気象学では，現象の変化が 1 年以下という短い時間で起こる大気現象が研究されていた．大気の運動には，いろいろな水平・垂直スケールと時間スケール（発生から消滅までの寿命時間，周期，通過時間など）をもつものが重なっているので，それらを識別し，またそれぞれに支配的な原因を求めることが研究されてきたからである．その結果，大気現象の時間・空間スケールの間には深い関連があることが明らかにされた．

第 6 章　時間スケールおよび空間スケールとの関係——73

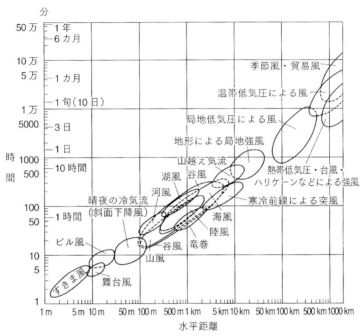

図6-3 地球上の風の時間－空間スケール．縦横軸とも対数目盛であることに注意（吉野 2016）．

　その例は図6-3に示されている．この図に示したのは，表5-3と表6-3に示した地球上の風の現象を時間軸と空間軸の上に並べたものである．縦軸の時間は1分から1年の間の時間が対数目盛で示されている．すきま風のような数分で終わる現象から，季節風や貿易風のように数カ月続く現象までがプロットされている．ただし，ここでは，数年から数十年にわたって継続する，温暖化や寒冷化に伴う風の変化のようなものは示されていない．横軸には1メートルから1000キロメートルまでの水平距離が対数目盛で示されている．図上にプロットされた風の現象は右上がりにほぼ直線上に並んでいる．これは，継続時間が短い風は移動距離も小さく，継続時間が長い風は長距離移動することを示している．つまり，風という現象の時間スケールと空間スケールとの間には強い相関関係があることを意味しているのである．

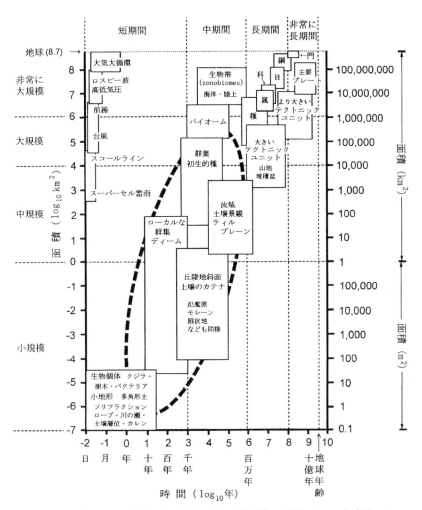

図 6-4　生態学的な現象を中心に据えて描いた諸現象の時間スケールと空間スケール (Huggett 1997 の図に梅本 2002 が加筆したもの). 太破線の楕円は梅本が考える地生態学の領域.

6-5　空間スケールと時間スケールとの関係

　時間スケールと空間スケールの間にあるこのような関係は, 風のような大気の現象にとどまらない. 図6-4に示したのは, イギリスの地理学者R. J.

第6章　時間スケールおよび空間スケールとの関係——75

ヒューゲットがつくった生態学的な現象を中心に置いた場合の空間スケールと時間スケールとの関係である．この図には，左側に大気現象，右側に地形・土壌の現象が示してある．これで，生物的な現象も，地形・土壌の現象にも，継続時間と空間的広がりに関して風とおなじような関係があることがはっきりした．

　ところで，自然地理学で扱う現象は，大気圏から水圏，地圏，生物圏にまで広がり，広がりの空間的スケールだけではなく，継続する時間でもきわめて多様性に富む．そのため，自然地理学が対象とする地球表層部の自然を整理して理解するのはとてもむずかしいという印象をもたれるといわれる．その理由を整理すると，①現象が多様で複雑である，②関わる法則や条件が多数である，③現象それぞれの単元（境界）がはっきりしていない，④時間的・空間的に大小さまざまなスケールの現象が重なり合っている，となろう（貝塚 1989）．このように理解しにくい現象も，図6-3，図6-4のように，時間スケールと空間スケールで分類・整理すると理解が容易になる．そして，そのスケールの違いによって，支配的な法則や条件がどう変わるかを考えることによって，複雑な自然地理現象が理解しやすくなる．

　複雑な地球の自然現象を総合的に整理し理解するのは大きな課題であった．19世紀中ごろから20世紀の半ばにいたる期間には，大は地球の構成から小は顕微鏡下の鉱物ないし分子・原子に至る大小の現象が記述され，それらの成因が論ぜられ，地球諸科学の体系化が進められた．しかし，深海と海底，大気圏上層部も含めた地球現象の全貌が知られ，地球自体や岩石・地層の絶対年代が明らかになったのは，第二次世界大戦が終わり，20世紀の後半に入ってからであった．このような地球の動態を理解するためには，地球規模の現象と地域的・局地的規模の現象との空間的・時間的関連を知ることがますます必要となっていると貝塚（1989：163）はのべている．

　そこで貝塚は，縦軸に空間スケールをとり，横軸に時間スケールをとり（いずれも対数目盛），そこにさまざまな現象をプロットした図を示した（図6-5上・中・下）．図6-5上にプロットされた現象は，大気現象，海洋現象，氷河現象，地殻－マントル現象ごとに，ほぼ直線上に並んでいる（ここに挙げられている現象それぞれの具体的な説明は【参考資料4】にある）．

図6-5上に関する貝塚の説明は次のようである．この図の右端には地殻－マントルなどに見られる現象が並んでいる．ここに引いた破線bと，左端沿いの破線aの勾配は，両対数グラフで45°で一定なので，これらの線上では，水平距離を時間で割って変化（流動・拡散・生成など）の速さを求めるなら，すべて等しくなる．一方，a線上では約 30 m/秒 ≈ 100 km/時 ≈ 10^6 km/ 年となり，b線上では約 10 cm/年だから，両者の間では速さが10桁違うことになる．図に記した大気，海水，氷河，地殻－マントルの諸現象は，おおざっぱにいってそれぞれ45°線に沿うものが多く，それぞれの速さが3桁ほど違うことを示す．このような速さの違いは，それぞれの物性，とくに粘性および流れを起こす駆動力の大きさの違いによると考えられる．ちなみに，大気，水，氷，マントル上部の粘性係数はそれぞれ，10^{-5}，10^{-3}，10^{13}，$10^{22～23}$ ポアズ程度である．

　つまり，地球表層部の大気，海水，氷河，地殻－マントルでの諸現象は，水平距離スケールと継続時間スケールは大きく異なるものの，大気，あるいは地殻－マントルのような，同類の現象のなかでは，変化の速さ（rate）は，ほぼ一定の値をとるという規則性がある．現象の種類が異なると，変化の速さの値は3桁ほど異なり，それは現象の種類ごとの物性と対応しているらしい．

　そこで，貝塚は，さらに固体地球に関するいろいろな現象の時間・空間位置を示している図6-5中（Carey, 1962 による）を示した．そこには，地震波（弾性波），マグマの流動，浮力によって上昇する深成岩体やダイアピルの現象，アイソスタシー（貝塚はこの右下りの表示は誤りだと思うと述べていた），水が関係する地すべりなどが書いてある．図6-5中に書かれた山崩れが図6-5上の山崩れの位置と違うのは，前者は山崩れ現象そのものの時間を，後者は再来周期を考えた山崩れ現象の時間をとったためである．なお，ドットで描かれた破断現象の左下部分の表現には疑問があると貝塚は書いている（貝塚 1989：165）．

　図6-5下は，図6-5上，図6-5中とおなじ両対数グラフを用いて，大気現象のほかに植物と人間社会の現象を書いた Clark（1986）の図である．植物と人間社会の現象も，大規模な現象ほど時間スケールが長くなることと，こ

第6章　時間スケールおよび空間スケールとの関係――77

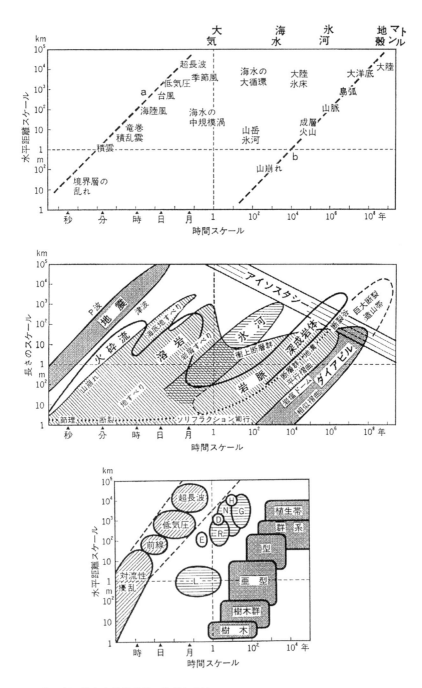

れらの現象も図6-5上のa, b両線の間に入ることがわかる（貝塚 1989：165）．この図によって，生態学的な現象だけではなく，人類の社会現象も，自然現象とおなじような規則性をもつことが明らかになった．

　自然地理学が対象とする多様な現象の空間・時間スケールを通して，現象の変化の割合（rate：速度）がほぼ一定であるということから，さまざまな研究領域にまたがる自然地理学という，ひとつのまとまった学術領域が存在することの意味付けができたと考えている．空間・時間スケールの規則性が自然地理学の法則性ということも可能であろう．統合自然地理学（領域横断型自然地理学）の存在意義は確かにある．

6-6　まとめ：空間・時間・領域の多様性を把握する研究方法とは

　本書の著者（岩田）は，自然地理学の本質が描かれているのが図6-4と図6-5であると考えている．ただし，ここに描かれた空間スケール・時間スケール・研究対象（研究領域）の多様性を把握・整理していく研究方法はあるのだろうか．それがうまく見つからないから，個別領域ごとの細かな分析的研究のタコ壺に入り込んでしまったのではなかったのか．それではどうすればいいのか．まさに，それを探究するのがこの本を書いた動機である．

　7章以下の各章では，i）地理学での伝統的な地図の重ね合わせ，ii）生態

図6-5　地球表層圏のさまざまな現象の時間スケールと空間（水平距離）スケール．上・中・下とも縦・横軸とも対数目盛（両対数グラフ）で同じ目盛りである（貝塚 1989）．図6-3とは縦軸と横軸が逆になっていることに注意．

　上：45°の破線a, bは変化速度を表す．a：10^6 km/ 年，b：10^6 km/10^{10} 年．大気・海水・氷河・地殻－マントル現象の順に変化速度は小さくなり，それぞれは3桁ほど違う．

　中：地球内部の諸現象も含めた Carey（1962）の図を簡略化した貝塚（1989）．斜線域：重力性の流れ，太線：火成活動現象の限界，ドットの線：破断現象．

　下：大気現象に人類社会の現象と植物生態系の現象を加えた図．Clark（1986）などによる貝塚（1989）．D：干ばつ，E：エルニーニョ，H：半球的温暖化，G：地球規模の政治・人口パターン現象，L：局地的農業活動，N：国レベルの工業近代化，R：地域農業の発達．

　図中の用語の解説は【参考資料4】を参照されたい．

学的方法を取り入れた地生態学の方法, iii) システム論を取り入れた地球科学や地球惑星科学のシステム論的方法を紹介し，それらが統合自然地理学に有効かどうかを検討する．

注1）放射年代決定法：岩石，堆積物，化石には微量の放射性核種が含まれている．核種とは原子核の組成で決まる原子の種類のことである．この核種（親核種と呼ぶ）は α・β・γ 線などの放射線を出して別の核種（娘核種）に壊変していく（放射性崩壊）．親核種の原子数が壊変開始時の半分になるまでの時間を「半減期」という．半減期は通常の圧力・温度などによって影響されず，それぞれの放射性核種ごとに固有の値がある．したがって，時代を知りたいサンプルの，親核種と親核種の比を測定したり，発生する放射線の量を測定したりすると，そのサンプルの時代を知ることができる．

【引用・参照文献】

Carey, S.W. 1962. Scale of geotectonic phenomen. *Jour. Geol. Soc. India*, **3**, 97-105.

Clark, W.C. 1986. Sustainable development of the biosphere: Themes for a research program. In Clark, W. C. and Munn, R. E. eds., "*Sustainable Development of the Biosphere*", 5-48, Cambridge University Press.

フォーティ，リチャード 著，渡辺正隆・野中香方子 訳 2009. 『地球46億年全史』草思社.

ホームズ，A. 著，上田誠也・貝塚爽平・兼平慶一郎・小池一之・河野芳輝 訳 1983. 『一般地質学Ⅰ 原著第3版』東京大学出版会.

Huggett, R. J. 1997. "*Environmental Change: The Evolving Ecosphere*", Routledge.

貝塚爽平 1989. 大地の自然史ダイアグラム—地学現象の時間・空間スケール. 科学, **59**, 162-169.

兼岡一郎 1998. 『年代測定概論』東京大学出版会.

川幡穂高 2011. 『地球表層環境の進化—先カンブリア時代から近未来まで』東京大学出版会.

丸山茂徳・磯崎行雄 1998. 『生命と地球の歴史』岩波書店.

松井孝典 1996. 『地球惑星科学入門』岩波書店.

松井孝典・高橋栄一・阿部 豊・田近英一・柳川弘志 1996. 『岩波講座地球惑星科学1 地球惑星科学入門』岩波書店.

日本地質学会 監修 2014. 『全地球史スーパー年表』岩波書店.

杉村 新 1973. 『大地の動きをさぐる』岩波科学の本8，岩波書店.

杉村 新・中村保夫・井田喜明 編 1988. 『図説 地球科学』岩波書店.

梅本 亨 2002. 気候からのアプローチ. 横山秀司 編 『景観の分析と保護のための地生態学入門』109-134，古今書院.

吉野正敏 2016. 温暖化する気候と生活. 科学, **86**, 0637-0639.

-------------------------------- 【参考資料4】 --------------------------------
さまざまな地学現象の説明

ここでは図6-5に書かれている諸現象のうち，あまり一般的ではない用語を解説する．

大気の現象

超長波［ultra long wave］：地球で起こる最大規模の大気の流れの波動．波長1万km程度の偏西風の波動（蛇行）など．

海陸風：海岸地域で，海面と陸地表面との温度差を原動力として吹く局地風．海風（昼）と陸風（夜）が交代で吹く．

竜巻［tornado］：積乱雲から垂れ下がる漏斗状・紐状の渦管をもつ渦巻き．

積乱雲［cumulonimbus］：発達した積雲（雄大積雲）の頂部が水平に広がった雲．雷雲．

境界層の乱れ：図6-5上に書かれているものは地表付近の空気の流れで起こる渦．つむじ風．

対流性擾乱：図6-5下に書かれているものは大気の対流に伴う波動や渦．つむじ風から局地的な降雨などを含む．

海水の現象

海水の大循環：黒潮やメキシコ湾流のような半球規模の海流．

海水の中規模渦：数十〜数百kmの水平スケールの海洋中の循環．冷水塊（渦）など．

氷河の現象

大陸氷床：大陸規模の大規模な氷河．氷河自体が形態をつくる．南極氷床など．

山岳氷河：下の地形の影響を受けて形態が決まっている小規模な氷河．山岳以外にも存在．

地殻－マントルの現象

大陸：陸地の広大なもの．地質学的には，大陸棚も含む．

大洋底［ocean floor］：海洋の主部をなす水深4〜6kmの平坦な海底．

島弧［island arc］：海溝の陸側に存在する弧状の島列．プレートの収束境界にできる．

造山帯［orogenic belt］：大陸地殻を形成する作用が起こった地帯．変動帯と同義．

巨大断裂［fracture zone］：プレートの発散境界に形成される地溝や海嶺中軸

第6章　時間スケールおよび空間スケールとの関係——81

谷や，大洋底のトランスフォーム断層．

山崩れ [slope failure]：山地や台地の縁などで起こる比較的急速な崩落現象．崩壊ともいう．

地すべり [land creep]：斜面全体がゆっくり下方に動く現象．

岩屑すべり [debris avalanche]：基盤岩が急速に崩れ落ちる現象．岩なだれともいう．

溶岩 [lava]：溶融状態にある岩石物質が地表に現れたもの，あるいはそれが固結したもの．

火砕流 [pyroclastic flow]：マグマ起源の破片と火山ガスが混じり合って高速で移動する現象．

岩脈 [dike]：垂直に近い板状の貫入岩体．水平に近いものは岩床という．

深成岩体 [plutonic rock mass]：マグマが地下でゆっくり冷却・固結した岩石．花崗岩など．

ダイアピル [diapir]：地下にできるドーム状の地質構造．軽い物質の上昇によってできる．

岩塩ドーム [salt dome]：地下の岩塩層が上昇してできるドーム状の地質構造．

アイソスタシー [isostacy]：密度の小さい地殻が密度の大きいマントルに浮かんでいるという概念．地殻均衡ともいう．

平行褶曲・相似褶曲 [parallel/similar fold]：構成層の厚さ・形態がおなじ褶曲．

（各種事典類による．植物生態系関係の用語は第7章を参照されたい．）

82——第2部　統合自然地理学の論理と方法

-------------------------------【参考資料5】-------------------------------

大地の自然史ダイアグラム

　自然地理学で扱う現象は，大気圏，固体地球，生物圏，水圏に広がり，空間的・時間的にもさまざまな規模・長さの，境界が不明確な現象の複合からなるために，理解しにくい面をもつ．そのような大～小現象の複合を理解する一つの方法として，貝塚（1989）は「大地の自然史ダイアグラム」を提案した．貝塚の説明を引用する．

　「ここには，大小・新旧の固体地球現象の理解をめざして図Aに示すダイアグラムを作った．これはアジア東部～本州中部～関東中部～東京都心部の地史的過程を地理的にも，変化をもたらした要因の点からも示そうとする試みである．

　図では，左から右に向かってA, B, C, Dの順に対象地域の面積がせまく図の縮尺が大きくなる．A, B, C, Dの文字のわきに記した10^{-8}などの数は図の縮尺で，10 Maとか10～1 kaと記したのは取り上げた過去の時間の長さである（Maは100万年，kaは1000年）．下方に向かっては，まずI_1とI_2が現在と過去の地理的分布を示しているが，過去の図（古地理図）は必要に応じて数を増し，盛込む内容を変えるとよい．IIはIに位置を示す線に沿う断面図で，IIIは一種の時空図（タイム・スペース・ダイアグラム）で，IIの断面の位置に即して地質学的な経過が示されている．図中には山・低地・海域などの古環境や火山活動，隆起・沈降なども記されているが，海面変化が環境変化の主役となったC, DなどのIII図には海面変化曲線を添えた．必要に応じて地史学的姿態曲線を添え，地層の厚さや侵食量を表現するのも一方法である（第四紀の関東についてはそのような図が作られている〔貝塚 1987：地学雑誌，**96**，223〕）．IVにはII・IIIに描いた現象をもたらした主要な要因を内因的地学作用と外因的作用に分けて示した．またVには，IVに示したのよりもっと普遍的な要因ないし原理をやや便宜的に示してあるが，A・BとC・Dに分けて示した．

　みられるように，図AはA～Dという大～小の地域で現在みられる，あるいは近い過去——その古さは大地域と小地域で異なるが——におこった地学現象を理解するのに最小限必要な知識を描き，とくに大現象と小現象の間の理解をはかろうとした試みである．（中略）

　図Aは，全体としてみれば複雑であるが，A～Dそれぞれを上から下にI～Vとみてゆけば，大地の地理と歴史およびその駆動力と場の条件を知ることができ，I～VそれぞれをA～Dと横にみれば，大現象と小現象の関連を読むことができ

第6章　時間スケールおよび空間スケールとの関係——83

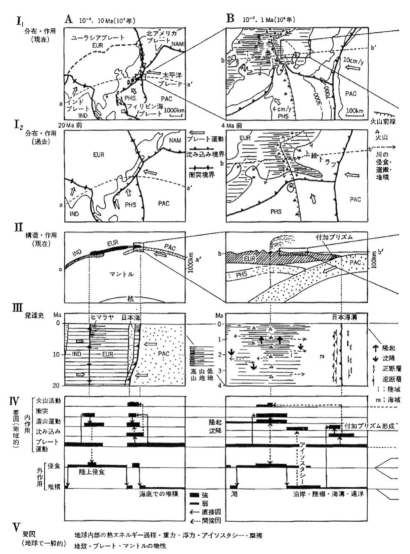

図A アジア東部〜東京都心部に関する「自然史ダイアグラム」の一例．凡例はABCD順の初出の図のそばに示す（貝塚 1989）．

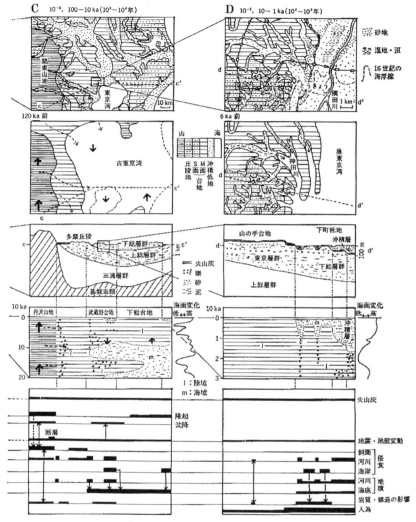

第6章 時間スケールおよび空間スケールとの関係——85

よう．いずれにしても，このような内容を言葉で表現することは不可能で図をもちいなければならないことを強調したい.」(p.165〜168).

　貝塚爽平は，おもに地形の変化（発達史）を研究した地形学者であるが，自然史という言葉を好んだ．それは，地形とそれを取りまく環境全体を，空間スケールと時間スケールを組み合わせて総合的に考えるという研究姿勢の表れであった.そして，研究成果を図に描いて示すのが得意であった．その代表例がこの「大地の自然史ダイアグラム」である．このようなダイアグラムを貝塚が考えたのは，貝塚が所属していた東京都立大学に自然史講座が設置され，大学博物館を設置する動きがあったからである（博物館はできなかったが）．地域の自然の成り立ちを見せるジオラマは自然史博物館の代表的な展示であるが，真に意味のあるジオラマをつくるには「大地の自然史ダイアグラム」のような図が基にならなければならないというのが貝塚の考えであった．また，このようなダイアグラムをつくることによって，その場所の地形発達史や自然史を研究するなかで，何がまだ解明されていないのかを知る手がかりになると貝塚は考えていた.

【引用文献】

貝塚爽平 1989. 大地の自然史ダイアグラム—地学現象の時間・空間スケール. 科学,
　　59, 162-169.

- -

第**7**章
地図の重ね合わせ
分布図の利用

さまざまな現象の関係を解明するときに地理学で使われてきた手法に分布図の重ね合わせがある．これは統合自然地理学の方法として有効だろうか．分布図への対応から因果関係の解明への途をさぐる．

7-1 分布と分布図

地理学でいう分布（distribution）とは，各種の事象が地表上に場所を占めている状態をいう．その状態は，多くの場合，不均等であるが，おなじような様相があちこちで見られることから分布パターンと呼ばれる．パターンとは布地の模様のような繰り返し現れるもののことである．

分布は，地域・環境・風景とともに地理学の基本概念である．分布パターンの形成理由を追究するのが地理学の本質であり，地理学は分布の科学であるともいわれる（青野 1989）．

地理学でいう分布図（distribution map）とは，地理的事象の地表面における分布を示す地図（主題図）のことである．分布図には，土地利用図のような質的分布図と統計量を示す量的分布図とがある．質的分布図の代表は各種の地図そのものである．量的分布図は，統計区ごとの色塗りや，ドット，図形，等値線などで示される．

分布図は，地理学の方法のなかでもっとも基本的なものであるにもかかわらず，その本質や意義，理解の方法が地理学のなかできちんと教えられていないという気がする．本著者も大学の授業で分布図の本質や特徴について学んだ記憶はない．地理学の常識として，知らず知らずのうちに身につけたのであろうか．あるいは理解が不十分なままなのだろうか．

87

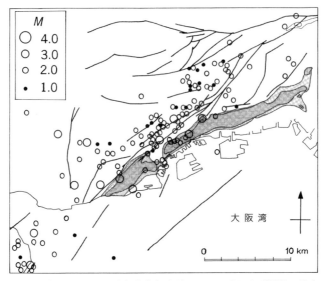

図 7-1　1995 年 1 月 17 日の兵庫県南部地震によって現れた「震災の帯」．家屋の倒壊は震災の帯に集中した．濃い網の部分は，全壊家屋が多い部分．太線は活断層，円は 1995 年 1 月 17 日 10:00〜12:00 の余震分布．M はマグニチュード（嶋本 1995 の図 1，片尾・安藤 1996 の図 7 によって岩田作図）．

　ここでは，自然地理学の基礎的方法として分布図の利用について考えてみよう．

7-2　阪神・淡路大震災の後，起こったこと

1）作成された多くの分布図

　1995 年 1 月 17 日早朝，阪神・淡路大震災が起こった．刻こくとテレビの映像を通して明らかになる災害の実態は全国民をふるえあがらせた．深刻な被害の実態が明らかになってくると，甚大な被害を受けた震度 7 の部分（震災の帯）が活断層の位置からずれている（図 7-1）ことが明らかになった．震災の帯の激しい揺れの原因は何なのか，多数の家屋倒壊が起こった震災の帯とは何なのかについて議論されたがよくわからなかった．そこで，それを

図7-2 日本建築学会が建築専攻の学生を動員して地震発生の1週間後に調査した神戸市中央区における木造家屋被害程度別分布図の例（日本建築学会 1995 の174ページ）．原図はカラー，上が北．

解明するためにおこなわれたことは，さまざまな分布図の作成とその比較であった．各分野の学会や団体，官庁，企業によって精力的な現地調査やリモートセンシングによる調査がおこなわれ，膨大な数の分布図が作られた．

たとえば日本建築学会では，建築を学ぶ大学生を100名以上動員して組織的に建物被害の程度を色分けした大縮尺地図を作った（図7-2）．土木学会や地元大学（たとえば神戸大学工学部 1995）など，あるいは多くの有志の研究者がおなじような調査活動をおこなった．得られた諸現象の分布を土地条件（地形・表層地質・地下水など）やほかの被害分布図と重ね合わせて比較・検討した[注1]（図7-3）．

神戸の市街地で起こった大規模な地震災害は，科学や技術の諸分野が現代

第7章　地図の重ね合わせ——89

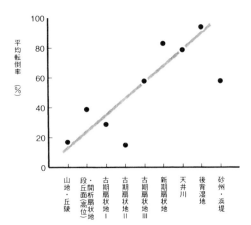

図7-3 阪神間（六甲山南麓）で兵庫県南部地震による墓石の転倒率と地形との関係（野村ほか 1996）．地形は右側ほど新しい．つまり，新しい地形ほど転倒率が高い．

科学の水準に達した後に起こったほとんどはじめての経験であった．未経験の研究者や技術者は問題を解明する手がかりを掴むために，まず起こったことを地図の上に分布図として記録したのであった．

2）分布図による研究の手順

実態や，原因・結果の関係（因果関係）がわからないときにはまず分布図を作る．このような分布調査からはじめる研究方法は次のような手順でおこなわれる．

① 関係するさまざまな現象の分布図を作る．
② 広い視点（俯瞰的視点）で手がかりをさぐる．
③ 複数の分布図の比較（重ね合わせ）によって対応関係のある現象を把握する．
④ 明らかになった対応関係から考えられる因果関係を検討する．

このような方法は地理学が伝統的におこなってきた方法である．阪神・淡路大震災での分布図の利用は，地理学の手法を地理学以外の諸分野が実践したこと，つまり，分布図の価値をさまざまな分野が認めたことに意義がある．

多数の分布図の重ね合わせの考え方は，オーバーレイ構造とかレイヤー方

式と呼ばれ，地域情報の集積方法として価値が高い．ドイツの景観生態学の手法（第8章参照）や，ドイツ全国をカバーする地形学図の表現方式に取り入れられ，それは日本でつくられた南極の地形学図の作成にも取り入れられた（図7-4）．わが国の土地分類基本調査にも部分的には取り入れられている．地生態学におけるエコトープの識別と境界設定にも同じ手法が使われている（横山 2002：193）．1990年代から広く使われるようになったGIS（地理情報システム）は，複雑な土地や地域の情報を項目ごとにレイヤーにわけてコンピュータで規格化したものである．したがって，その基本的な考え方は分布図の重ね合わせである（図7-5）．しかし，これらの分布図の重ね合わせは，地理的情報の整理・把握の段階にとどまっており，重ね合わせによって異なる現象間の因果関係を積極的に把握しようとするところにまでは達していない．

重ね合わせられた（複数の）分布図に描かれた現象相互の因果関係が明らかでない場合には，両者の関係は対応関係にすぎない．分布図が地理学で広く使われるようになったのは，等質（均質）地域区分[注2]が広くおこなわれるようになった1920年代以降であると思われるが，そのころの地理学は分布図の重ね合わせによって明らかになった対応関係を因果関係とみなすことが多かった．しかし，20世紀後半になって，分析的手法による因果関係の解明が盛んになると，そのような地理学のやりかたは「単なる対応関係に過ぎない」と排除されるようになった．

7-3　分布図の重ね合わせと対応関係・因果関係

以前から高等学校の地理教育では，重ね合わせると因果関係が説明できるような分布図が普通に教材となってきた．しかし，分布図の重ね合わせによる因果関係の説明が，高等学校の地理教育で意識しておこなわれていることはない．自然地理分野では，高等学校の地理教科書や地図帳に必ず載っている地球規模の分布図がある．第1のグループは「世界の地形」と「プレート境界」「火山・地震」「地体構造」などの地形・地質関係の分布図，第2のグループは「世界の気候区」「植生帯」「土壌帯」という地球表層環境の図であ

第7章　地図の重ね合わせ──91

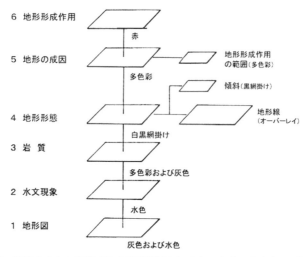

図 7-4 南極やまと山脈蝶が岳の地形学図のレイヤー方式の考え方．7 枚のレイヤーごとに異なる地形構成要素が表現される（岩田原図）．

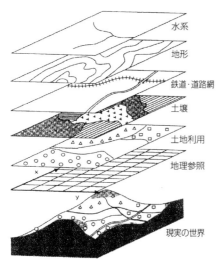

図 7-5 GIS における情報のレイヤー構造の模式図（菊地・岩田 2005 の図 4-6）．

92 ── 第 2 部　統合自然地理学の論理と方法

る．前者の地図類からは地球規模の地形（大地形）の成因が，後者からは気
候 − 植生 − 土壌の相互関係が分布図の重ね合わせから説明できる．

　第1のグループの場合，世界の地形分布とプレート境界，火山・地震分布
とはかなり対応するので，大地形とプレート境界を重ね合わせると大地形
（とくに山脈や海溝など）の成因を説明できる．これらの分布図の重ね合わ
せから成因を語れるのは，変動地形を説明するプレートテクトニクスの理論
が存在するからである．それに対して，かつておこなわれていた世界の大地
形を地体構造（大陸地殻の形成時代区分：いわゆる造山帯区分）によって説
明することは誤った結論を導き出していた（くわしくは岩田 2013 を参照され
たい）．地形の形成（山脈の隆起）と大陸地殻の形成とを結び付ける理論が
ないにもかかわらず，分布図の対応関係を因果関係のように説明していたの
であった．

　第2のグループの場合，世界の気候区（ケッペンの気候区分），植生帯，
土壌帯の分布図には，見ただけでそれぞれがよく似ていることがわかる．そ
の分布の対応を模式的に示したのが図7-6である．この対応関係の原因につ
いては高校地理教科書でもある程度は説明されている．この対応関係と因果
関係については次節で説明する．

7-4　世界の気候区，植生帯，土壌帯の重ね合わせと因果関係

　世界の気候区，植生帯，土壌帯の重ね合わせに意味があるのは，①気候が
植物の生育に影響し，②気候と③植生が土壌生成に影響し，逆に④土壌は植
生に，⑤植生は気候に影響し，⑥土壌も気候に影響するという関係がはっき
りしているからである（図7-7）．これは，次の第8章で説明する小規模な
エコトープ内部での垂直的関係（気候・植生・土壌などの相互関係）を基礎
にして，地球規模での分布を規定する要因（因果関係）が明らかになってい
るからである．

1）世界気候区（ケッペンの気候区分）

　高校地理でかならず取り上げられている世界の気候区分は，20世紀のは

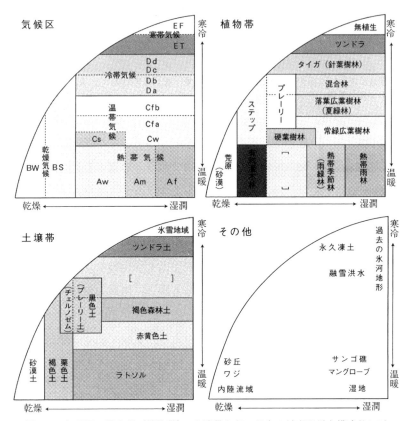

図7-6 気候区，植生帯（植物帯），土壌帯などの分布の対応関係を模式的に示した．空欄 [ ] を埋めよという課題が課せられている．植物帯の空欄は [サバナ（サバンナ）]，ステップの下は有刺灌木林，土壌帯の空欄は [ポドソル]（高校教科書『詳説新地理B』二宮書店，2009年版の53ページの図）．右下の「その他」の部分には地形にも気候・植生・土壌などとの対応関係があることが示唆されている．これについては【参考資料5】を参照されたい．

じめに発表されたケッペンの気候区分である．専門の気候学者からの多くの批判にさらされながら，教科書からなくなることはない．ケッペンの気候区分は，月平均気温と降水量（月降水量と，年降水量と年平均気温との組み合わせを含む）の二つの気候要素だけで世界を5気候帯，12気候区に区分したものである．この気候区分は，気団の変化や風系のような大気現象を直接区分したものではなく，区分のための気温や降水量の境界値は世界の植生の

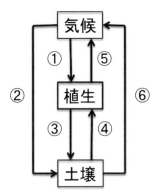

図 7-7　気候・植生・土壌の影響関係を示した模式図．矢印は影響関係．囲み数字は本文の見出しの数字と対応する．

違いをもとに決められた．したがって気候区と植生帯とが一致するのは当然であるともいえる．しかし，これには次項でのべるような，気候と植物に関わる合理的な関係がある（次項以下は高校地理の復習である）．

　ところで，ケッペンの気候区に表されるような世界の気候の地域差はどのようにして決まっているのだろうか．「世界の気候はどう決まるのか」というトピックは，たいていの気候学教科書や解説書の目玉記事である（たとえば住 1993）．地球の気候を決める要素は，低緯度と高緯度との太陽からの正味放射量（net radiation）の違いによる温度勾配，転向力の影響を受けた大気循環，自転軸の傾きによる気団の季節的南北移動などである．そして，それらは，海洋と大陸の分布と形，それに山脈の存在に影響を受ける．このような，大気そのものによる気候区分としてはアリソフの気候区がよく知られている．アリソフの気候区とヴァルターの世界植生分布図を対応させて世界の植生分布を論じた解説書（小泉ほか 2000：3-4）もある．

　さて，このような気候の地域的差異は植生と土壌の分布にどう影響するのか．図 7-7 にしたがって説明しよう．

①気候が植生に与える影響

　植物の生育になくてはならないのが温度（暖かさ）と水分であることはよく知られている．植物の生育に必要な温度条件と水分条件は植物の種類によって異なる．植物の生育に必要な温度条件は，生育期間（光合成が可能な期間：気温 5〜10℃以上）の気温状態によって決まる．このような，植物の生

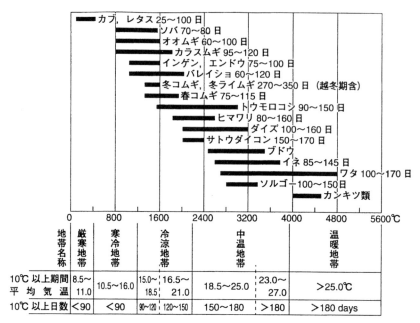

図 7-8　主要な作物の栽培期間（日）と収穫に必要な有効積算温度（10℃以上の日気温の積算値：ΣT_{10}）の範囲（小池・山下 2017：138）．

育に寄与する温度条件を有効積算温度という．植物の分布を決める温度条件としては，年平均気温や月平均気温よりも有効積算温度の方が，精度が高い．植物ごとの温度条件の違いの例として図 7-8 に作物（栽培植物）の有効積算温度を示した．

　植物の生育には降水が欠かせない．植物は，過湿潤な熱帯雨林気候から強乾燥のサバク気候まで幅広い環境に生育しており，植物の生育に関わる水分条件の違いは大きい．注意しなければならないことは，ある場所の水分条件は，降水量だけではなく，気温が決める蒸発量も関わっていることである．

　植物生態学者の吉良竜夫[注3]は，有効積算温度として暖かさの示数（WI）を，水分条件として乾湿度を用いて，北半球の植生帯と気候との関係を整理した（図 7-9）．この場合の植生帯とは，植物の相観（全体的な外観：第4章の注2参照）による大陸規模の区分で，生態学では群系（大生態系）と呼んでいる．吉良によると，ケッペンの植生区分では現実とうまく対応しなかった

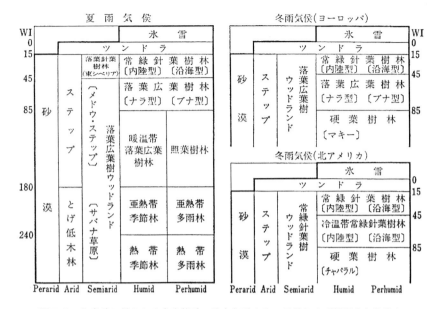

図7-9 北半球に見られる大生態系の分布と暖かさの示数および乾湿度気候帯との対応関係(吉良 1976 の図2.10). 縦軸の暖かさの示数 (WI) に関しては表7-1を, 横軸の乾湿度気候帯については表7-2を見られたい.

東アジアの大生態系の分布境界は, 暖かさの示数の値 (表7-1) とはよく対応するという. 乾燥湿潤の係数はさまざまあるが, 現実とはよく一致するが理論的ではないケッペンの示数から, 理論的には明快ではあるが植生帯との一致が不十分なブディコの放射乾燥指数まであり, 一長一短であるという.

まとめると, 植物群は, 積算温度 (暖かさの示数などで示される) と乾湿度 (乾燥湿潤係数で示される) によって生育がコントロールされるので, 地球規模の気温状態と乾湿条件の違いによって分布が決まり, 気候帯に対応した植生帯が生ずるのである.

②気候が土壌に与える影響

土壌とは, 一般的には,「母材である地殻構成物質 (無機物) と, それに付け加わった生物起源物質 (有機物) との混合物で, その生成過程で物理的・化学的変化を受けたもの」とされる. しかし, この定義では, 生物活動が乏しい極地やサバクでは土壌が存在しないことになるので,「地表面と基

表7-1 暖かさの示数（WI）と気候・植生帯の関係

暖かさの示数		気候・植生帯
WI = 0	極氷雪帯	Polar frost zone
WI : 0〜15	寒　帯	Polar tundra zone
WI : 15〜45	亜寒帯	Subpolar zone
WI : 45〜85	冷温帯	Cool temperate zone
WI : 85〜180	暖温帯	Warm temperate zone
WI : 180〜240	亜熱帯	Subtropical zone
WI > 240	熱　帯	Tropical zone

WI = $\overset{n}{\Sigma}(t-5)$〔n は $t>5$℃ である月の数〕（吉良 1976）.

表7-2 乾湿度気候帯とさまざまな乾燥湿潤の係数との関係

湿度気候帯		ケッペンの示数	ソンスウェートのP-E index	アームストロングの湿度係数の12カ月積算値	ブディコの放射乾燥指数
強乾燥帯	Perarid zone	K < 5	PEI < 16	CHI < 80	$R/(lr) > 3.0$
乾燥帯	Arid zone	K : 5〜10	PEI : 16〜32	CHI : 80〜160	$R/(lr) : 2.0〜3.0$
半乾燥帯	Semiarid zone	K : 10〜18	PEI : 32〜64	CHI : 160〜240	$R/(lr) : 1.0〜2.0$
湿潤帯	Humid zone	K > 18	(PEI > 64)	CHI : 240〜360	$R/(lr) < 1.0$
過湿潤帯	Perhumid zone	K > 28		CHI > 360	

ケッペンの示数 K：年降水量 P と年平均気温 T との関係を，1年中多雨の場合 $P/2(T+7)$，夏雨の場合 $P/2(T+14)$，冬雨の場合 $P/2T$ で示す．ソンスウェートの P-E index（PEI）：月降水量 / 月蒸発量の値を12カ月分積算したもの．アームストロングの湿度係数の12カ月積算値（CHI）：月平均降水強度（月平均降水量 / 平均月降水時間）は月平均気温のべき関数 $p/\tau = 1.07^t$ となるときの τ（吉良 1976）．ブディコの放射乾燥指数（$R/(lr)$）：純放射量 R と蒸発潜熱 l，降水量 r の比（吉野ほか 1985：498）.

盤岩との間に存在する，何らかの変質を受けた部分」を土壌とするという考え方もある．土壌が生成される物理的・化学的・生物的プロセス（土壌生成プロセス）には，土壌の温度条件（地温）と土壌の水分条件（土壌水分）が大きく影響する．地温と土壌水分は気候によって決まるから，土壌生成プロセスは気候の影響を強く受ける．したがって，気候帯に対応する大陸規模の土壌帯が認められ，そのような土壌を成帯土壌（zonal soil）という．

③植生が土壌に与える影響

　土壌の生成に関わる生物遺体（枯死した植物体や土壌生物，動物遺体など）の種類や量は，植物群落自体や，植物群落がつくる土壌生態系と深い関わりがある．なかでも，植物遺体の供給量とその分解速度の違いが土壌中の有機物量を決めるので植物が土壌に与える影響はとても大きい．したがって，

土壌帯と植生帯との対応関係は明瞭である.

④土壌が植生に与える影響

土壌がもつさまざまな性質（含有される栄養塩類・有機物量や水分保持力，空隙率，土壌微生物量，岩石起源の化学成分など）は，その場所に生育する植物にさまざまな影響を与える．その影響を世界規模で見た場合，顕著なのは，気候区や植生帯の違いによって生じた成帯土壌の性質の違い，とくに有機物（土壌炭素量）の違いである．熱帯林が分布する植生帯に対応するラトソルや赤黄色土に含まれる有機物の量は，高温・多湿な環境下で速やかに分解されるためにきわめて少ない．その有機物の少なさを補うために，熱帯雨林の巨大な樹木は根系に寄生する菌類が供給する栄養分によって生きているのである．したがって，いったん森林が伐採されてしまうと再生は困難である．一方，湿潤な温帯に分布する褐色森林土には多量の有機物が含まれる．日本の東北地方のブナ林の土壌はその代表的なもので，森林の再生を容易にしている.

⑤植生が気候に与える影響

気候が植生に影響するのとは逆に植生も気候に影響する．それは，森林と裸地（荒原）とが隣り合っている場合を考えれば明らかであろう．森林の存在は気温変化をおだやかにし，降水を保持し乾燥を防ぎ，水循環を活発にする．逆に，裸地では気温の変化は大きく降雨はすぐに流出・蒸発し，乾燥化を促す．とくに，森林火災や伐採などによって森林が広範囲に失われた場合，そのような植生の変化は気候に反映する．したがって，現在の気候は，更新世末期からはじまった人類による大規模な植生改変の影響を受けている．たとえば，中国の黄土高原は，約3000年より前には広く森林に覆われており，当時の黄土高原の降水量は現在より多かったと考えられている.

ここで注意しておかなければならないのは，世界の植生帯として示される図は，現在の気候に対応した潜在自然植生[注4] が描かれていることである．言い換えれば人為的植生改変はまったく無視されている．図に描かれた植生のような植生は現実には存在していないし，過去にも存在したことがなかったので，現在の気候区分と本当に対応しているかどうかの疑問が残る.

第7章　地図の重ね合わせ——99

⑥土壌が気候に与える影響

　土壌が気候に影響するのは特殊な場合であろうと考えられる．この影響がある程度明瞭になるのは，花崗岩を母材とする白い土壌と，玄武岩を母材とする黒い土壌でのアルベドの違いが気候に影響するような場合であろう．

2) 気候・植生・土壌などの対応関係のまとめ

　図 7-6 が掲載された教科書（『詳説新地理 B』二宮書店）の説明には「気温と降水量はほとんどすべての要素に影響をおよぼす因子」であると書かれている．このことから自然地理を構成する自然要素のなかでもっとも重要なのは気候であるという主張がある．かつて東京都立大学の地理学教室の気候を研究する講座は自然地域学講座と名乗っていた．これは，気候こそが自然地理学の核になるという発想から来たものであった．

　気候・植生・土壌の分布に見られる対応関係に内在する原因 – 結果関係（因果関係）を解明するのにもっとも貢献したのは生態学である．生態学者吉良竜夫が著した『陸上生態系—概論』（吉良 1976）には，この因果関係が詳細に解説されている．世界全体の大生態系の解説からはじまり，熱収支，水循環，一次・高次生産，物質循環の詳細をのべるが，各部分の最後には世界全体の地域特性がのべられている．このような内容から，この本は自然地理学の教科書であるとも言える名著である．

　最後に強調したいことは，分布図の（単なる）対応関係を（明確な）因果関係に変えるためには，①関係する現象（多くの場合小範囲や細かな現象）を解明するための詳細な調査・研究が必要であり，加えて，②明らかになった細部の因果関係を統合・俯瞰する調査が必要であり，それによって，③より広い範囲や規模の説明をおこなうことが可能になると考える．そのためには出発点になった分布図とその対応関係にたち戻って考えることが役立つであろう．

7-5　鈴木秀夫の分布図の論理：雪国離婚仮説は正しいか？

　これまでのべてきたこととは矛盾するが，分布図の重ね合わせには因果関

図7-10 ①雪国（裏日本気候区），②エゾユズリハ，③1919～35年における離婚率が高い地域（鈴木1988の図を並べた）．

係の証明は不要という考えがある．それは，気候学者鈴木秀夫[注5)]によって主張された分布論である．そのなかに「雪国離婚」仮説（鈴木 1988）ともいうべきものがある．

　鈴木の主張は以下のようである．

　雪国（裏日本気候区[注6)]）の範囲とエゾユズリハ（ユズリハ科の常緑低木）の分布がほぼ一致する図（図7-10①②）を見て，エゾユズリハの分布を決めているのが多雪環境であることを疑う人はいない．しかし，雪国（裏日本気候区）と高離婚率の分布が一致する図（図7-10①③）から，高い離婚率の分布を決めているのが多雪環境であることを信じる人はいない．しかし，この，雪国（裏日本気候区）の分布と，エゾユズリハの分布，高離婚率の分布が一致するという論理構造は共通である．気候と植物の関係は容易に認められるが，気候と人間生活の関係は簡単に認められないというのはおかしい（ここまで鈴木の主張）．

　気候と植物の対応関係は因果関係として容易に認められるが，気候と人間の社会的生活の対応関係は因果関係として簡単には認められないというのは日本人の常識になっていると思われる．植物は気候の影響を強く受けるが，人間の社会的生活は気候の影響を直接受けることはないと考えるのが普通である．

　ところが鈴木は，両者の違いは納得するかしないかの決断の違いであると

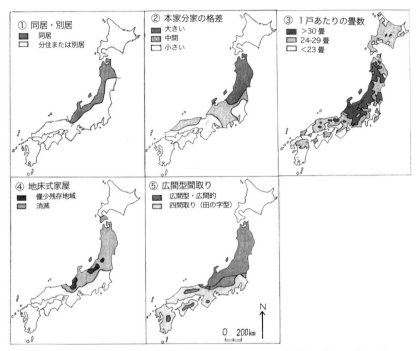

図 7-11 雪国では離婚が多い理由を説明する中間項. ①同居が多い, ②本家と分家の格差が大きい, ③1戸当たりの畳数が多い, ④地床式（床がない）家屋が分布した, ⑤広間型間取りが多い地域（鈴木 1988 の図から再構成）.

言う．そして「納得は何によって行われるかというと，中間項の提出が最も効果的である」とし，われわれは，通常，植物の分布に対しては中間項の提出を求めないが，人間社会の現象に対してはそれを求めると説明する．そこで鈴木は，気候と離婚のあいだにある中間項を提示する（図 7-11 ①〜⑤）．中間項は次の①〜⑤である．①雪国では老人世帯だけでは暮らしにくいから2世帯以上の同居が多い．②老人と同居するため本家と分家の格差が維持される．③積雪のため室内生活が長く，さらに老人との同居のため1戸当たりの畳数が多い．④かつては地床式（床板がない）家屋が多かった．したがって，床ができた後も，⑤広間型の間取りが多い．つまり，雪国では，広間でいろりを囲む，プライバシーが少ない暮らしになり，離婚が増えると考えられる．このような中間項によって示される雪国の生活環境を考えると，離婚

仮説に納得する人が増えると鈴木は言う．しかし，この納得は，これらの中間項によって因果関係が証明されたことによって得られたのではなく，対応関係があることを認める決断をしたにすぎないと鈴木は説明する（鈴木 1988：212）．「認めることの決断」を強調するのは，鈴木が，因果関係は証明ができないという学問観をもっているからで，学問とは真理の探究ではなく，その時代時代の世界の認識像を提出することであると主張している．しかし，このような考え方は，対応関係がある2枚の分布図を見たときに両者の因果関係を考えるという地理学の常識とは異なっている．因果関係の解明をめざす現代科学に属する現在の自然地理学ではとうてい受け容れられない考え方である．

　鈴木の分布図の論議に関しては，高野（2013）の評論がある．その内容を要約すると次のようになる．

　主題図の重ね合わせという総合的な研究方法にこだわり，分析的な研究方法が顧みられなかったのは問題である．主題図の重ね合わせによる対応関係の発見を出発点として，分析的な調査（個別・具体的な事例研究）へと移り，現象の因果関係を解明する方法が，鈴木の風土研究でもおこなわれるべきであった．分布図の重ね合わせだけによって結論を導くことが意義をもつのは，材料がなく分析的研究ができない場合だけである（ここまで高野の評論）．

7-6　結論：分布図の重ね合わせに不可欠なのは因果関係の発見

　最近では，さまざまなリモートセンシング技術や，画像解析技術などの高精度の調査・解析技術によって，詳細な空間情報の入手が容易になっている．それらによって作成された地図や分布図をどのように利用すればいいのか．

　鈴木のいうように，中間項を増やして（多くの分布図を重ねて），対応関係（相関関係）を認識し，それを因果関係とみなすのが，20世紀前半の地理学の方法であった．しかし，20世紀後半には，対応関係の積み重ねだけでは，因果関係とは認められなくなった．したがって，因果関係を確実にするために複数の分布図に示された，対応する現象の原因と結果をつなぐメカニズムを分析的な方法によって明らかにすることが自然地理学の課題になった．

しかし，それは容易なことではない．その結果，自然地理学はほかの学術分野と同じように専門性を高めたが，その一方，総合性（俯瞰的視点）を失ってしまった．

分布図の重ね合わせに関するまとめとして次の4項が挙げられよう．

①分布図の重ね合わせから現象の対応関係を見出すのは，総合的（俯瞰的）に地域の自然を見る場合に重要な方法である．

②分布図の重ね合わせから対応関係だけではなく，因果関係（決定論）を引き出すためには，重なり合う分布図に描かれた現象どうしの因果関係の解明が必要である．

③それらの因果関係は，多くの場合，個別領域科学や領域別自然地理学諸分野での分析的研究によって明らかになる．

④そのようにして得られた因果関係の組み合わせを，再度，分布図上で考察することで統合自然地理学（領域横断型自然地理学）の成果が得られる．本書の第10章以降でその具体例を示す．

注1) 震災の帯と活断層・余震分布とがずれている原因には二つの考えがある．第1は，地下の基盤岩の形や堆積物との関係で地震波が複数の異なる経路で伝わり，両波動がたがいに干渉しあって増幅されたという説．第2の説は，震災の帯の直下にある活断層が活動したため．震災の帯では，活断層によると考えられる撓曲地形（ゆるやかな崖地形）が発見された．

注2) 等質地域区分とは，地域の面的な等質性に注目しておこなう地域区分．地図の色分けによる区分はその代表である．それに対して，もの・人・情報などの動きや関係に注目しておこなうのが機能地域区分である．

注3) 吉良竜夫（1919-2011）：京都帝国大学農学部卒，理学博士．学生時代，ポナペ島，大興安嶺などで今西錦司リーダーのもとで探検をおこなう．大阪市立大学理学部教授時代（1949-81）には東南アジアの熱帯林の生態系の定量的観測に従事．大阪市立大学名誉教授．

注4) 潜在自然植生：すべての人為的干渉を停止したと仮定したときに，気候と対応して成立する植生．

注5) 鈴木秀夫（1932-2011）：東京大学理学部地理学課程卒，理学博士，ドイツ留学，エチオピアでの大学教師経験．専門は気候学．東京大学名誉教授．日本と世界の動気候学的気候区分，氷期の自然環境などの研究．ほかに風土論・宗教論など．

注6) 裏日本気候区：鈴木（1988：174）は「裏日本という表現が不当であるという意見があることは承知しているが」雪国の分布が日本海側に限られているわけではないので「消極的にではあるが，裏日本という言葉を踏襲しておく」と書いている．

104──第2部　統合自然地理学の論理と方法

【引用・参照文献】

青野壽郎 1989. 分布論. 日本地誌研究所編『地理学辞典 改訂版』p.605, 二宮書店.

岩田修二 2013. 高校地理教科書の「造山帯」を改訂するための提案. *E-journal GEO*, 8 (1), 153-164. https://www.jstage.jst.go.jp/article/ejgeo/8/1/8_153/_pdf

片尾 浩・安藤雅孝 1996. 兵庫県南部地震前後の地殻活動. 科学, **66**, 78-85.

菊地俊夫・岩田修二 2005. 『地図を学ぶ―地図の読み方・作り方・考え方』二宮書店.

吉良竜夫 1976. 『陸上生態系―概論』生態学講座 2, 共立出版.

小池一之・山下脩二 2017. 『自然地理学事典』朝倉書店.

小泉 博・大黒俊哉・鞠子 茂 2000. 『草原・砂漠の生態 新・生態学への招待』共立出版.

神戸大学工学部（建設学科土木系教室兵庫県南部地震学術調査団）1995. 『神戸大学工学部兵庫県南部地震緊急被害調査報告書（第 2 報）』神戸大学工学部.

日本建築学会 1995. 『1995 年兵庫県南部地震災害調査速報』日本建築学会（丸善発売）.

野村亮太郎・川崎輝雄・大矢真也 1996. 墓石の転倒から推定された地震による被害分布域と地形特性. 日本地形学連合編『兵庫県南部地震と地形災害』143-157, 古今書院.

嶋本利彦 1995. "震災の帯"の不思議. 科学, **65**, 195-198.

住 正明 1993. 『地球の気候はどう決まるのか？』地球を丸ごと考える 4, 岩波書店.

鈴木秀夫 1988. 日本の気候と他の分布現象. 『風土の構造』185-229, 講談社学術文庫（初版は 1975 大明堂刊）.

高野 宏 2013. 鈴木秀夫の風土論. 岡山大学文学部紀要, **59**, 29-45.

高岡貞夫 2014. 植生地理学. 松山洋ほか『自然地理学』183-203, ミネルヴァ書房.

横山秀司編 2002. 『景観の分析と保護のための地生態学入門』古今書院.

吉野正敏・浅井冨雄・河村 武・設楽 寛・新田 尚・前島郁夫 1985. 『気候学・気象学辞典』二宮書店.

------------------------------ 【参考資料6】 ------------------------------

地球規模の地形地域（気候地形区分）

　地球規模での環境と対応した地形の広がりは，気候帯と関連した地形（気候地形）の分布（気候地形区分）としてとらえることができる．つまり，外作用による地形形成作用の分布を中心に据えた地形地域区分である（図A）．それぞれの気候帯に対応した特徴的な地形が存在することは古くから知られていたから，大まか（第一義的）には気候地形区分は広く受けいれられた．

　ただし，世界的な気候地形区分で注意しなければならないことがある．典型的な気候地形が存在するためには，それぞれの気候帯の気候，植生帯を反映した地形形成作用が十分に作用することが必要である．そのような気候地形地域に特有な外作用（表A）を上回るような，ほかの強力な地形形成作用（重力作用や大洪水など）が働けば，気候地形は破壊されてしまう．このことはしばしば忘れら

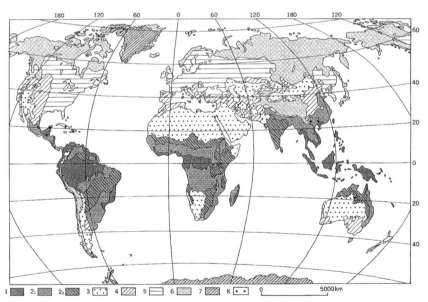

図A　世界の気候地形区分（外的地形形成作用による地形の分布）．1：湿潤熱帯地形地域，2：乾湿熱帯地形地域，3：乾燥地形地域，4：半乾燥地形地域，5：湿潤温帯地形地域，6：周氷河地形地域，7：氷河地形地域，K：カルスト地形．説明は表Aを参照（Hagedron and Poser の図を簡略化した．貝塚1998の図7.7）．

表 A　世界の気候地形区の特徴

気候地形区	おおよその植生	面的削剥（表流水と重力による）	線的流水侵食	おおよそのケッペンの気候区
湿潤熱帯	熱帯多雨林	○	◎	Af, Am
乾湿熱帯 1	雨緑林・サバンナ	◎	○	Aw
乾湿熱帯 2	サバンナ	◎	○	Aw, Cw
乾燥（荒漠）	な　し	○	―	BW
半乾燥	草原・疎林	◎	○	BS, Cs
湿潤温帯	温帯林	○	◎	Cf, Da
周氷河	針葉樹林・ツンドラ	（◎凍結）	○	ET, Dc
氷河	な　し	（◎氷床）	―	EF

削剥・侵食の強さ：◎＞○＞○＞　　　（貝塚 1998 による）

れている．つまり，典型的な気候地形が発現するのは，比較的緩傾斜の小規模な流域においてである．

河川と沖積平野の地形地域

　大河川が流れる沖積平野のうち，周氷河・乾燥・半乾燥地形地域では，それぞれ，異なった特徴ある河川地形が形成されているが，湿潤熱帯・乾湿熱帯・湿潤温帯の，とくに大きな河川の河岸地形に大きな違いがあるかどうかは明確ではない．川沿いの地形は，気候の直接の反映である河川流量や，河川の水位変動，とくにピーク流量時の河川の様態によって大きく変わる．しかし，堆積地域である沖積平野の河川地形に大きな影響を与えるのは，上流から運ばれてくる土砂の量や粒径である．運搬土砂量や土砂の性質は，降水量（河川流量）だけではなく流域の地質や起伏によって大きく変わる（図 B）．

平原流域の地形地域

　世界の大陸の大平野の大部分は，基盤岩からなる侵食性の平原で，先カンブリア時代，あるいは古生代から中生代にかけて，延えんと侵食され続けてきた．この地形地域で目立つのは，流域間の台地や，盆地の周辺部にある侵食性の組織地形である．ケスタで代表される組織地形は，気候の反映である外作用によってよりも，基盤岩の性質（組織・強度・透水性など）によって決まる．異質の作用が働く氷河・周氷河地形地域と乾燥地形地域をのぞき，流水の作用が卓越する湿潤熱帯・熱帯半乾燥・半乾燥・湿潤温帯気候地域では組織地形の違いを生むのは，気候環境ではなく基盤地質である．

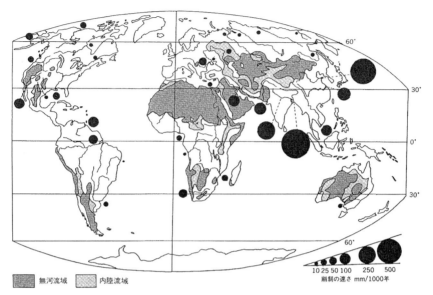

図B 世界の内域流域の分布と図示した大河川流域の平均侵食速度（溶流・浮流土砂流出量）．ヒマラヤ山脈周辺と黄土高原の影響が大きい（貝塚 1998 の図 5.4）．

山岳の地形環境

多くの世界的な気候区分では，帯状の気候帯を横切るように，あるいはオーバーラップするように，高山気候帯が設けられている．そうであるならば，気候地形区分においても山岳地域という気候地形区が設定されるべきである．

高さ方向に寒冷化し，降水量が増加する山岳は気候地形地域の代表のようにみなされがちであるが，山岳地域で最も重要な地形形成作用は重力移動であるから，気候的エネルギーが駆動する地形形成作用は，重力移動が作用しない場合に限って現れると理解すべきである．崩壊や落石，土石流，激流侵食や，それらによる堆積作用が山岳地域における卓越する地形形成作用である．

高山は大気の中につきだした島のような場所であるから，周囲の平地より気温の較差は小さいが，各方位に向いた斜面からなる多面体であるので，方位による環境の違いが大きい．それに高さによる環境の違い（垂直分帯）が加わって，狭い範囲に多様で複雑な環境が現れる．それを反映して，地形形成作用も複雑になる．熱帯・中緯度・高緯度（極地）という緯度による環境や，気候地形学的な違いも顕著である（表B）．

表B　緯度による高山の地形形成環境の違い

作用と環境	熱帯高山	温帯高山	高緯度（極地）山地
雪線（氷河平衡線）	水平（直線的）	高さの変化著しい	高さの変化著しい
雪食作用	なし	風下側で顕著	顕著
凍結作用	日周期（通年）	日周期（春・秋）＋年周期	年周期
周氷河帯	帯状でせまい	風上側斜面に広くパッチ状	広大で面的
流水の作用	通年	春・夏・秋	晩春・初夏
風の作用	弱い	強い	強い

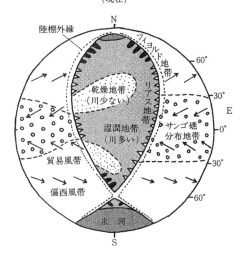

図C　単純化した地球の海陸分布に気候帯と海岸線を示したもの（貝塚 1998 の図 5.29 から氷期の図をはぶいたもの）．

海岸の環境

　海洋と陸地の接線である海岸地形は，世界の気候地形図では取り上げられることがめったにない．岩石海岸（磯）と砂質海岸（浜）の組み合わせからなる中規模な海岸のタイプは，フィヨルド海岸，リアス海岸，直線的な海岸，三角州海岸，火山噴出物がつくる海岸，サンゴ礁海岸などに区分できる．それらの一部の，仮想的大陸における分布を図Cに示した．この図には波の作用を支配する卓越風が記入され，フィヨルド海岸やサンゴ礁海岸は地球規模の気候に支配されていることがわかる．最終氷期終了後の海面上昇で，世界中の海岸のほとんどでは谷や河谷に海水が進入してリアス海岸になったが，完新世に，河川が土砂を運搬して浅海を埋め立てることができた場合にはリアス海岸は消滅した．亜熱帯高圧帯に位置する海岸では，背後が砂漠で河谷が形成されないため，リアス海岸は形成さ

れない．海面が低下した氷期の極相期にはリアス海岸は存在しなかった．

【参照文献】

貝塚爽平 1998. 『発達史地形学』東京大学出版会.

第8章
地生態学の考え方

　総合的な自然地理学をめざして地生態学がうまれた．生態学の考えを取り入れて，地域の自然を総合的に扱うという地生態学は統合自然地理学の中心になりえるのだろうか．

8-1　トロルの地生態学

　第2章の自然地理学の歴史で触れたように，気候学や地形学などの諸領域の独立（離脱）によって，個別研究領域の集合体となりつつあった自然地理学のなかで，地域の自然を総合的に扱おうとする新しい研究領域をドイツ人地理学者カール゠トロル（Carl Troll：1899-1975）が創設した．トロルは，植物生理学で学位を取ったが，その後，地理学を研究の中心に据えて，地域の気候－地形－植生－土地利用を総合的に扱う研究領域をつくりあげた．それには生態学の考え方が大幅に取り入れられていて，地生態学（Geoökologie, geoecology）あるいは景観生態学，地域生態学（ともに英語では landscape ecology）などと呼ばれている[注1]．景観生態学や地域生態学は人間社会も含めて対象にするときに使われることが多く，自然だけが対象の場合には地生態学が使われることが多いという横山（1995：7-8）の解説があるので，この本では地生態学を使うことにする．

　トロルは極地と高山の周氷河現象をくわしく研究し，極地・高山の自然環境や土地利用を組み合わせて地生態学の概念を確立した．その後，熱帯アンデスや，世界各地での地生態学研究によって，地生態学が土地管理などに役立つ応用科学としても有効なことを実証した．

　トロルによると「地生態学は，生物体あるいは生物群集とそれらの環境要素とのあいだの入り組んだ相互関係の全体を解明する科学である」（Troll 1972：岩田訳）と定義されており，これは第1章で強調した自然地理学の考

111

え方とよく似ているが，生物体，生物群集という語が示すように，生物共同体の地域的特性の解明が中心に置かれている．地生態学に関する解説には武内（1991），横山（1995，2002），高岡（2014）などのすぐれた教科書がある．

8-2　エコシステムとエコトープ

最初に，生態学について簡単にみておこう．生態学の中心的概念であるエコシステム（ecosystem；生態系）は，生物群と，それを取り囲む非生物環境をあわせたシステム（系）である．一般的なシステムについての説明は第9章でくわしくのべるが，エコシステムの研究でもっぱらおこなわれ，生態学の発展に貢献したのは，エコシステム内での物質やエネルギーの流れが構成する構造や機能，あるいは，エコシステム外との物質やエネルギーのやりとりである（図8-1）．生態学は，エコシステムの物質（たとえば炭素）やエネルギーの循環を定量的に測定することによって，エコシステムを構成する生物共同体と環境との関係をくわしく解明することができた．

ただし，地理学に関心をもつものとしては注意すべきことがある．エコシステムの無機的環境には土地的自然（土壌・地形・地質など）が含まれるから，エコシステムは空間的・地域的広がりをもつが，エコシステムでは，その地理的な場所が特定されているわけではない．生態学では，与えられた空間としてエコシステムを扱うので（たとえば栗原 1975），ふつうエコシステムの境界（範囲）を具体的に特定するような議論はおこなわれない．エコシステムの名称は，構成する生物群集の特徴や環境の様相によって命名されるが，固有の地名が名称になることはない．

それに対して地理学で扱う地域には明確で固有の境界があり，その固有の場所が特定される（固有名詞〔地名〕がつく）．したがって，地生態学では，エコシステムに替わるものとして，地球表面の具体的な場を占拠する空間単位が導入された．その空間単位を**エコトープ**（ecotope）と呼ぶ．エコトープは，一般には，生物群（植物・動物・微生物）と非生物環境（大気・土壌・地形・地質・水文現象など）からなり，それらの構造的・機能的に同質な空間単位が地球表面上に具体的に占める場所と定義される（高岡 2014）．

112——第2部　統合自然地理学の論理と方法

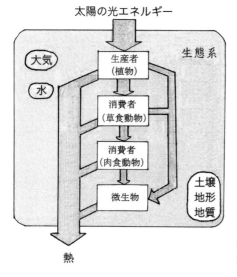

図 8-1 エコシステム（生態系）とその内部での食物連鎖（エネルギーと物質循環の一部）の模式図（栗原 1975 の図 6 に加筆）.

地域自然単位とも言えよう.

しかし，トロルはエコトープを「地理的地域（ラントシャフト）の最小の空間的単位・場所」と定義し（横山 1995：14 を改変），「最小」を強調している．この最小とは，具体的には，環境区分や土地分類における最小単位という意味である．したがって，エコトープを日本語に置き換えれば「最小生態空間・場」となる．言うまでもなく，地図や土地分類図で表現が可能なものである．

エコトープの構造的・機能的な同質性と，異なるエコトープとの境界がどのように引かれるかを模式的に図 8-2 に示した．この図を見て理解できることは，植生と地形の空間的違いは視覚的にすぐわかるが，それ以外は，直接観察や観測，あるいはそのための調査によらなければ違いがわからず，したがって簡単には境界が決められないということである．土壌や水文現象の違いを反映させたエコトープの境界を決めるのは実際には容易ではない．

8-3 エコトープの垂直的関係と水平的関係

トロルは，地生態学では，エコトープ内での「垂直的関係」と，エコトー

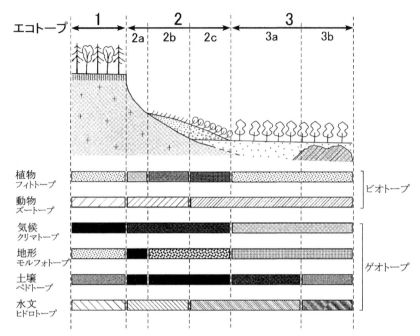

図 8-2 ある地域のエコトープと，その構成要素を示した断面図．エコトープごとの構成要素の違いを模式的に示した．縦の破線がエコトープの境界（高岡 2014 の図 11-3 による）．

プ相互の「水平的関係」の両方を研究する必要があることを強調している．地域を構成する植生，動物，気候，土壌，地形，地質，水文現象などの自然構成要素が，有機的な関係をもって同質なエコトープを構成するのを垂直的関係とし，そのようなエコトープが多数集まって地域の自然を形成するのを水平的関係と考えた．エコトープが，自然的条件の影響を受けながら水平的にモザイク状に配置するのを地域モザイクと呼んだ．

図 8-3 は，エコトープ内のある地点での自然構成要素の垂直的関係を示す模式図で，**エコトープ垂直構造図**とでもいうべき図である．この図には，高木層と草本層，樹冠と樹幹などの森林構成要素，森林成立に関わる気候的要素，地表面，土壌層と母岩（岩石）の状況，さらには地下水との関係などが示されている．これらの構成要素がどのように作用し合って，このエコトープを成り立たせているのかを考えるのが垂直的関係の研究である．つまり，

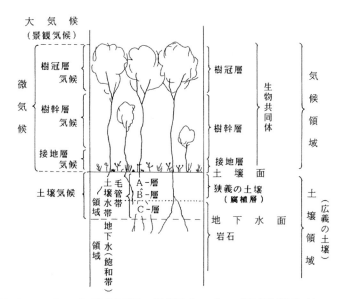

図 8-3　エコトープの垂直的構造の模式図（エコトープ垂直構造図）（トロルの図を横山 1995 が引用したものによる）．

垂直的関係とは，エコトープという空間領域を形成する諸要素間の有機的に結ばれた機能的関係を解明するのである．エコトープ内の垂直的関係の研究は，細かな観察，観測，実験的研究などが必要で，生態学におけるエコシステム研究と同様の研究になるだろう．

図 8-4 にトロルが作成した**エコトープ分布図**[注2) を示した．この図のように，エコトープは水平的に，面的広がりをもって分布している．凡例から見ると，このエコトープ分布図のエコトープ＝タイプの認定は地形の違いを基準にしておこなわれたように見える．まるで地形分類図だ．しかも，その地形区分は，偶然なのか植生・土地被覆の区分と対応している．ともかく，これらの各エコトープの空間的関係を理解することが水平的関係の研究である．

生態学でのエコシステム研究は，エコシステム内部での垂直的関係，すなわち，構成要素間の相互関係，物質生産・循環やエネルギー循環に焦点が当てられてきた．それに対して，地生態学を特徴付けるのは，エコトープの水平的関係，つまりエコトープ間の水平的・空間的相互関係の解明である．空間的相互関係の研究とは，たとえば，エコトープの分布や配列の規則性など

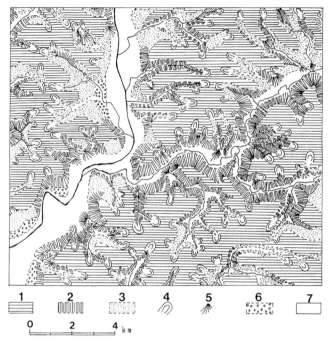

図8-4 ドイツ,オーバーベルギシュラントのエコトープ分布図(トロルの図を横山 1995 が引用したもの). 1:レスに覆われた高位面の残存(おもに耕地), 2:デボン紀の地質からなる急崖・谷壁斜面(おもに森林), 3:レスに覆われた緩い谷壁斜面(草地・湿地林から変化した採草地), 4:谷頭の窪地(おもに菜園と放牧地をもつ戸建て住宅), 5:主谷との合流部に形成された支谷の沖積錐(放牧地), 6:河岸段丘(緩傾斜部は耕地), 7:低湿な谷底低地(採草地と耕地).

の研究だけではなく,エコトープ相互の影響関係の解明も重要である.なぜならば,各エコトープは閉じたものではなく,物質やエネルギーの移動がエコトープとエコトープの間で起こり,エコトープ間で相互に影響を及ぼしあうからである.したがって,たとえば,あるエコトープで森林伐採や地下水汚染などが起これば,その影響は隣接するエコトープに及び,さらにはその周辺のエコトープへと及んでいくことになる(高岡 2014:208).

土地利用	農地	草地		樹園地	林地
	植被の均質化と表土の養分増加				
技術の性格	排水			潅漑	
凡例	低地			台地	丘陵地
	水性土			非水性土	
	泥炭土	泥炭土	砂土	砂土，礫土，粘土	砂土

◎ 巨礫		
砂		
巨礫・粘土・壌土		
泥炭		

ハーベル湖　砂壌土

観測点	▲ ▲ ▲ ▲ ▲ ▲ ▲ ▲ ▲ ▲

物質移動 垂直的 水平的	集積	平行	溶脱
	拡散されない		拡散される
生態的効果	富栄養化	腐植質の減少　土壌侵食	保水性の減少
	種多様性の減少		
	特定雑草の増加		（たとえばカモジグサ）
経済的効果	収量の増加		
	収量の安定化		
	高品質の飼料作物		高品質の果実

図 8-5　ドイツ，エルベ川流域下流ハーフェル（Havel）低地でのカテナ概念に基づく土壌区分とそれに対応した地域環境の例（Barsch・Schönfelder の図を武内 1991 が引用したものによる）.

8-4　エコトープの水平的関係とカテナの考え方

　エコトープ相互の関係は，土壌学で使われるカテナ（catena）の考え方と似ていると地域生態学者武内和彦はのべている．カテナとは，地形（起伏）に対応して排水条件が変化するために生じる，連続的に変化する一連の土壌タイプの配列のことである．カテナは「鎖」を意味するラテン語である．ただし，その場合，気候や土壌母材などの土壌生成因子はおなじである．

　以下は武内（1991：36-37）の記述内容である．旧東ドイツにおける中・小規模の地生態学の研究では，土壌学のカテナ概念に基づいてエコトープを機能的なまとまりとしてとらえることがおこなわれた．カテナの概念を地生態学に当てはめると，エコトープが機能的に横につながり一連のセットを形成するという考えになる．図 8-5 に，カテナ概念に基づく土壌区分とそれに対応した地域特性の違いの例を示す．旧東ドイツの地生態学者が，土壌学で使われているカテナの概念を拡大させ，それを地生態学研究に導入しようとしたのは，中・小規模地域の地生態研究において地域の物質収支（土壌物質の

移動)を重視したからである.垂直的,水平的な自然要素の相互関係を把握するには,地表の土壌物質の移動プロセス(カテナ形成プロセス)をとらえることが重要であり,土地管理としては,それを制御することで地域の適正な管理がはかれると考えたからである(武内の記述内容ここまで).

カテナとおなじような考え方で地生態学的研究を日本でおこなった例としては,武内和彦などの丘陵地での研究がある.それは第10章で紹介する.土壌と地形の関係に注目した例としては,赤石山脈において,土壌タイプの分布と,地形・気候・植生などとの対応関係を調査して,土壌分布の規則性を考察した例がある(水谷1967).このようにカテナの概念はエコトープの水平的関係を把握するときに重要になると考えられるが,日本における地生態学研究ではカテナを含めた土壌の研究は手薄である.しかし,とくに土壌に言及しない場合であっても,一連の**エコトープ断面図**[注3]を描くことはしばしばおこなわれている.図8-6に例を示す.

8-5 エコトープとパッチ

エコトープの境界を示した図8-2から容易に理解できるように,多くの関係する自然要素をすべて把握してエコトープの境界を決めることは,多くの研究領域のくわしい調査が必要で,多くの労力を必要とする.広域を対象にするときには現実的ではないので,実際的には空中写真判読などのリモートセンシング技術によって境界が決められるのが普通である.図8-4に示したトロルのエコトープ分布図も,おもに地形,補助的に植生と土地被覆によって区分されたことは明らかである.このような現実を踏まえて,Foreman and Godron(1986)は,「エコトープ」の替わりに「まわりと異なる外観の,線的ではない,斑状(島状)の地表面」を「パッチ(patch)」と定義して用いた.この定義では,目に見える植生や地形の違いによってパッチを把握できるので線引きが簡単である.パッチは相観[注4]によって区分される空間単位であるから,エコトープと完全に一致するものではないが,ほとんどエコトープとおなじ空間単位として用いられる.パッチは「エコトープや,エコトープが構成する空間パターン(景観)の理解に有効である」と高岡(2014:

118——第2部 統合自然地理学の論理と方法

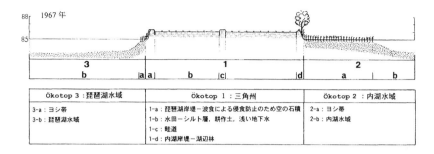

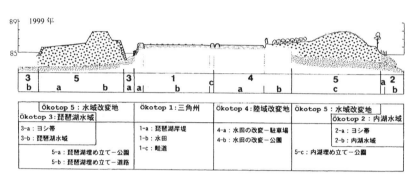

図 8-6 琵琶湖南湖東岸守山市の赤野井湾地域の模式エコトープ断面図（横山 2002 による）．上：1967 年，下：1999 年．

214）は評価しているが，トロル流のエコトープの概念とは別ものになってしまった．あるいは，すでにトロルにおいてもエコトープの理念とエコトープ境界設定の実際の手順とが乖離していたのかもしれない．

　これによって，地生態学研究の中心的な作業は，空中写真判読によってパッチ分布図（区分図）あるいはエコトープ分布図を作成することになった．第 11 章でのべる丘陵地でおこなわれた研究（たとえば菊池 2001）や，里山や平野部でおこなわれた地域計画や自然保護のための応用研究を除くと，わが国でおこなわれた多くの地生態学研究は，エコトープ分布図を作成することで満足しているように思われる．エコトープ断面図が作成され，それぞれのエコトープの特徴が記述されるとはいえ，それだけでは，平板な説明に終わり，地域の自然の生き生きとした全体像をとらえることにはあまり成功していないと感じられる．それに対する対応策は次節で説明する．

第 8 章　地生態学の考え方——119

8-6 地生態収支

地生態学の研究のまとめとしての地域分析，あるいは地域自然の総合評価について，横山（1995，2002）はトロルを引用して「生態学的作用構造の研究」つまり「大気候，小気候，地形，土壌，植生，動物などの相互作用」の分析がおこなわれなければならないとしている．その分析とは，エコトープ内部や，エコトープ相互，さらにはエコトープ外からのエネルギーや物質の流れや出入りの解明である．これは生態学でのエコシステムでのエネルギー・物質の流れの研究とおなじ概念である．これは，ドイツではラントシャフト収支（Landschaftshaushalt〔Haushalt とは家政・所帯・予算のこと〕）と呼ばれ，横山は「景観収支」と訳した（横山 1995）．「（地生態学で）重要なのは，一つの均質な構造と機能をもったエコトープの識別であり，地因子の静的特徴だけではなく，水収支，エネルギー・物質移動などダイナミックな特徴，すなわち景観収支の把握である」と横山（2002：191）は強調している．本書では「景観」の語は使わないので，ラントシャフト収支を「地生態収支」ということにする．

地生態学の教科書『景観生態学』（横山 1995）と，研究方法をまとめた『地生態学入門』（横山 2002）には，地生態学研究の結論として地生態収支を示す図が掲載されている．その多くは，エコトープ内の構成要素（構成因子）相互や，エコトープ間の作用関係（因果関係）の構造を示す，ある種のシステム図である．要素の関係模式（概念）図，あるいは地生態学的機能図などとも呼ばれる図で，次章で説明するシステムの種類では形態システムに区分される図である．横山による飛騨山脈の森林限界の研究では，気候・地形条件が異なる4カ所が取り上げられ，それぞれエコトープ分布図，エコトープ断面図が描かれ，地因子の作用構造と区分されたエコトープとの関係を示した地生態収支図が提示されている（横山 1995：83-122）．この4枚の複雑な地生態収支図を詳細にみれば各エコトープがどのようなエコトープ構成因子の影響を受けて成立したのかが理解できる．しかし，これらの地生態収支図に描かれた内容は，模式的な図（ブロックダイアグラムなど）で示せばもっと理解しやすいのではないだろうか．

120——第2部　統合自然地理学の論理と方法

ここで疑問が生じるのは，地生態収支図と名付けられているのに，ほとんどの図に物質やエネルギーの流れや出入りが示されていないことである．関係図や機能図といわずに収支図と名付けたのは，横山が強調したように，物質やエネルギーの流れを量的に示すことが重要と考えたためである．

　ただ，横山（2002）の巻末には物質移動を描いた文字通りの地生態収支図が掲載されている．琵琶湖南湖東岸の野洲川三角州の地域・風景の変化を扱った部分の結論として，1967 年から 1999 年への地生態収支の変化を描いた図がある（図 8-7）．この図には，地域内の諸エコトープと生物因子との作用関係が直線で，物質移動（流れ）が太矢印で描かれている．

　横山によるこの図の説明では，1967 年には，集落（地元民）と川・水路と間の物質移動がさかんで，鳥類，魚介類と水田・湿田との間の物質移動もあり，**地生態収支の均衡**が保たれていたという．一方，1999 年には，集落（地元民）と川・水路，琵琶湖，内湖と間の物質移動がなくなり，川・水路（人工化した），乾田（以前は水田・湿田）と鳥類，魚介類との物質移動もなくなった．それに加えて乾田への用水と肥料の入力，地域外からの人（車）の出入りによって地生態収支の均衡がくずれ，地域の**地生態的機能**は大きく低下し，琵琶湖，内湖への生態的負荷が増したという（横山 2002：267-269）．

　地生態学的観点では，環境破壊は地生態収支のバランスが崩れたとき起こり，それを明示するのが地生態収支図であるというのが横山の主張である．しかし，物質移動の量の変化が示されない地生態収支図では，地生態収支の均衡や，地生態機能の変化をどこで評価するのかがわからない．しかし，この疑問を解消するために定量的研究の方向を追究すればするほど，生態学における生態系の物質循環研究に近づいてゆくだろう．

8-7　まとめ

　地生態学研究（あるいは類似研究）の実態は国・地域ごとに少しずつ異なっている．日本に関しては小泉（2002）のくわしい報告がある．1970 年代以降の，日本の高山帯での統合自然地理学研究（第 11 章参照）は地生態学的研究として評価されることが多いが，小泉（2002）の言うように，ドイツ流の

第 8 章　地生態学の考え方——121

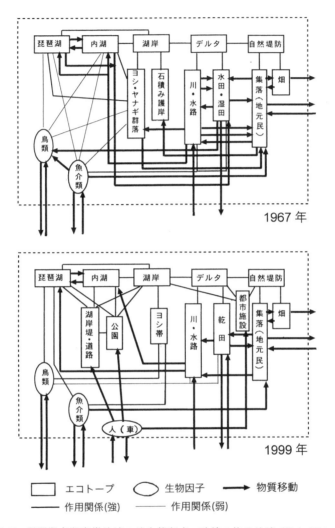

図 8-7 琵琶湖南湖東岸地域の地生態収支．破線の枠は地域（横山 2002 の図 3.5.10 を一部修正）．上：1967 年，下：1999 年．

地生態学とはまったく無関係におこなわれたものである．北欧（梅本 2002）や北米（渡辺 2002）での同類の研究では，ジオエコロジーやランドスケープ＝エコロジーという言葉はあまり使われていないらしい．これまでのべてきたドイツ流の地生態学がエコトープ分布図の作成に精力を傾けているのは，大

判の地図をカラー印刷して出版するのが容易であるというドイツの学界や行政の状況の反映であるという（渡辺 2002）．しかし，そのために，ドイツ流の地生態学は，エコトープ分布図の作成と各エコトープの説明だけに終わっていないだろうか．

　ドイツ流の地生態学では，ドイツ国内の広い部分のエコトープ分布図がつくられたので，国土の自然の理解や，自然保護・環境保全を考慮した土地利用や開発をおこなうのに大きく貢献した．しかし，地域の自然の学術的解明に役立ったかどうかには疑問がある．

　筆者（岩田）のネパール，クンブヒマールでの経験では，1960 年代にドイツの地理学者たちによっておこなわれた地生態学研究（Haffner 1972 など）は，クンブヒマールの自然の全体的な状態を理解するためにはとても役立ったが，地形形成作用と植生との関係や，人為的植生改変の実態，災害との関係などの解明に関しては，1980 年代におこなわれた合衆国のジャック＝アイヴスたちの詳細な野外観測も含めた研究を待たなければならなかった（参考資料 7 参照）．

　地生態学は，おもに地形と植生の区分によって詳細なエコトープの分布図がつくられ，それが一連の土壌調査によって補足されるならば，地域の自然の全体的な把握に有効な手がかりとなる．しかし，それぞれのエコトープの成り立ちや，動態（変化）の詳細を知るためには，エコトープ構成要素（地因子・生物因子）のくわしい観測や実験的研究などが必要になろう．したがって，くわしい観測や実験的研究などが可能な比較的小地域の自然の把握には有効であると考える．

　最近の電子機器による観測技術の向上はめざましい．そのため長期の連続的野外観測など，多様な調査技術を駆使できるようになった．また，多数の領域にまたがる各種の観測が，おなじ場所で同時に継続しておこなえるようになった．その結果，自然地理学の本質である，さまざまな自然構成要素の相互関係の解明が可能になってきた．これをエコトープ構成要素の研究に利用しよう．

注 1）トロルは，1938 年に，この新しい領域をラントシャフトエコロギー Landschaftökologie と名付けた．ドイツ語のラントシャフト Landschaft は，景観やランドスケープと訳されるので，景観生態学やランドスケープエコロジーの語が生まれたが，ラントシャフトには空間を類型化（タイプ化）したものという地域区分と結び付いた意味がある（日本地誌研究所 1989：175-176）ので，ラントシャフトエコロギーは地域生態学とも呼ばれる（武内 1991）．第4章で論じたように，さまざまに解釈されるラントシャフトの語は，ドイツ語圏以外では使いにくいので，トロルは 1968 年に Geoökologie, geoecology（地生態学）の語を使い始めた（横山 1995：6-8）．

注2）エコトープ分布図には，地生態学図，景観学図，景観区分図，自然空間区分図，自然地域区分図など，さまざまな名称が使われている．

注3）エコトープ断面図には，地生態学構造図，景観断面図などの呼び方もある．

注4）相観（physiognomy）：生態学では，植物の形態に関する全体的把握．地理学では，地域の外観的な把握．一方，総観（synoptic）という気候学の用語（さまざまな気候条件に基づいて気候分布の地域性を論じる）と混同しないこと．日本地誌研究所（1989：378）による．第4章の注2も参照されたい．

【引用・参照文献】

Foreman, R. and Godron, M. 1986. "*Landscape Ecology*". New York, Wiley.

Forman, R. T. T. 1995. "*Land Mosaic: The Ecology of Landscapes and Regions*", Cambridge University Press.

Haffner, W. 1972. Khumbu Himalaya, Landschaftsökologische Unterschungen in der Hochtälern des Mt. Everest Gebietes. In Troll, C. ed. "*Geoecology of the High-Mountain Regions of Eurasia*" 244-263, Wiesbaden, Franz Steiner Verlag.

菊池多賀夫 2001.『地形植生誌』東京大学出版会．

小泉武栄 2002. 日本における地生態学研究．横山秀司編『景観の分析と保護のための地生態学入門』39-50，古今書院．

栗原 康 1975.『有限の生態学』岩波書店（新書）．

水谷武司 1967. 南アルプスにおける山岳土壌の分布様式．地理学評論，**40**，261-272.

日本地誌研究所 1989.『地理学辞典 改訂版』二宮書店．

高岡貞夫 2014. 地生態学．松山洋ほか著『自然地理学』205-224，ミネルヴァ書房．

武内和彦 1991.『地域の生態学』朝倉書店．

Troll, C. 1972 Geoecolgy and the world-wide differentiation of the high-mountain ecosystems. In Troll, C. ed. "*Geoecology of the High-Mountain Regions of Eurasia*" 1-16, Wiesbaden, Franz Steiner Verlag.

梅本 亨 2002. 北欧における地生態学研究．横山秀司編『景観の分析と保護のための地生態学入門』19-31，古今書院．

渡辺悌二 2002. 北米を中心とした地生態学研究．横山秀司編『景観の分析と保護のための地生態学入門』32-38，古今書院．

横山秀司 1995.『景観生態学』古今書院．

横山秀司 編 2002.『景観の分析と保護のための地生態学入門』古今書院．

-------------------------------- 【参考資料7】 --------------------------------

ヒマラヤでのジャック゠アイヴスの地生態学

　ジャック D アイヴス（Jack D. Ives）は，1931 年にイギリスで生まれ，カナ
ダで教育を受けた自然地理学者である．コロラド大学の北極高山研究所
（INSTAAR）を本拠に，世界各地の山岳地帯で地生態学の研究をおこない，合
衆国の山岳地理学（地生態学）の研究をリードした．ここでは，アイヴスのヒマ
ラヤでの地生態学の研究を，アイヴスの弟子である渡辺悌二北海道大学教授の解
説などに基づいて説明する．

　1977 年に国連大学は「高地‐低地の相互作用のシステムに関する研究プロジ
ェクト」を開始した．その目的は，経済成長から取り残された山岳地域の環境保
全と開発の問題を解明することであった．国連大学とユネスコによってサポート
され，アイヴスによって率いられた危険予測地図プロジェクト（hazard map
project）がネパールのカカニ地区とサガルマータ（エベレスト）国立公園で成
果を挙げた．その方法はアイヴス流の地生態学であった．

　カカニ地区は，カトマンズの北北西 15 km のカカニ峠の南東面で，高度 1300 m
から 2300 m（峠の尾根）の斜面からなっており，段段畑として利用されている．
夏季のモンスーン時（雨季）には毎年のように崩壊が発生している．このプロジ
ェクトでは，土地利用・地形プロセス・潜在斜面危険度（地質・土壌・傾斜・植
生など）がくわしく調査され地図化された（図Ⅰの A〜C）．空中写真による地
形・植生の変化のほかに，斜面侵食速度や崩壊・地すべりについて，現地でくわ
しい定量的調査がおこなわれた．その結果，畑の維持管理（段段畑と作物・雑草
の繁茂，崩壊箇所の修復など）によって，土壌侵食が抑制され，急斜面にもかか
わらず斜面は比較的安定していることが明らかになった．住民の災害への認識や
地形変化への伝統的な対処法についても調査された．これらの結果を総合して危
険予測地図（図Ⅰの D）が作られた．

　サガルマータ（エベレスト）国立公園では，表層の流出量測定用トラップや，
侵食深測定ピン，ペンキ塗布礫，雨量計が設置され，斜面侵食と，降水量，植生，
放牧圧などとの関係が実測された．この結果から，この地方の地表面が，従来考
えられていたよりも安定していることが明らかになった．同時におこなわれた危
険予測地図作成の過程でも，急斜面であっても，想像されていたよりはるかに安
定性が高いことが示された．また，この地域の森林伐採は，一般的に信じられて
いたよりも古くからおこなわれていたことが明らかになった（これについては岩

第 8 章　地生態学の考え方——125

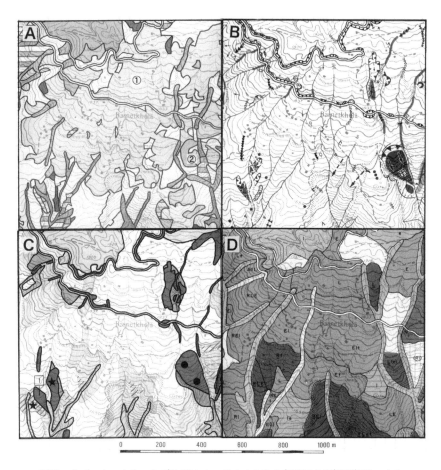

図Ⅰ　ネパール，カトマンズ北西カカニでつくられた主題図4図幅の部分．カカニ峠（約1900m）直下南西側の1km四方のおなじ範囲をならべた（原図はカラー）．Aは土地利用，Bは地形プロセス，Cは潜在斜面危険度（地質・土壌・傾斜・植生など），Dは危険度予測が示されている．Aの①地点は，Aでは天水段段畑，Bでは西側に小水路があり，Cでは地形変化のリスク小，Dでは不安定，深さ＞2mの崩壊の可能性あり，と説明・判定されている．Aの②地点は，Aでは荒地・灌木地・潅漑段段畑，Bでは細屑物からなる崩壊堆積域，Cでは活動的な地すべり地，住民（ネワール）から聴き取りあり，Dでは危険（居住は危険），深さ＞2mの崩壊の可能性あり，と説明・判定されている（これらの地図はMountain Research and Development誌の1-4巻 1981-1984の付録）．

田たちの埋没土壌の調査によっても確認された）．

このように，アイヴス流の地生態学は，多種類の分布図を作成するだけではなく，現地での細かな定量的観測を積み重ねることに特徴がある．

【参考文献】（代表的なものだけを挙げた）

全般

Ives, J. D. and Messerli, B. 1989. "*The Himalayan dilemma: Reconciling development and conservation.*" Routledge, London.

渡辺悌二 1992．アメリカ合衆国における「山岳の地生態学（ジオエコロジー）」の最近の発展．地学雑誌，**101**，539-555.

カカニ

Caine, N. and Mool, P. K. 1981. Channel geometry and flow estimates for two small mountain streams in the Middle Hills, Nepal. *Mountain Research and Development*, **1**, 231-243.

Johnson, K., Olson, E. A. and Manandhar, S. 1982. Environmental knowledge and response to natural hazards in mountainous Nepal. *Mountain Research and Development*, **2**, 175-188.

Kienholz, H., Schneider, G., Bichsel, M., Grunder, M. and Mool, P. 1984. Mapping of mountain hazards and slope stability. *Mountain Research and Development*, **4**, 247-266.

サガルマータ国立公園

Byers, A. C. 1986. A geomorphic study of man-induced soil erosion in the Sagarmatha (Mt. Everest) National Park, Khumbu, Nepal. *Mountain Research and Development*, **6**, 83-87.

岩田修二・宮本真二 1996．ヒマラヤにおける環境利用の歴史的変遷．TROPICS（熱帯研究），**5**，243-262.

Zimmermann, M., Bichsel, M. and Kienholz, H. 1986. Mountain hazards mapping in the Khumbu Himal, Nepal, with prototype map, scale 1: 50,000. *Mountain Research and Development*, **6**, 29-40.

第9章
システム科学の使い方

いまやシステムは世界を席巻している．しかし，われわれはシステムを理解しているだろうか．システムが統合自然地理学に役立つか考えよう．

9-1　シームレスな自然はシステム

われわれの目の前に広がる自然は，教科書の章立てとは違って，空（大気圏）・陸（地圏）・水域（水圏）・生物圏の各所で無関係に進行しているのではなく，たがいに関係して存在し変化している．第3章でのべたように，自然現象とは元来「シームレスの織物」のようにつながっている（竹内・島津1969）．

このことを，第1章に引用した「休日の散歩」の例で考えよう．あの雨の休日にイギリスの田園で起こったできごとを研究する領域は，気候学や，水文学，地形学，植生地理学，土壌学にまたがっている．それぞれの研究領域だけでは，休日に起こったできごとの一部分だけをとらえることしかできない．ここに挙げた五つの研究領域のすべてを取りまとめて総合的に研究することはできないのであろうか．地域の自然の広がりは，水平的にも垂直的（地下から上空まで）にも相当に大きな範囲であり，さまざまな研究領域にまたがる物質や現象がひしめき合っている．地域の自然は，おたがいに無関係な単細胞の集まりではない．竹内・島津（1969）は「有機的な結合をもった複合体とみてよい」とのべている．

第3章の繰り返しになるが，20世紀後半以来の分析的な科学は，自然各部分の（断片的な）現象の解明には役だつが，総合的な自然の全体的な性質を知るには適していない．部分的には正しくても，総合化すると誤った結論を導く「風が吹けば桶屋がもうかる」（図3-1）になりかねないのだ．その

128—— 第2部　統合自然地理学の論理と方法

理由を竹内・島津（1969）は，分析的な物理学や化学の実験という方法に問題があるとしている．実験とは，現象を規定する条件をコントロールして単純化し，法則性をみつけだそうとすることである．しかし，地球に起こる自然現象の解明には実験という手段を適用することができない．地球は実験するには大きすぎるし，人類にとっての唯一の存在だからである．

　地域の自然のしくみは，有機的な結合体という点で，すでにエコシステム（第8章）でふれたような「システム」であるとみなすことができる．科学の方法論としてシステムを考えるシステム論では，自然をシステムとみなす．そして，システム論では，自然をシステムとして扱えば，自然現象に対する実験が可能であると考えられている．それは工学的な生産計画や経営戦略をたてる手法（システム論において数理実験と呼ばれるもの）とおなじような手法になるのだろう．

　地域の自然という，特定の複雑な対象を相手にする統合自然地理学において，総合科学の手法として，システム論，言い換えれば，システム科学的な見方が使えるのだろうか？

9-2　システムとは何か

　システム（system〔系〕）とは，部分と部分が結合して全体を構成する集合体である．それは，何らかの駆動作用によってともに動く関連する部分からなる．システムの部分を〔**構成要素** component〕といい，〔構成要素〕の結合のしくみ（プロセス[注1]の働き方）をシステムの〔**構造**〕という．

　システムには共通する性格がある．それは次の各項である（Pidwirny 2006）．

　①システムは現実を一般化したモデルである．

　②システムは，構成要素（システムの部分あるいは**サブシステム**）と，結合状態（プロセスの働き方）によって決まる構造をもっている．

　③システムはある決まった機能をもつ．機能を決めるものは，エネルギーと物質の〔入力〕と〔出力〕である．これによって，システムは変化する．

　④システムは，入力と出力のプロセスを通じて，エネルギーと物質をシス

テムの境界を越えて外側の環境やほかのシステムと交換する.

⑤エネルギーと物質の流れと通過が，構成要素の相互の機能的関係をつくりだす.

⑥システムの構成要素は，システムを統合するようにシステムをつくりあげる. つまり，統合要素はともにある方向に働く.

このようなシステムの性格が強く意識されて，研究・利用されるようになったのは，1960年代後半からである. このようなシステムの考え方は，「全体は部分より成る. 全体は部分に依存して，部分は全体を前提として存在する」という，古代ギリシャにおける認識にさかのぼる. しかしながら，この全体と部分に関する認識は，全体を部分に分解することによってのみ，全体の理解が得られる，という還元主義によって成功した近代科学の大きな成果にかくれて，20世紀にいたるまで科学的方法論のひとつとして確立されることはなかったと市川（1989）は強調している. つまり，システム論とは，全体を分解するのとは逆に，部分を全体に統合する方法であるといえよう.

9-3　システムの種類と構造

1970年代はじめに，自然地理学の方法として，システム論が有効であることをまとめた教科書『自然地理学：システムによる方法』（Chorley and Kennedy 1971）が刊行された. 著者のチョーリーは1962年に地理学者としてはじめてシステムに関する論文を書いた地形学者で，ケネディも北極で周氷河非対称谷を研究した地形学者である.

1）システムの機能分類

その冒頭では，まず第1に，システムを機能（エネルギーと物質の流れ）によって分類している.

①独立システム（isolated system）：システムの境界を越えての相互関係をもたないシステム. 実験室での制御された実験はこのタイプである.

②閉鎖システム（closed system）：周囲の環境とのシステム境界を越えてのエネルギーの交換はあるが，物質の交換はないシステム. 地球は，閉鎖シ

130——第2部　統合自然地理学の論理と方法

ステムとみなされることが多い.

③開放システム（open system）：周囲の環境とのシステム境界を越えて,物質とエネルギーの両方の交換があるシステム. 生態系を含むほとんどの自然界のシステムは開放システムである.

2）システムの構造分類

第2の分類は, システム内部の構造（構成要素の結合の機能）によるものである. 自然界にあるシステムは次の3種類の構造をもつというのが地形学者チョーリーとケネディの主張である.

①流下システム（cascading system）：フローシステムとも呼ばれる. ある構成要素からほかの構成要素へのエネルギーあるいは物質（あるいはその両方）の流れを示したシステムである. つまり, 流れによって構成要素が結合している. 上記「9-2 システムとは何か」の③, ④, ⑤に書かれているように, システムは本来的にエネルギーや物質の流れによって成り立っているものである. 第8章のエコシステム（図8-1）も基本的には流下システムである. 開放システムの場合には, システムの外部や隣のシステムとのエネルギー・物質の出入り（入力・出力）も含まれる.

そこで使われるのは, 「あるひとつの仮想的な箱（ボックス）への〔もの〕の出入り」であるボックスモデルである. ボックスへの入力フラックスと出力フラックスとその差（貯留：リザーバー）が扱われる. **フラックス**（flux）とは単位時間当たりの流量である. 貯留をそれぞれひとつの箱で表現するのがボックスモデルとも言えよう.

生態学で大成功を収めたエコシステム研究も, 基本的には流下システムを用いた研究であった. 図9-1 に代表的な例を示そう. それぞれのエコシステムでのミネラル循環の測定値を流下システムに描くと, エコシステムごとの流れと貯留の違いが明瞭に示される. このようにして世界中のエコシステムの比較が可能になった. 図9-2は熱帯, 暖温帯, 冷温帯の極相林の土壌中の炭素循環系を示した流下システム図である. 極相林ごとにフラックスや貯留量が異なることがわかる.

構成要素間の流れを解明するためには, 要素間のフラックスを測定しなけ

第9章　システム科学の使い方——131

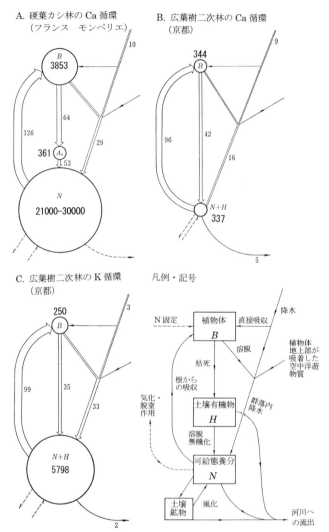

図 9-1　森林エコシステムでのミネラル循環の実例．太字の数字は構成要素内での蓄積量（kg/ha），細字の数字は流量（kg/ha・年）を表す（吉良 1976 の図 8.4，図 8.6 から岩田編集）．

ればならない．入力（インプット：入力変数）と出力（アウトプット：出力変数）がわかれば貯留（ストア：状態変数）がわかる．これらの値から，流れの状態は，連続の式などの微分方程式を使って表すことができる．

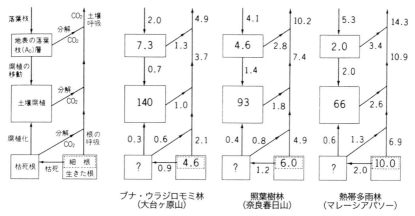

図9-2 熱帯，暖温帯，冷温帯の極相林土壌中の炭素循環を比較した流下システム図．左端は凡例．貯留部（ボックス）の数字はトン/ha，流れの数字はトン/ha・年（吉良 1976 の 144 ページの図 13 による）．

②形態システム（morphological system）：システム内の各構成要素の関連性（流れ〔フラックス〕以外の），おもに原因 - 結果の関連性に注目して構成されたシステムである．プロセスの種類を示したシステム図の場合もある．第4章で説明したように自然地理学が対象とするのはおもに形態，あるいは形態と関係した作用なので，自然地理学で扱うシステムでは形態変化をもたらす構成要素の相互関係を示す必要がある．その意味でこれは形態システムと呼ばれる．形態システムとしてチョーリーとケネディの教科書（Chorley and Kennedy 1971）に掲載されているものを図9-3に示す．この図が示しているシステム構成要素（ここでは形態変数と呼んでいる）の関係は，①斜面の傾斜が増すと植被面積が大きく減少する．植被面積が増えると土壌中の根茎重量が増す．②傾斜が増すと土壌層厚は減る傾向がある．土壌層厚が増すと粒径は小さくなる．③植被面積が増すと土壌層厚が増す，という弱い関係があるというものである．

システムの因果構造（causual structure）を解明するためには，関連する形態変数間の連結の度合いの関係が数学的に測定されなければならない．それは関数関係として示される．独立変数 x（たとえば傾斜）が変われば従属変数 y（たとえば植被率）が変わる場合

第9章 システム科学の使い方 —— 133

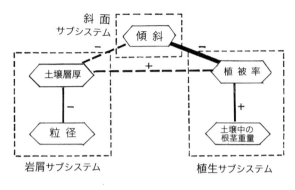

図9-3 東フランスの砂質石灰岩地域の台地上の緩斜面システムを特徴づける五つの形態変数の関係を示す形態システム（Chorley and Kennedy 1971 の Fig. 2.26）．

$y = f(x)$

のような式が得られる．この式を得るためには，観測や測定で得られた値を散布図に落とし，x, y の回帰線を引かねばならない．

　独立変数 x が従属変数 y を説明する度合いを**相関**（correlation）という．その尺度のひとつが相関係数である．相関の様相はさまざまに解釈される．散布図のパターンから原因結果，対応，相関，敏感性，可能性などに分けられる場合もある（Chorley and Kennedy 1971: 24）．

　形態システムの原因−結果結合の構造（因果構造）を表現する方法には，多変量分析の重回帰分析によるものや，多くの相関係数から相関係数行列をつくり，重要度の高い変数をみいだす方法などがある．

　形態システムは，地理学や人文・社会系の領域ではシステムとして最終的な説明に使われることが多いが，自然科学領域では，システム概要図や，システム概念図，システム模式図，あるいは単に関係模式図，作用構造図などとして，研究の初期段階で提示されることが多い．第8章で言及した地生態収支図の多くも形態システム図である．

　③作用−応答システム（プロセス＝レスポンス＝システム：process-response system）：流下システムと形態システムを統合したシステムである．このシステム図では，構成要素間のエネルギーや物質の流れと貯留を量的に

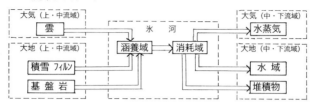

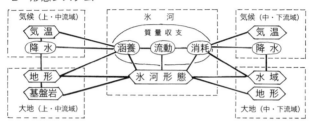

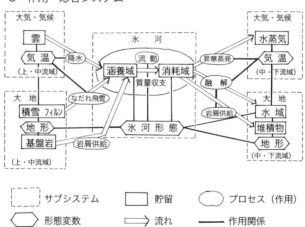

図9-4 氷河システムをA流下システム（雪氷と岩屑の流れ），B形態システム（質量収支と氷河形態との作用関係），C作用-応答システム（流れ・プロセス・形態の関連）に分けて示した（岩田原図）．第2部扉の氷河の図も参照のこと．

示し，さらに構成要素間の作用（プロセス）や関係を示す．最終的には，構成要素の関係やしくみという面でのシステム状態（形態変化）をモデル化する．第8章の図8-7の地生態収支図には物質移動という流れと作用関係が示

してあり，作用−応答システム図である．

　作用−応答（プロセス＝レスポンス）という語句は地形学でよく使われる．作用（物質移動）が継続したときの応答（結果として起こる形態変化）を意味する．流下システムだけでは，作用（物質移動）は理解できても，その結果起こる形態変化が示されないから，このような作用−応答システムが考えられた．

　作用−応答システムの概念は単純であるが，作用−応答システムを示したシステム図はとてもわかりにくい．チョーリーとケネディの教科書（Chorley and Kennedy 1971）にもヒューゲットの教科書（ヒューゲット 1989）にもわかりやすい作用−応答システム図は見当たらない．そこで氷河システムを例に，流下システム・形態システム・作用−応答システムを並べて描いた（図9-4）．この図では，氷河という比較的単純なシステムの雪氷（水）と岩屑の流れを「A 流下システム」図で，質量収支と氷河形態との関係を「B 形態システム」図で示し，それらを結合させて「C 作用−応答システム」図をつくった．作用−応答システム図をつくってはみたものの図は複雑になり，流下システム図と形態システム図を別べつに見た方がわかりやすいようである．

　上記の教科書などによって，作用−応答システムの有用性が宣伝されたにもかかわらず，それを有効に利用した自然地理学の研究にはお目にかかっていない．流下システムと形態システムを結び付ける有効性は疑問である．

9-4　地球惑星システム科学の考え方

　2000 年に東京大学理学部の地学系の専攻が統合されて地球惑星科学専攻となり，そのなかに地球惑星システム科学講座ができた．この講座は，大気・海洋・宇宙・惑星・固体地球・地球生命圏などの異なる対象を統合する学問の創設をめざしてつくられた（東京大学地球惑星システム科学講座 2004）．この研究グループは，地球科学・惑星科学諸領域の統合を目指しており，システム的な見方を重視している．ここでのシステムの考え方は統合自然地理学に適応できるのだろうか？

136—— 第 2 部　統合自然地理学の論理と方法

1）地球システム科学

　この章のはじめにもふれたように，1969 年に竹内・島津（1969）は，地球科学は「自然のシステム工学」であるといって，地球を総合的にとらえるシステム科学の導入の必要性を説いた．それから 25 年以上経って，『地球システム科学』（鳥海ほか 1996）が刊行された．その冒頭には，地球システム科学は自然科学のなかの総合科学であり，流体圏，固体地球圏，地球磁気圏という構成要素（サブシステム）を総合的にとらえ，地球全体の挙動を研究すると書かれている．しかしながら目次は，1．地球システム科学とは，2．地球システムにおける物質循環，3．地球内部における対流とエネルギーの流れ，4．気候システム，5．生態システム，6．地球システムの安定性（気候変化と安定性）となっており，核心部分は，従来の，固体地球科学（地質学・固体地球物理学），気水圏科学（気候学・気象学・海洋学・水文学・雪氷学），生態学という領域別に並べられている．そして，ここで扱われているシステムは，エネルギーと物質の流れを扱う流下システムである．

2）地球システム科学における気候システム

　『地球システム科学』には，地球システム科学の性格を理解するのに役立つ解説が，気候システムの定義にのべられている．ここでいう気候とは，気候学でいう気候より，もっと広い範囲を含み，地球表層の気水圏（大気・海洋・雪氷など）全体を含む．「地表面のみならず，人類の生息環境を支配する，高層大気から深海までを含めた地球の表層環境を規定している系全体」（鳥海ほか 1996：100）である．そして，気候システムの特徴としては，①大気，海洋，雪氷，地表面，生物圏，人間圏などのサブシステムから成り立っている，②システム全体として独自の変動を示す，③気候システムの安定性・恒常性には何らかの法則があると予想される，という 3 項が挙げられている．

　③の気候システムの安定性・恒常性をつくりだしているのは，気候システムにおける**サブシステム間の相互作用**と，サブシステム間の相互作用の結果である，**結合系**の作用であると考えられている．それらは：

第 9 章　システム科学の使い方——137

a．大気 - 海洋間の相互作用

b．大気 - 地表面間の相互作用

c．結合系：大気 - 海洋結合系と海洋 - 海氷結合系の作用

の三つであり，その解明には，従来の地球科学の研究領域を越えた領域俯瞰型の研究が必要になる．

3）気候システムの研究と地球環境問題

このような気候システムの考え方が生まれてきたのは，1980年代後半から明らかになってきた，「地球全体の気候温暖化は人類活動の結果である」という地球環境問題がきっかけである．地球環境問題は，大気圏，陸域，海洋，雪氷圏，生物圏など全地球の環境と人間社会が関わっている大問題で，個別の学問領域で解決できる問題ではないことが明らかになった．そのきっかけは，とくに米本（1994）が強調したように，環境安全保障問題として，地球環境問題が国際政治の場に引き出されてきたので，研究領域を越えた研究体制が国際協力（とくにヨーロッパ諸国の）でつくられ，従来の気候学などの枠を越えた気候システムが考えられはじめたからである．

地球環境問題を解明する努力を続けるなかで，科学者たちは，地球というシステム全体の理解が重要なことに気がつく（以下は第3章でもすでに述べた）．

その理由の第1は，ある研究領域で見ている作用（プロセス）と別の研究領域で見ている作用との関係に注目しないとまったく理解できない種類の現象があることである．たとえば「地球温暖化問題は人間の経済・社会活動の過程〔作用の経過またはプロセス：岩田註〕，炭素循環過程，大気・海洋の物理過程が連動して起こる現象であって，それらの間の関係を無視したらわかったことにならない」（東京大学地球惑星システム科学講座 2004）．

第2には，サブシステムそれぞれの中身は個別領域研究によって，十分に理解できていても，サブシステムが組み合わさって全体として機能した場合には，地球温暖化のような，予想外のことが起こるかも知れないという危惧があるからである．あらかじめ，システム全体のことを研究しておかなければならないという考え方が生まれた．

ここに，地球や惑星というシステム全体の振る舞いを理解する総合科学の

必要性が叫ばれはじめたのである.

4) システム全体の把握のためには

サブシステム内の作用にも複雑な相互関係があり，それらは領域別に研究
されている．サブシステムごとの個別領域研究を寄せ集めただけのシステム
科学では，それぞれのサブシステムを詳細に研究することになってしまい，
結局，地球の諸現象を領域ごとに研究することに戻ってしまう．これでは地
球全体の振る舞いを知ることは絶望的である．それでは，システムの全体像
を把握するためにはどうすればいいのか.

東京大学地球惑星システム科学講座（2004）では，サブシステムの相互関
係に注目すればシステムの全体像，つまり，システム全体の振る舞いや安定
性，変動，を把握できるとする（p.6-8）．注目すべき相互関係とは，①サブ
システム間相互のエネルギーや物質の流れの研究（相互作用とその原動力の
研究），②サブシステム間相互のフィードバックとシステムの安定・不安定
性（正のフィードバックによる暴走，負のフィードバックによる抑制）の研
究．③システム全体の変動と進化（経時的変化）に注目する，の3項である.

たとえば，地球システム全体の物質循環図（図9-5）から地球システムの
構成要素（サブシステム）間の相互関係や経時的な変化を読みとれば，シス
テム全体像の把握につながることの手がかりが得られるかもしれない．鳥海
ほか（1996）の説明を要約しよう.

図9-5の左上の図は，生物生産に焦点を当てた炭素循環を示している．人
間圏は森林資源と化石燃料を燃やして二酸化炭素を大気中に放出する．ただ
し，造林や，耕作地放棄による森林化による森林の二酸化炭素吸収能力を増
加させることで二酸化炭素の流れを制御している面もある．これは負のフィ
ードバック機構が働いているということであり，システムの暴走を防いでい
ることになる（くわしくは次項）.

左下の図は水循環を示す．人間圏と生物圏への淡水の供給量は一定である
ことがわかっている．つまり，人間圏が利用している循環水（淡水）を生物
圏と共有していることになる．そのため人間圏での水利用量の増大は，生物
圏での蓄積量を減らし，結果としてその個体数を減らすことにつながる．つ

第9章 システム科学の使い方──139

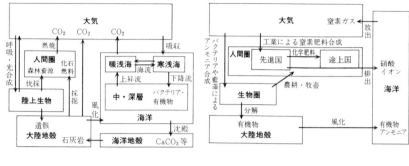

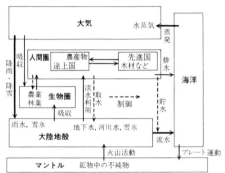

図 9-5 地球システムにおける物質循環のシステム図．左上：炭素循環，右上：窒素循環，左下：水循環（鳥海ほか 1996 の図 5.3〜5.5）．

まり人口を増やし，人間圏への水の流れを増大させることが生物圏の種構成を変える可能性がある．サブシステムがほかのサブシステムに影響する例である．

右上の図は窒素循環である．1万3000年前からはじまった穀物栽培・牧畜によって窒素循環が変化した．より窒素固定効率のよいマメ科などの栽培植物が増加し，生物圏での窒素固定が増えはじめた．さらに20世紀における化学肥料の発明は，大気中の窒素ガスを直接，工業的に窒素化合物として固定できるようにし，窒素循環における新たなパス（経路）をつくりだし，人間圏における窒素の蓄積を増加させた．システム内のサブシステムどうしの関係が歴史的に変わった例である．

サブシステム内の作用が物理化学の法則に従っていることは，これまでの研究で明らかである．それらは分析的，要素還元的な方法によって解明できる．しかし，「システム〔全体〕がどのような法則に従って変化しているか，

結局わかったことにはなっていないのではないか？」という疑いがあり，結局「システム全体を扱う方法論はまだ確立していない」とされる．システム科学は「これから発展すべき新しい学問である」と東京大学地球惑星システム科学講座（2004：235-6）の最後に書かれている．

5）システムの安定性

　システムが安定しているのか，どんどん変化するのかは，重要な問題である．構成要素の連鎖がループ状になっていて，流れや影響が元に戻ってくるような場合をフィードバック（feedback：帰還）の関係という．元に戻ってくるとは，出力（結果）が入力（原因）側に戻る流れ（関係），つまり循環する関係が存在するということである．フィードバックには正のフィードバック（positive feedback）と負のフィードバック（negative feedback）とがある．正のフィードバックはいったんシステムの状態が変化しはじめると，入力の増大あるいは減少が起こり，ずっと変化を続けるプロセス（作用過程）のことである．一方，負のフィードバックは，入力を減少させるような流れが加わり，互いの影響を相殺し，システムを定常状態に保つ．

　図9-5の炭素循環に関して「大気中の二酸化炭素濃度の増加→気温の上昇→海洋や生物圏による二酸化炭素の吸収→気温の低下」あるいは「大気中の二酸化炭素濃度の増加→気温の上昇→大気中の水蒸気濃度の増加→雲の増加→気温の低下」といったシステムを安定させる一連のフィードバックがある．しかし，理論的には認められても，定量的に予測することは非常に難しい．ただ，ある程度の予測は可能であり，その予測に基づいて人間圏に関わる流れを制御しようとしている．これが地球温暖化をコントロールしようという取り組みの基本的考え方である．

　地域の自然界に存在するシステムは，多数の循環系（フィードバックループ）の集合体と考えられる．どんどん変化し，ついには暴走する，あるいは消滅してしまうようなシステムでは正のフィードバック＝ループが卓越し，安定したシステムには一連の負のフィードバック＝ループが存在する．たとえば極相林システムには，負のフィードバックが作用し，形態静態的（morphostatic）であり，一方，多くの地形システムには正のフィードバッ

第9章　システム科学の使い方——141

クが卓越し，形態動態的（morphodynamic）である．

　システムの状態が変化し（しばしば進化といわれる），多数の構成要素の間に新しい関係（リンク）が形成されることはしばしば起こる．突然，新たなフィードバック＝ループが出現すれば，システムの挙動を突然変える可能性がある．それによって予測不能な結果をもたらす場合があるかもしれない．

9-5　まとめ：システム科学の使い方

　システム科学（システム論）が成功しているのは，これまで見てきたように，流下システムを使った場合である．さまざまなエコシステムにおける物質循環を示すシステム図の比較は世界の植生の特性を明確に表している．図9-5の地球システムの物質循環も，これからの発展の可能性を示唆しているように見える．

　一方，おもに形態を扱う自然地理学においては，流下システムは使いにくい．形態システムは，現象の説明の出発点を示すに過ぎず，流下システムと形態システムとを合体させた作用－応答システムも使いやすいとは言えない．地球惑星システム科学も現段階では，システム全体を確実に把握する方法を示してはくれない．それにもかかわらず，①研究対象とする地域の自然の全体像をひとつのシステムと考えて，流下システム図や形態システム図を描いてみること，②異なる研究領域の自然をサブシステムと考えて，サブシステム相互の関係を把握することは，目新しいものではないが，統合自然地理学にとっても有効だろう．また，これによって，とくに工学諸分野との連携がとりやすくなった．

　ただし，システム論においては，まず構成要素（サブシステム）の性質を明確につかむための分析的な領域別自然地理学がその土台になっていなければならない．東京大学地球惑星システム科学講座（2004：7）は「むしろサブシステムの科学が十分成熟したからこそ，サブシステム間のつながりを考える科学を立ち上げることが可能になったのである．サブシステムのことはそれぞれの分野で得られた知見をできるだけ活用して，むしろサブシステム間のつながりに重要な部分，敏感な過程や，どのようにつながっているかに

142——第2部　統合自然地理学の論理と方法

着目して，解析を行うことになる」とのべる．

統合自然地理学の立場で言うと，領域別自然地理学の成果をまとめて全体を把握する方法としてのシステム論は，まず形態システムによって現象の関係性を明らかにし，仮説を立て，次に流下システムにおける流れを量的に解明することで検証できよう．

得られた情報をどのように解析し，どのように諸要素の関連を検証し，どのように整理しまとめてゆくのかは大きな問題である．領域別自然地理学で達成された成果を最大限利用するためには，自然史科学の一般的研究方法としての，実体（構造・機能・運動・時間変化）の比較，類型（タイプ）化，総合化，モデル化，数値実験などの駆使が必要と思われる．その場合に有効と考えられるのは，システム論的アプローチである．1970年代に，自然地理学は，システム論的アプローチを取り入れて，総体としての自然の把握という統合自然地理学の姿に近づくことができた．統合自然地理学の構築にとってシステム論的アプローチは重要である．

注1) プロセス：さまざまな意味をもつが，一般的には「過程」と訳され，事態が推移するみちすじ（経過）の意味に用いられる．しかし，自然地理学でのプロセスは，過程よりも「作用」あるいは「メカニズム」という訳が適当である．これは経過よりも変化が起こるしくみに重点を置いた見方である．作用過程という語が適当かもしれない．

【引用・参照文献】

Chorley, R. J. and Kennedy, B. A. 1971. *"Physical Geography: A Systems Approach"*, Prentice Hall.
ヒューゲット，R. 著，藤原健蔵・米田 巖 訳 1989. 『地域システム分析』古今書院.
市川惇慣 1989. システム．『世界大百科事典』平凡社，12：276.
吉良竜夫 1976. 『陸上生態系—概論』生態学講座2，共立出版.
Pidwirny, M. 2006. Definitions of systems and models. Fundamentals of Physical Geography, 2nd Edition. http://www.physicalgeography.net/fundamentals/4b.html
竹内 均・島津康男 1969. 『現代地球科学 自然のシステム工学』筑摩書房.
東京大学地球惑星システム科学講座 編 2004. 『進化する地球惑星システム』東京大学出版会.
鳥海光弘・田近英一・吉田茂生・住 明正・和田英太郎・大河内直彦・松井孝典 1996. 『岩波講座地球惑星科学2 地球システム科学』岩波書店，2010 に新装単行本版.
米本昌平 1994. 『地球環境問題とは何か』岩波書店.

----------------------------【参考資料8】----------------------------

大陸が動けば氷河時代になる

　第3章では「風が吹けば桶屋がもうかる」という，思わぬ（予期しない）つながりの例を紹介し，第9章では地球システムの思わぬ振る舞いにふれた．地球の歴史のなかでは，そのような地球システムの思わぬ振る舞いが何回も起こっていた可能性がある．生命の誕生や，全球凍結，氷河時代のはじまりなどである．なかでも現在の氷河時代である新生代氷河時代の開始・進展の経緯は最近研究が進み，「大陸が動けば氷河時代になる」という地球システム構成要素の思わぬつながりがあった．大陸が移動すると氷河時代になるというシナリオは次のようである（Maは100万年：ここでは100万年前を意味する）．

～～～～～～～～～～～～～

65 Ma　分裂したゴンドワナ大陸の一部が移動して南半球高緯度に達する．

38 Ma　南極海域の海氷が陸氷（大陸上の氷河）に変わり寒冷化がはじまる．

33 Ma ～ 28 Ma　氷河の拡大によって寒冷化が進み，初期南極氷床が形成される．

26 Ma　移動してきた大陸からインドや南米，オーストラリアが分離し，南極大陸が孤立する．

26 Ma ～ 12Ma　周南極海流・南極収束線が形成され，南極海が低温になる．南極海起源の地球規模の海洋深層循環が形成され，地球全体の寒冷化が進む．

12 Ma　東南極氷床が形成され，南極氷床時代がはじまる．

10 Ma　北上したインド陸塊がアジア大陸と衝突しチベット高原が隆起する．チベット高原は冷源となり偏西風の蛇行を生み，地球全体がさらに寒冷化する．

6 Ma　西南極氷床が形成される．

3 Ma　南北アメリカ大陸がつながり，北大西洋海流が形成され，北極地方に水蒸気が供給され北極圏に氷床が形成される．

2.6 Ma　北半球氷床が拡大し，寒冷な第四紀（北半球氷床時代）がはじまる．

1 Ma　北米氷床の巨大化が起こる．現在まで続く新生代氷河時代が完成する．

～～～～～～～～～～～～～

　現在の北極地域より南極地域が寒冷なのは，海洋（海氷）と大陸（氷床）の違いである．その出発点は南極圏に大陸が移動してきたこと，そして南極大陸が孤立して周囲に寒冷な海水が形成されたことが地球寒冷化を招いた．この詳細は岩田（2011：318-327）を参照されたい．図Aにも流れを示した．この新生代全体を通じて起こる新生代氷河時代の形成史は，これまでは自然地理学の対象とは考

144——第2部　統合自然地理学の論理と方法

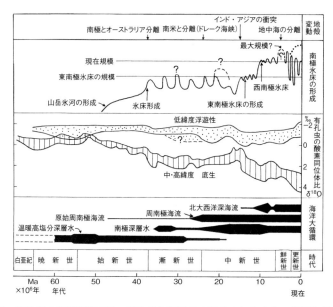

図A 新生代の地球環境変化，新生代氷河時代の形成のシナリオ．南極氷床の形成部分に示した点線は北極氷床の成長．有孔虫の酸素同位体比の変動は海洋古水温を示す．海洋大循環が中生代体制から新生代氷河時代体制に変わった（岩田原図）．

えられてこなかったようであるが，地球全体の古地理図の重ね合わせであり，自然地理学が得意とする分野である．具体的な証拠や推定材料は，プレート変動学，古地磁気学，氷河地質学，氷河地形学，海洋底コア解析学，気候学（大気大循環），海洋学などによって集められたものである．大陸移動，氷床の範囲，海流，大気大循環などは地図表現が重要な研究手法であり，自然地理学が関与できる余地が大きい．

このような，大陸移動が引き金になって氷河時代がはじまるといったことは，先カンブリア時代以来，10回以上発生したと考えられる氷河時代の度ごとに起こったのであろう．

【参照文献】

岩田修二 2011.『氷河地形学』東京大学出版会.

第2部のまとめ

　第2部の内容をまとめよう．その研究の流れの概念を図Aに示した．
　第4章から第6章までには自然地理学の論理を示した．
　第4章．風景は目に見える地表・地域の形態であり，自然地理学の研究対象であるさまざまな現象の外観である．風景を把握することは，自然地理学研究の入口であり，必須のことである．
　第5章．自然地理学が対象にする地域に分布する現象の広がり（地域自然単位）は，さまざまな空間スケールをもつモザイク構造であり，しかも入れ子構造になっている．
　第6章．自然地理学が対象とする自然現象の発生から消滅までの継続時間は，数秒から数億年までの幅広い時間スケールをもつ．これら現象の空間スケールと時間スケールは，正の相関関係にあり，広範囲を占める現象は長時間継続し，逆に，狭い範囲の現象は短時間でおわるが，その変化の速さは同じ種類の現象ではほぼ一定である．この関係は，大気圏・水圏・地圏・生物圏のすべての現象に共通する．これは，地域（ある空間内）で起こるさまざまな現象がある法則に支配されていることを示唆し，統合自然地理学の存在意義を示している．したがって，時・空間スケールでの整理が必須である．
　第7章から第9章には，自然地理学における基本的で，しかも統合自然地理学

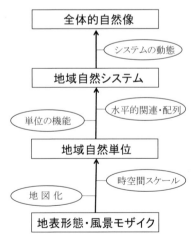

図A　統合自然地理学における俯瞰的研究の流れ（岩田原図）．

の研究に役立つ方法論を示した.

第7章. 分布図（地図）の重ね合わせによって明らかになる, おなじ場所で重複して起こる現象は, それらの現象に何らかの対応関係があることを示唆する. それを手がかりに, それらの対応関係（地域自然単位の機能）を調査し, くわしい解析や観測, 実験などによって因果関係にまでに進めれば, 問題の解決に寄与することになる.

第8章. 地形や植生のような, 把握しやすい空間的形態を類型化し, それらと関わる気候や土壌, 動物, 人類活動などの現象を, 空間的に限定されたシステム（エコトープ, あるいは地域自然システム）として研究する地生態学は, ある空間内での, 気候や土壌, 動物, 人類活動などの現象の相互関係が, くわしい観測や野外実験によって解明されれば, 統合自然地理学の発展に大きく貢献するだろう.

第9章. システム科学は, 複雑に絡み合う現象を, 俯瞰的に見ることができる考え方である. システムを構成する要素（サブシステム）の関係を, 物質とエネルギーの流れから理解するやり方（流下システム）と, 因果関係から整理するやり方（形態システム）がある. 両者を統合した作用－応答システムは, 自然地理学や地球惑星科学での推奨される方法論とされるが, まだ具体的な方法論が確立しているとは言えない. しかし, 対象とする地域自然システムの動態がある程度把握できれば, その地域の全体的自然像の把握の手がかりになることが期待される.

まとめると, 統合自然地理学に固有の俯瞰的見方・総合化の方法論があるわけではない. どのような方法を使うにしろ, 研究領域（あるいは大気・海洋・大地・生物などの圏）を異にする現象の相互関係を, さまざまな科学的方法によって明確にする必要がある. 関係を明確にするとは, 原因と結果という因果関係の存在を実証しなければならないというありきたりのことである. その, ありきたりのことを, 研究領域の垣根を越えておこなわなければならない. 空間・時間・領域のすべてにおける俯瞰的見方が統合自然地理学の核心である.

第2部のまとめ —— 147

第3部
統合自然地理学の研究例

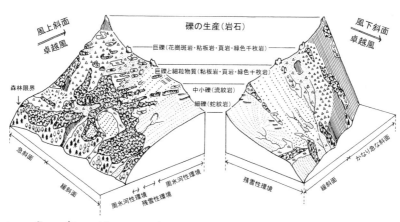

白馬岳高山帯における気候・斜面・地質環境と砂礫斜面・植生のモザイク．1：トア，2：岩壁，3〜6：砂礫斜面（3：巨礫型，4：中小礫型，5：薄層不淘汰型，6：薄層小礫型），7：階状土，8：礫質条線土，9：リルと高山土石流堆，10：針葉樹林，11：落葉広葉樹林，12：高山草原，13：ハイマツ低木林．（岩田原図）

　第2部では，統合自然地理学のために役立ちそうないくつかの研究方法を示した．そこで，第3部では，研究領域俯瞰型の研究例をいくつか示して，統合自然地理学の具体的方法や将来への発展の方向性を探る．丘陵地，高山帯，山地の渓流，ヒマラヤの氷河湖，アムール川とオホーツク海が舞台である．

第**10**章
丘陵地の自然の構成
ミクロな自然システムの把握法

都市のまわりの身近な自然である丘陵地を対象にした自然の把握法を学習しよう．丘陵地の自然は総合的に研究されてきた．総合的な調査方法をどのようにして習得するのかを学ぼう．そこでは微地形の把握と，微地形と土壌，植生との関係の理解が鍵となる．

10-1 丘陵地と里山，ニュータウン開発

山地（高原や高地を含む）より低く，平野の台地（段丘）より高い，起伏がある地形を丘陵という．ただし，丘陵には山地に属するものと平野に属するものとがある．白糠丘陵（北海道）・房総丘陵（千葉）・能登丘陵（石川）などのような，高く起伏が大きい山地性丘陵と，青葉山丘陵（宮城）・多摩丘陵（関東）・千里丘陵（大阪）などのような，台地よりは高く開析された平野性丘陵である．ここで扱うのは平野性丘陵である．山地性丘陵より起伏が小さい平野性丘陵でも，周辺部では，周囲からの侵食によって，細かな樹枝状の谷系が発達する（図 10-1）が，丘陵の中央部では頂部には平坦面や緩斜面が広がっており，平坦面は明瞭な定高性を示す[注1]．

丘陵に形成された谷は，関東では谷戸とか谷津とか呼ばれ，江戸時代以前から谷底では稲が栽培されてきた．谷の周囲の斜面や丘陵頂面の雑木林も利用され，谷底と一体化した持続的な土地利用がおこなわれてきた．このような丘陵の環境は，1980 年代から里山と呼ばれるようになり，都市近郊の貴重な風景・環境として注目され，保全の対象となった．

ところが，一方では，高度経済成長期以来，郊外住宅としてのニュータウン建設がおこなわれ，大規模な地形改変によって，古くからの丘陵地の里山環境は破壊されてきた．破壊に直面した丘陵地の自然を破壊される前に研究

150——第 3 部 統合自然地理学の研究例

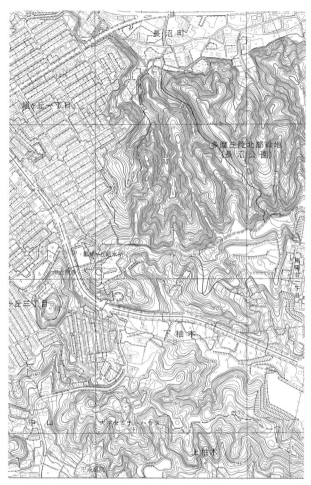

図 10-1 八王子市長沼町から柚木にかけての多摩丘陵の一部．北側は多摩川に面した丘陵の縁で侵食されて地形が険しい．西側は削られて住宅団地になっている．グリッド線の一辺は 500 m（国土地理院発行の 1 万分の 1 地形図「八王子」1997 年発行）．

しておかねばという動機から，丘陵地の研究が各方面ではじまった．多摩丘陵など関東の丘陵では，当時，東京都立大学理学部地理学教室にいた田村俊和（地形学）・武内和彦（造園学）たちが，仙台の青葉山丘陵などでは，田村に加えて，東北大学理学部にいた三浦 修（自然地理学）や菊池多賀夫

第 10 章 丘陵地の自然の構成 —— 151

（植物生態学）が地形と植物・土壌とをくわしく研究した．これからのべるのは，これらの研究の成果や，関連しておこなわれた学生実習の様子の一部である．

10-2　谷頭部の地形・土壌・水・植生

1) 微地形区分

　丘陵地の小さな谷の地形は，長い間，日本の地形学ではまったく顧みられなかった．しかし，1970年代以後，丘陵地の小流域の谷地形の研究がはじまった．田村俊和は，谷頭の微地形を区分し，区分ごとに水の動きや地形形成プロセス，土壌を調査するという統合自然地理学のお手本になるような研究をおこなった（田村 1974a；Tamura 1981；松井ほか 1990）．

　谷頭部の微地形の構成は，模式的には図10-2のようになる．この区分に

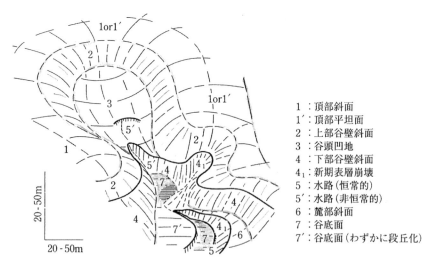

図10-2　丘陵地谷頭部を構成する微地形単位の模式的立体図．1：頂部斜面，1′：頂部平坦面，2：上部谷壁斜面，3：谷頭凹地，4：下部谷壁斜面，4_1：新期表層崩壊，5：水路（恒常的），5′：水路（非恒常的），6：麓部斜面，7：谷底面，7′：谷底面（わずかに段丘化）（田村 1987；松井ほか 1990）．

よる微地形は，おおまかには，頂部斜面，谷壁斜面，谷頭凹地からなる谷の上部と，下部谷壁斜面，水路，谷底面からなる谷の下部に大別される．谷の上部は平坦地に食い込んだスプーンのような地形を形成し，ここでは通常は流水が見られない．雨が降ると非恒常的水路（図10-2の5'）から水が流れ出す．その下方，5の水路には恒常的に流水がある．緩やかな地形をなす上部と急な谷地形をつくる下部谷壁斜面とは，遷急線（傾斜変換線）によって明確に区分される．この遷急線は侵食前線とも呼ばれ，これより下では，現在，水路を流れる流水の侵食作用や崩壊が働いており，その上端が侵食の最前線という意味である．これは明瞭な地形の境界線である．下部谷壁斜面では小規模な表層崩壊も起こる．

　この微地形区分は，地形形態の違いだけによっておこなわれたのではない．土壌の違いや，水の動きに伴う地形形成作用（おもに侵食プロセス）によって意味づけられている．

2）土壌

　図10-3は，仙台市の青葉山丘陵佐保山の谷頭の中央部での土壌断面を示したものである．場所（微地形区）ごとの，土壌の厚さや断面形態の違いが大きいことがわかる．各微地形区における土壌についての一般的な説明を田村（1974a）・菊池（2001）によってまとめると，次のようである．

　①頂部斜面：土壌層は薄く，乾燥している．②上部谷壁斜面（図10-3：1-1）：土壌はきわめて薄く，斜面上方からの匍行[注2]によってもたらされた物質からなる．薄い腐植層をもつA/C型土壌断面（B層を欠く土壌）[注3]であることが多い．③谷頭凹地（1-2）：頂部斜面や上部谷壁斜面に比べて土壌の発達がよい．④谷頭平底（谷頭凹地下半の谷底平坦部）（1-3，1-4）：もっとも土壌層が厚い．周囲からもたらされた角礫などに富み，かつての地表面を示す埋没A層をはさむこともある．B層，C層をあわせて厚さが1mを超えることも少なくない．⑤水路：水路壁や水路底には上部からの匍行物質や崩落物質を起源とした土壌がある．⑥麓部斜面：累積性の土壌で厚く，埋没土壌層をはさむことが多い．⑧谷底面：湿っておりグライ土[注4]が出現する．

第10章　丘陵地の自然の構成 —— 153

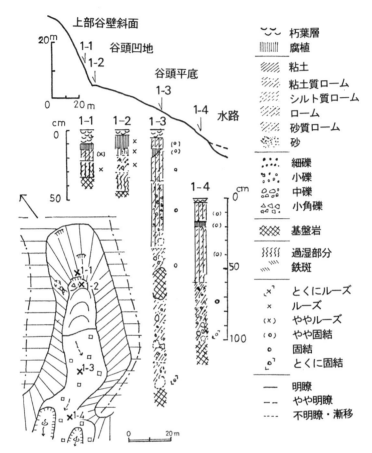

図10-3 仙台市青葉山丘陵佐保山の谷頭部の谷の中心線における土壌断面形態. 土壌柱状図の位置は左下の平面図に示してある. 1-1は上部谷壁斜面, 1-2は谷頭凹地, 1-3, 1-4は谷頭平底(谷頭凹地下半の平坦部分)に位置する (Tamura 1981).

3) 水の動きと地形形成作用

　田村 (1974a, b) は丘陵地の谷頭部のような, 土壌のある斜面での水の動きと, それに伴う地形形成作用をシステム図にまとめた (図10-4). ここで重要なのは, このような植生と土壌に覆われた斜面では, 降雨はほとんど地中に浸透し表面流出 (不浸透地表流) がほとんど発生しないことである. 浸

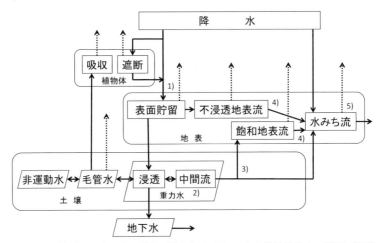

図10-4 斜面における水の動き（流れ）とそれによる機械的侵食・削剥（地形形成作用）を示したシステム図．黒矢印は水の流れ，上向きの破線矢印は蒸発散を示す．地形形成作用は：1) 雨滴侵食，2) 側方洗脱および土壌クリープ，3) パイピング，4) 表面侵食（雨洗），5) 水みち侵食（頭部，底部，側方）（田村 1974a を和訳した田村 1974b による）．

透した雨水は，中間流[注5]として土壌中を流下した後，飽和地表流として地表に現れる（図10-2の5'として）．中間流が恒常的な水みち流（水路）として現れ，侵食をはじめるのは谷底面の上端である．図10-4を立体的に描いたものを図10-5に示した．このような水の動きと地形形成作用は，おもに降雨時の水の流れと土壌層の観察から得られたものであったが，後には，八王子の長沼緑地の谷（図10-1）などでの降水量・水路流量・物質移動量の継続観測によって確認された．

4）植生

丘陵地の微地形区分と植生との関係は，植物生態学の菊池多賀夫によってくわしく研究された．図10-6に示したのは，仙台市青葉山丘陵佐保山の谷頭を横断する測線Ⅰ〜Ⅳに沿う植生断面図である．その説明によると，特徴的なことは，頂部斜面には大型の個体が多く見られるが，そのほかの微地形区では相対的に小型の個体が多く，しかも密度が低いことである．「頂部斜面の高木はイヌブナ，イヌシデ，アサダなどの落葉樹が主である．常緑針

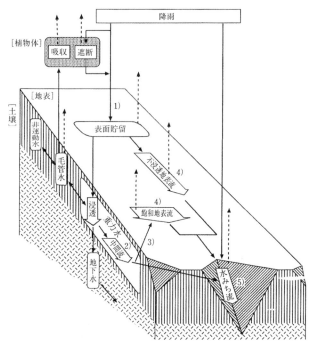

図10-5 斜面における水の動きとそれによる地形形成作用(図10-4を立体的に示した).黒矢印は水の流れ,上向きの破線矢印は蒸発散を示す.地形形成作用は:1)雨滴侵食,2)側方洗脱および土壌クリープ,3)パイピング,4)表面侵食(雨洗),5)水みち侵食(頭部,底部,側方)(菊池2001).

葉樹のモミも,高木に達したものは主に頂部斜面にある.ただしモミの生育地には偏りがある」(菊池 2001:50-52)という.丘陵地に生育する植物群落の林分・植分(現実の群落の姿)は,地域による違いや,人為の影響によって多様であり,単純な一般化は難しいようであるが,いくつかの微地形単位や地域における特徴は『地形植生誌』(菊池 2001)に取り上げられている.それらの事例から,菊池は,丘陵地の植生が地形や土壌の違いと対応する分布を示すことは確実であることを強調している.

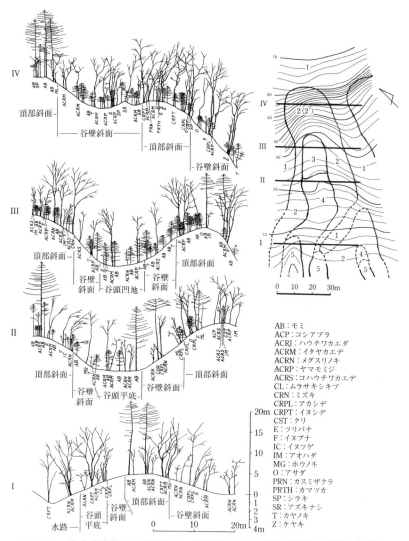

図10-6 仙台市青葉山丘陵佐保山の谷頭部における植生断面図．断面の位置は右上の地図に示した．1：頂部斜面，2：上部谷壁斜面，3：谷頭凹地，4：谷頭平底，5：水路（菊池 2001 の図3-6, 3-7 から作成）．

第10章 丘陵地の自然の構成 ── 157

10-3 現地での調査（自然地理学実習）

1970年代後半から1980年代前半にかけての東京都立大学理学部地理学教室の「自然地理学実習」（学部2年生対象）は，関東地方の丘陵地でおこなわれることが多かった．学生（約20人）は1週間泊まり込んで，測量法や微地形・土壌・植生などの調査方法の基礎を学び，調査した結果からそれら相互の対応関係を学んだ．5～6人の助手が分担ごとに交代して泊まり込んで指導した．昼間は野外で調査や測定・観測をおこない，夜は宿舎で昼間の結果をまとめた．そのため宿泊施設がある八王子セミナーハウス近隣の長沼緑地や，国営武蔵丘陵森林公園内の小流域で実施されることが多かった．

ここで紹介するのは，東京から北西に約60 km，東武東上線沿線にある国

図10-7　埼玉県比企北丘陵の武蔵丘陵森林公園．比高40 mほどの緩やかな丘陵（国土地理院発行の2万5000分の1地形図「武蔵小川」2013年発行）．

158 ── 第3部　統合自然地理学の研究例

営武蔵丘陵森林公園内の小流域において実施されたある年の実習の詳細である。この場所は，比企北丘陵に属し，尾根と谷の組み合わせで構成される小流域が連なった丘陵地で（図10-7），基盤岩は第三紀の砂岩や泥岩からなり，表面を火山灰が薄く覆う。このときの実習のリーダーは武内和彦（現東京大学サステイナビリティ学連携研究機構長・特任教授）で，丘陵地の小流域での微地形・土壌・植生の対応関係を把握し，それに基づいて林内レクリエーション利用に適した植生の管理手法を考えるというのがねらいであった。のちに武内はこの実習の詳細を報告しているので（武内 1991：46-53），それを参照・引用しながら，どのようにして丘陵地の自然を総合的に把握したのかを説明する。

1）地域環境を理解する大縮尺の地図

大縮尺地図

　丘陵地の小流域の自然を理解するためには，大縮尺の地図が必要である。ところが，われわれが普通に入手できる地図といえば，国土地理院の2万5000分の1の地形図である。市町村役場にゆけば5000分の1〜2500分の1の縮尺の都市計画図や森林基本図を購入できることがあるが，それらでもくわしい調査には不十分である。まれに，自治体や建設会社などが作成した1000分の1〜500分の1の縮尺の地図が手に入ることがあるが，そのようなケースはめったにないし，縮尺が大きくとも，等高線の精度が高いとは限らない。したがって，調査のためには，精度の高い大縮尺の地図を自分たちで作成する必要がある。

　実習の対象とした流域には，国営公園造営時に作成された1000分の1の地図がすでに存在していた。しかし，その地図は，空中写真図化によって作成されたもので，樹林内の等高線は林冠をなぞってつくられているので，等高線は地表面の状態（実際の地形）を表現していない。実習の目的とする小流域の自然の特性を描くには，もっと精度の高い大縮尺地図が必要であった。

測量

　そこで，この実習では，300分の1の縮尺で地図をつくることにした。はじめに対象流域全体に基準点を設けて，それらの基準点をつなぐトラバース

測量[注6]を，トランシットを用いておこなった．トラバース測量の結果を計算して基準点の位置座標を求め，平板測量[注7]用の図紙に展開した．平板測量は3～4班に分かれて対象域を分割，分担しておこなった．平板測量で測量したのは，1m間隔の等高線と，胸高直径20cm以上の樹木の位置である．等高線の測量に際しては，傾斜の変換線を表現するように努めた．これは，流域の微地形の区分のためにも，こまかな傾斜変化と樹木分布との対応関係を調べるためにも必要である．平板測量は時代遅れの精度の悪い測量と考えられることもあるが，平板を正しく水平に据え付ければ精度は上がる．何よりもよい点は，実際の地形や植生を観察しながら地図をつくっていくので，現実の土地自然の姿をくわしく観察できることである．

平板測量と並行して斜面縦断面形の測量もおこなった．2本の脚を広げた「斜面測定器」を用いた．この器具は，1mまたは2mの斜面長間の傾斜角を付属の傾斜計で読みとることができ，同時に測定した部分の鉛直長（高さ）と水平長（距離）を求めることができる．簡単な操作で精度のよい結果が得られた．得られた結果は平板測量に反映されたほか，大縮尺の斜面断面図を描くのにも用いられた．この測量を併用することによって，下草に覆われてよく見えない微細な地形の凹凸がよく表現でき，また傾斜変換線の位置も正確に記入できた．このようにして300分の1の地形図（等高線と樹木が描かれている）ができあがった（図10-8左上）．

2）地形・土壌・植生の対応関係

微地形単位区分

次の作業はできあがった地形図の地形を微地形単位ごとに区分することである．微地形単位の境界線は非常に明瞭である場合も，漸移的で境界を決めるのが難しい場合もある．今回の対象流域は境界がやや不明瞭な場合であった．

図10-8左上の地形図に境界を引いて微地形区分を示した．まず，尾根状の緩やかな凸型の頂部斜面（I）と，直線型の谷壁斜面（II）（上部と下部両方を含む）が区分される．谷の上部に発達するスプーン状の凹型緩斜面は谷

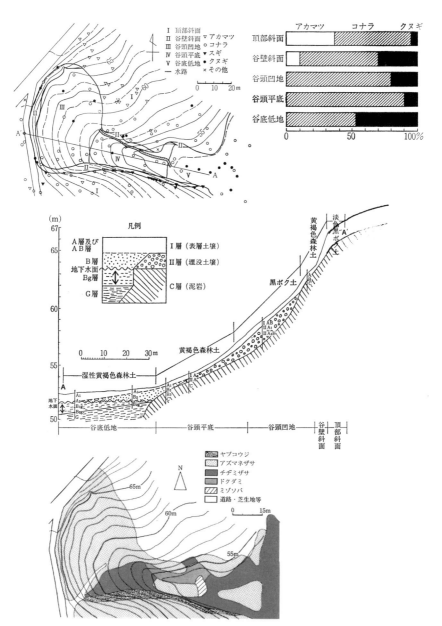

図10-8 埼玉県比企北丘陵の小谷における地形・土壌・植生の関係．東京都立大学自然地理学実習の成果．左上：測量により作成された，地形図と微地形分類，樹木の分布（胸高直径20cm以上）．右上：微地形単位ごとのアカマツ，コナラ，クヌギの割合．中：微地形単位と土壌の空間的配列を示す断面（位置は左上の図のA-A'）．下：林床優占種の分布（武内1991の図2.19，2.21，2.22，2.23から作成）．

第10章　丘陵地の自然の構成──161

頭凹地（III）で，その下流に谷頭平底（IV）（緩傾斜の平底谷底）が続く．
谷頭平底と，さらに下流の谷底低地（V）との境界ははっきりしないが，平
坦部の幅と傾斜の違いによって区分した．大雨が降ったときに水が流れる水
路が谷頭平底に見られる．つまり，この小流域には，図10-2に示した谷頭
部の主要な微地形単位のうち麓部斜面以外が存在することがわかった．

微地形単位と土壌

　このようにして境界がひかれた各地形単位には，それぞれ特徴的な土壌が
見られる．図10-8中は，左上の図のA-A′に沿う断面図で，土壌層と母材，
基盤岩が示してある．断面図に縦線が引かれている部分ではピット（試孔）
を掘ったり検土杖を使ったりして土壌を調査した．その結果をのべた武内
（1991：49-51）の記述によってまとめる．

　この小流域で典型的に見られる地形・土壌断面からは，地形単位と土壌単
位のつながりの関係（カテナ的関係）がよくわかる．丘頂斜面（I）には，
火山灰を母材とした淡色のクロボク土[注8]が分布する．クロボク土の表層が
削剥され下層部分が露出しているため，黒色に乏しく，腐植分も少ないが，
実験室での土壌分析の結果からみると，クロボク土の系列に分類される．谷
壁斜面（II）では匍行による土壌移動のため土層は薄く黄褐色森林土である．
一方，谷頭凹地（III）には，移動してきたクロボク土が集積し，腐植に富
んだA層が非常に厚い，崩積性クロボク土が分布する．この土壌層位中には，
かつて腐植が多く生産された時期のものと考えられる埋没腐植土層も見られ
る．谷頭平底（IV）の土層はそれほど厚くないし腐植も少ない．上流から
の土砂の堆積と下流への流出が釣り合っているためと考えられる．理化学性
の分析結果から，この土壌は基盤の泥岩（これが不透水層の役割を演じる）
を母材とする黄褐色森林土であると判断された．谷底低地（V）では，土層
中に地下水の影響を受けた湿性黄褐色森林土が見られた．土層中にマンガン
の沈積が認められるが，これは過湿な土壌でよく見られる．この小流域を少
し下るとため池があり，池の水がふえれば地下水位も上昇し，マンガンが移
動，沈積しやすい水の飽和状態を生み出しているのであろう．

微地形単位と樹木植生

　植生調査の結果のうち，樹木は平板測量によって直接地形図にプロットさ

162——第3部　統合自然地理学の研究例

れた．まず，樹木の分布を整理しよう．地形図にプロットされた樹木の数を，微地形単位ごとに集計した．樹木分布の差異を明瞭にするために，乾性立地型のアカマツ，適潤性立地型のコナラ，湿性立地型のクヌギを集計し，その割合を棒グラフにした（図10-8右上）．

　その結果を武内は次のようにまとめている．頂部斜面（I）では，アカマツ（乾いた立地に強い）が40％弱，残りのほとんどがコナラ（関東の二次林の代表種）であった．コナラは，二次林内では，環境適応にすぐれ，適潤性立地だけではなく，乾性立地から湿性立地まで幅広く分布する．谷壁斜面（II）では，アカマツが約10％，残りがコナラとクヌギである．クヌギは谷壁斜面の上端部に位置する谷頭急斜面に多数出現する．「この谷頭急斜面を観察すると，降雨時に水みちとなる穴（パイプ）が至るところにみられ，地形的な位置から予想される以上に湿っていることがわかった」と武内はのべている．谷頭凹地（III）では，コナラ以外に約20％のクヌギが加わる．谷頭平底（IV）は，谷頭凹地より適潤な立地であるため，コナラが大部分を占める．谷底低地（V）では，コナラと，湿性立地に強いといわれるクヌギが，それぞれ約50％を占める．また，この集計には含まれていないが，より過湿なところに見られるハンノキも分布する．これらの樹木は，地下水位の高いところでも十分生育可能であり，土壌断面の調査結果と対応する（武内 1991：50-51）．

微地形単位と林床植生

　林床植生も調査され，林床優占型の分布が地形図にプロットされた（図10-8下）．①頂部斜面，谷頭急斜面，北側の谷壁斜面は，アズマネザサ（関東の丘陵地に広く見られる）で覆われる．②南側の谷壁斜面にはヤブコウジが優占するが，被度は高くない．被度が低い理由は，北向きで日照が少ないことや，斜面が急で不安定なことのためであろう．③谷頭凹地の上部は，アズマネザサが優占しているが，下部ではチヂミザサに置き換わる．下部では，水が湧出しているためと考えられる．④谷壁斜面の一部や，谷頭平底，谷底低地でも，水みちの周辺にはチヂミザサが多い．⑤さらに，水路に沿って，ドクダミが見られ，より湿った条件下にあることを示す．⑥水路下流部になると，いっそう過湿になるためドクダミがミゾソバに置き換わる．林床植生

は，樹木と違って根が地下水面にまで達しないため，地表の乾燥度に大きく左右される．そのため，林床植生の分布は樹木とは異なった分布を示す（武内 1991：51-52）．このように，林床の植生は，樹木よりもいっそう土壌表層の水分条件にコントロールされていることが明らかになった．

対応関係のまとめ

　この小流域での実習の調査結果から明らかになったことをまとめると次のようになる．この小谷の微地形は，上部から下部へ，頂部斜面，谷壁斜面，谷頭凹地，谷頭平底，谷底低地の順に移り変わる．降雨は，谷の上部ではほとんど地中に浸透し，下部になって地表に現れる．それにしたがって，土壌も乾性の薄い土壌から，湿性の厚い土壌に変わる．植生も，そのような土壌の水分条件にしたがって，乾性立地から湿性立地へと移り変わる．

　このような微地形・土壌・樹木植生・林床植生の対応関係は，水分条件を媒介として成り立っていることが理解できる．こうした対応関係は，全国の丘陵地の小流域でほぼ一般的に認められることである（菊池 2001）．この流域の微地形・土壌・植生の関係が明らかになったのは，微地形・土壌・植生の調査がおなじスケールで同時におこなわれたからで，地形や土壌，植生の調査が別べつにおこなわれていたならば，明らかになることはなかっただろう．

10-4　まとめ：自然の総合的な把握と環境評価・環境管理

　造園学者である武内は，実習の最後に，自然地理学の総合的な調査が雑木林の植生管理にも役立つことを強調した．武内（1991：52-53）から引用する．
　「微地形単位ごとに，樹木の分布が違えば，当然管理する目標となる植生の姿（目標群落）も，それに対応して異なったものとなる．たとえば，頂部斜面の樹林はアカマツの疎林として，谷頭凹地や谷頭平底の樹林は武蔵野の雑木林として維持することが考えられる．林床植生の管理についても，この結果を利用できる．林床優占種でとくに問題になるのは，アズマネザサである．アズマネザサがはびこる立地では，放置するとアズマネザサが背丈以上の高さになって密生し，林内に全く人が入り込めなくなる．これを改善し，

人が林内に容易に立ち入れるようにするには，毎年の下草刈りが必要である」．

　このような土地自然と植生管理についての詳細な結果が得られたのは，大縮尺の地図にさまざまな現象をプロットするという地図の重ね合わせの技法が役立ったからである．ただし，これらの地図の重ね合わせを有効にしたのは，谷地形における水の挙動が明らかになっていたからである．水の動きが地形・土壌・植生をつないだのである．

　こうした調査を１カ所で詳しくおこなっておけば，環境特性の類似したほかの小流域の自然の把握も容易になり，植生などの自然の管理指針も，比較的容易にたてられるだろう，と武内はこのような研究領域間にまたがる詳細な現地調査の意義を強調している．

　地域の自然の総合的な把握とそれに基づく環境評価・環境管理というと，一般的には，既存の地図情報をあつめ，それを組み合わせ，評価して，管理指針を決めることがおこなわれている．しかし，自分で地図をつくり，その上に自分で調査した自然情報を書き込むことをおこなえば，現実の自然を実感し現実的で着実な環境管理を立案し実行することが可能になる．自然地理学の研究を志す者は，常に，現地で，自分たちで調査するという姿勢を忘れてはならない．

注1）平野性丘陵の尾根のてっぺんの標高はほぼそろっており，遠くから眺めると尾根がかさなって平坦に見える．これを定高性という．隆起する以前の平坦な地形の名残である．
注2）匐行：土壌や風化層などが目に見えない程度のゆっくりした速度で斜面下方に移動する現象．移動の原動力は重力，誘因になるのは，乾湿変化，温度変化，生物的要因，雨水の流れ，凍結融解作用など．英語ではクリープという．
注3）通常，土壌は断面で見るとA層，B層，C層に区分される．図8-3参照．
注4）グライ土：高い地下水位の影響を受けて生成される土壌層．青灰色の土が土壌断面の大半を占める．
注5）中間流：地面から浸透した水が地下水面まで到達せず，地表面と地下水面との間を流下する流れ．interflow という．
注6）トラバース測量：測量する点（測点）を多角形に配置し，測点相互の角度をトランシット（望遠鏡付きの測角装置）で，距離を巻尺などで順次測定して，測点の位置を決める測量法．
注7）平板測量：測量対象への距離と角度を測定し，水平に据えた測板上の図紙に描出してゆく測量法．
注8）クロボク土：腐植質に富む厚いA層をもつ土壌．イネ科草本の繁茂や火山灰の堆積

第10章　丘陵地の自然の構成——165

が成因になっているとも考えられている.

【引用・参照文献】

菊池多賀夫 2001. 『地形植生誌』東京大学出版会.

松井 健・武内和彦・田村俊和編 1990. 『丘陵地の自然環境』古今書院.

武内和彦 1991. 『地域の生態学』朝倉書店.

田村俊和 1974a. 谷頭部の微地形構成. 東北地理, **26**, 189-199.

田村俊和 1974b. 講座最近の地形学 5. 地形と土壌. 土と基礎, **25**(5), 89-94.

Tamura, T. 1981. Multiscale landform classification study in the hills of Japan: Part II Application of the multiscale landform classification system to pure geomorphological studies of the hills of Japan. *Science Reports of the Tohoku University 7th Series (Geography)*, **31**(2), 85-154.

田村俊和 1987. 湿潤温帯丘陵地の地形と土壌. ペドロジスト, **31**, 135-146.

第**11**章

白馬岳高山帯の風景の成り立ち

　狭い範囲にさまざまな現象がモザイク状に入り組んでいる日本ア
ルプスの高山帯は，統合自然地理学の対象としては理想的である．
どのように研究を進めたのか，白馬岳での研究の舞台裏を解説しよ
う．

11-1　高山帯の自然の総合的研究

　日本アルプスや大雪山の高山帯[注1]で，気候環境・微地形・表層物質（砂
礫や土壌）・植生などが総合的にくわしく研究されたのは，1970 年代から 80
年代にかけてである．高山帯に分布する，変化に富むモザイク状の自然の成
り立ちや変化のしくみが解き明かされ，それは日本の高山帯に独特の風景を
もたらしていることが明らかになった．1960 年代以前にも高山帯での自然
地理学的研究はおこなわれていたが，氷河地形や構造土，土壌，植物群落な
どが個別に研究されていただけであり，後述する，小林国夫や五百沢智也に
よる予察的考察を除くと，1970 年代以後のような総合的な自然地理学的研
究はおこなわれていなかった．

　高山の統合自然地理学の一連の研究の口火を切ったのは，明治大学の卒業
論文の調査に白馬岳高山帯を選んだ岩田修二（本書の著者）であった．1970
年の 5 月，7 月，9 月，10 月に合計 20 日（たった 20 日！）の現地調査をお
こない，卒論を提出し，その結果とその後の研究をまとめて報告した（次節
で詳述）（岩田 1974；小疇ほか 1974）．それとおなじ時期に東京教育大学の大
学院地理学専攻の修士課程にいた小泉武栄は，1970 年から 1971 年にかけて
木曽駒ヶ岳で気候環境，積雪，地形（とくに構造土），植生のくわしい研究
をおこない，植生を取りまく環境の様相を解明した．その結果は「日本生態
学会誌」に掲載され（小泉 1974），画期的な研究と賞賛された．1971 年 11

167

月には，小泉の呼びかけで，高山などの寒冷地の自然の研究を目的とする研究会「寒冷地形談話会」が発足し，小泉や岩田のような若手研究者が高山での研究成果を学習したり発表したりする場がととのった．寒冷地形談話会は毎月1回開催され，夏の学校と称する野外研修会もおこなった．東京都立大学の大学院に進学した岩田は，白馬岳での調査をさらに進めるために1974年に高山地形研究グループを結成し，共同研究を進め，報告書をつくった（高山地形研究グループ 1978）．その後，岩田と小泉は，それぞれ高山帯の自然地理学的研究で学位を取り，小泉はその経緯を『日本の山はなぜ美しい』（小泉 1993）にまとめた．

1980年代になると筑波大学大学院の渡辺悌二が立山の内蔵助カールで典型的な統合自然地理学の研究をおこなった．これは多様な自然を対象に調査をおこない，エコトープ（渡辺は「景観単位」と呼んだ）の設定を目的とするものだった（渡辺 1986）．それに続いて，北海道大学と東京都立大学の大学院で過ごした水野一晴が，植生を中心として，地形，地質，土壌などを総合的に扱った研究を大雪山や飛騨山脈，赤石山脈でおこない，多数の論文を発表した．そのまとめは『高山植物と「お花畑」の科学』（水野 1999）として出版された．

これらの研究は，現在では地生態学領域の研究とみなされているようであるが，小泉（2002）が強調しているように，少なくとも小泉と岩田の研究は外国の地生態学とは無関係に進められたものである．どのようにして総合的な高山帯の研究が可能になったのか，小泉の研究の経緯は『日本の山はなぜ美しい』に書かれているので，ここでは岩田の経験をのべよう．なお，岩田の白馬岳の研究成果は岩田（1997）の第2章にまとめてある．

11-2　雪窪の測量から砂礫移動へ，そして共同調査

1970年，明治大学文学部の地理学専攻に属していた岩田は卒業論文を書く学年になった．指導教員である地形学者の岡山俊雄と小疇 尚のアドバイスによって，白馬岳の北面で「長池平は氷河地形である」という仮説を検証することにした．1970年の現地調査では，明瞭な氷河堆積物や，ロッシュ

図11-1 白馬岳山頂北側から長池平と鉢ヶ岳をのぞむ．背後は雪倉岳．白〜灰色部分が砂礫斜面．ただし，高度2400 mから上は新雪におおわれて白い（1978年10月7日撮影）．

ムトネ，氷河擦痕[注2)]のような氷河が存在した証拠は見つからなかった．旭岳の東西両側を除くと明瞭な氷河地形は認識できず，長池平が氷河地形であるとは断定できなかった[注3)]．そのかわり，細かく起伏した長池平には多数の線状凹地[注4)]と小型の雪窪（雪食凹地）[注5)]が分布していることがわかった．複雑な地形と残雪の分布を反映して，ハイマツ群落や草地，砂礫地が入り組んでモザイク状の美しい風景をつくっていた（図11-1）．とくに流紋岩の砂礫地は，京都の寺院の庭にある枯山水の庭そっくりで，条線土（線状構造土）[注6)]はまるで砂紋（熊手で付けた模様）のようであった．

7月の調査のあと，氷河地形の解明はあきらめ，雪窪と砂礫地の調査に主力を移すことにした．9月の調査では三つの異なるタイプの雪窪を選び，平板測量で大縮尺地図をつくり，積雪の縮小過程や植生分布，微地形を記入した．残雪が消えたあとの砂礫地（残雪砂礫地）には，構造土や舌状微地形，ガリー，ゆるやかな段状地形などがあり，興味をそそられた．雪窪での観察

表 11-1 『白馬岳高山帯の地形と植生』の目次

章	節
I 調査地域の概観	1 地形概観 2 地質概観
II 調査地域の気候環境	1 白馬連峰の気候 2 地温観測
III 岩屑の生産・配分・移動	1 岩石組織と生産粒径 2 砂礫の移動 3 岩屑の生産・配分・移動のまとめ 付 雪倉避難小屋付近の階状土上面での移動測定
IV 植 生	1 植生概観 2 鉢ヶ岳の地形と植生分布 3 岩屑の生産移動と植物群落 4 鉢ヶ岳周辺の池塘における花粉分析
V 凍結融解作用による微地形	1 はじめに 2 鉢ヶ岳山頂付近の微地形 3 雪倉避難小屋南側の微地形 4 雪倉避難小屋南側, 花崗斑岩の階状土の植生 5 鉢丸山北側斜面の階状土 6 実験地 D のロウブ 7 微地形の表面礫のオリエンテーション
VI 斜面の変化	
VII 総 括	

高山地形研究グループ (1978).

をもとに雪窪の成因をいろいろ推定したが[注7], 結論は得られなかった. 残雪の下で何が起こっているかは, 観察だけでは把握できず, 砂礫の動きを測定しなければならないことは明らかだった. そこで, 10 月の調査のときに小疇 尚・岡沢修一とともに砂礫地に砂礫移動量を測定する装置・仕掛け(地中に鉛直に打ち込んだビニールチューブと砂礫地表面に等高線方向に描いたペンキのライン) を設置した.

1971 年と 72 年は修士論文の調査で北海道根釧原野の地形に関わっていたので白馬岳には数回しか登れなかったが, 砂礫移動量の観測だけは続けた. 1973 年になると修士論文から解放されたので白馬岳調査に集中した. 土壌凍結の状態を知るために地温測定センサーを設置したが, 残置できる自記記録計がなかったので, 毎月 1 回登って, 数日間測定をおこない, 同時に積雪の変化や融解水の流出も観測した. 調査をすればするほど, 白馬岳高山帯の

自然は複雑で調査すべき課題が多いことがわかった．岩田独りでは手に負えなかった．

　そこで岩田は，寒冷地形談話会に参加する人びとに呼びかけて白馬岳調査のためのグループとして，高山地形研究グループを1974年に結成した．地形（砂礫移動）だけではなく，気候や植生に関心をもつ仲間にも参加してもらって共同調査をおこなった．砂礫移動の観測場所も増やし，地温観測用のあらたな自記記録計を自作し通年の観測ができるようになった．研究グループの調査は1977年まで続け，1978年に報告書を印刷した（高山地形研究グループ 1978）．この報告書は，出版物としての形態は稚拙であったが，白馬岳高山帯の自然に関する総合的な内容の報告になっていた．目次を表11-1に示す．

11-3　砂礫地をめぐる風景をつくる要因の研究

　話は前後するが，1975年後半（博士課程3年）になると，岩田の学位論文のテーマをどうするかがゼミでも話題になってきた．そのころ岩田はヒマラヤの氷河地形の調査に集中していたが，ヒマラヤで博士論文を書くことは許されず，結局は，卒論以来の白馬岳の研究を学位論文としてまとめることになった．白馬岳高山帯の自然の多様な様相は高山地形研究グループの調査によって明らかになっていたが，岩田の学位論文をどのような方向でまとめるかは研究室のゼミの議論でも結論は出ていなかったのでいろいろ考えた．

1）方向1（斜面プロセス研究）

　まず考えたのは，卒論で中途半端に終わった雪窪の成因を明らかにする研究である．卒論で参考にした古典的研究（Lewis 1939など）ではなく，地形形成作用と物質移動量を徹底的に観測・測定することによって明らかにする（たとえばRapp 1960）ことを考えた．それを進めると，Caine（1974）がおこなったような斜面の物質移動と形態変化を結びつける作用 – 応答モデルの構築ができると思われた．しかし，そのためには，さらに最低5年間くらいは物質移動の観測を続ける必要があったし，白馬岳の山麓から調査地までの物

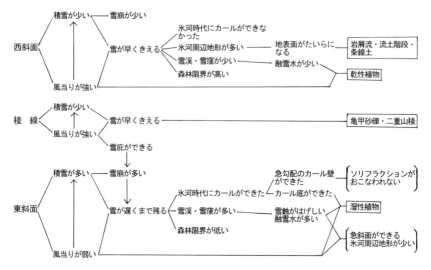

図 11-2 小林国夫によって提示された日本アルプスの非対称山稜の成因に関わる諸現象の関連（小林 1956a）[注8].

資運搬の時間や労力を考えると実現は難しかった．

2) 方向 2（風景の形成要因研究）

別の方向は，卒論の調査のときに感動した白馬岳の風景に関するものである．白馬岳高山帯の庭園のような高山環境が形成された要因を明らかにしたいと考えた．地質学者の小林国夫は，日本アルプスの非対称山稜の自然の成り立ちの因果関係を示す形態システム図を作成していた（図 11-2）．五百沢智也は槍・穂高連峰の自然の成り立ちとしてよりくわしい説明をおこなった（五百沢 1967 の図 135，表 18）．これらとは別に，高山土壌の研究でも，卓越風，積雪，凍結作用，植生などと土壌との関係が論じられ（大角・熊田 1971a, b），結果として高山帯の風景の成り立ちを説明していた．小泉の木曽駒ヶ岳での調査や岩田の白馬岳での調査もこれらの研究の影響を受けていたが，これらの研究はいずれも，高山帯の環境を幅広く論じてはいるが，地形形成作用を中心に据えて議論しているわけではなかった．とくに斜面物質移動量と気候環境，土壌，植生などと風景や地形の成り立ちとの関係を論じて

はいなかった.

3) 学位論文の方向（高山帯の自然の成り立ちの筋書きの解明）

　そこで岩田の学位論文では，白馬岳高山帯の特徴的な風景単位（風景モザイクあるいはエコトープ：第4章参照）の属性（気候環境〔おもに土壌凍結と残雪〕・形態〔斜面形と傾斜〕・岩質・斜面構成物質〔砂礫層・土壌〕・砂礫移動量・微地形・植生）を精査し，それらの各属性がどのように関係して風景単位が形成されているかを考えることにした．つまり，白馬岳高山帯の自然の成り立ちの筋書き（原因－結果の関係）を書きあげたいと思ったのである．その中心には，もっとも目立つ風景単位である砂礫斜面を置き，その地形変化の違いをもたらす属性はなにかを解明することにした．できれば，砂礫斜面の発達史も明らかにしたかった．ヒマラヤでの氷河や地殻変動の調査も並行しておこなっていたので，まとめるのに時間がかかったが，1983年1月に研究科委員会の審査を通過し「白馬岳の砂礫斜面形成の自然地理学的条件」というタイトルで印刷された（Iwata 1983）．次の節からその研究経過を説明する.

11-4　砂礫斜面研究の方法

1) 砂礫地から砂礫斜面へ

　卒論よりも調査範囲を大きく広げた．白馬山頂の南側から雪倉避難小屋までの南北3.8 km，小蓮華山頂から旭岳山頂西側までの東西2.9 kmの長方形の範囲に拡大した（図11-3）．日本の高山帯の砂礫地は，活動的な火山を除いてではあるが，風衝地（強風砂礫地）と残雪地（残雪砂礫地）に大別できることは，小泉や岩田のこれまでの調査が明らかにしていた．砂礫地というとらえ方は，植生地と横並びの表面被覆としてのとらえ方である．今回の研究の中心に据えるのは地形変化であるから，ここでは砂礫地ではなく砂礫斜面としてとらえ，強風砂礫地を周氷河砂礫斜面，残雪砂礫地を残雪砂礫斜面と呼ぶことにした.

第11章　白馬岳高山帯の風景の成り立ち──173

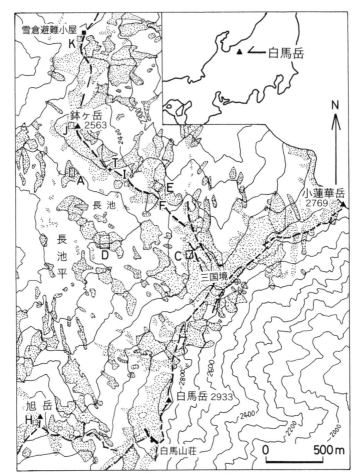

図 11-3 白馬岳の調査地．点を打った部分が砂礫斜面（残雪砂礫斜面は線で囲んである）．A～K は移動量測定地．F は観測流域．T は岩塔の崩壊が起こった場所（図 11-4 参照）．等高線間隔は 100 m（岩田原図）．

2) さまざまなスケールの地図の作成

　卒論の調査でも高山地形研究グループの共同調査でも，さまざまなスケールの地図（地形図や分布図）をつくった．調査地全体の地形学図，地質図，砂礫斜面分布図，植生図，卓越風向図などは 1 万分の 1 で，卒論の対象にし

174——第 3 部　統合自然地理学の研究例

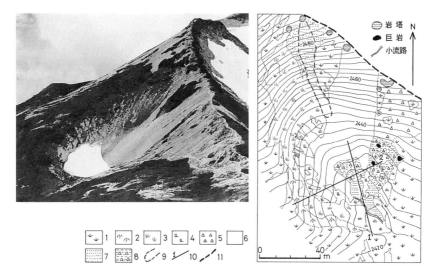

図11-4 「鉢ヶ岳のコル」の雪窪（残雪凹地）．左：1970年7月20日撮影．右：1970年9月の平板測量による．1：ハイマツ低木林，2：ササ群落，3：高山草原，4：イネ科草本・低木の斑状群落，5：巨礫型砂礫斜面，6：中小礫型砂礫斜面，7：薄層小礫型，8：薄層淘汰不良型砂礫斜面，9：岩塔（トア）崩壊による岩塊が広がった範囲，10：図11-6に示した斜面断面線1と2，11：主稜線（岩田原図）．

た長池と鉢ヶ岳を含む部分の残雪分布図，砂礫地分布図（微地形分布を含む），植生図（図11-5）は6600分の1でつくった．これらは，現地での観察結果を，伸ばし焼きした空中写真を判読して面的につなげたものである．雪窪や砂礫斜面の測量（地形断面測量も含む）は2000分の1〜600分の1スケールでおこなった．多くは平板測量で実施した（例：図11-4）が，広く単調な周氷河砂礫斜面や実験流域ではスタジア測量[注9]も用いた．地図には植生，微地形，継続観測地点などをプロットした．階状土や土石流舌状微地形の測量は，巻き尺やブラントン＝コンパス[注10]による簡易測量でおこない，100分の1〜10分の1の形態図をつくった．

3）地図の重ね合わせ

1975年ごろまでには，これらの地図や分布図を重ね合わせることによって（例：図11-5），白馬岳高山帯の自然の成り立ちの筋書き（原因−結果の

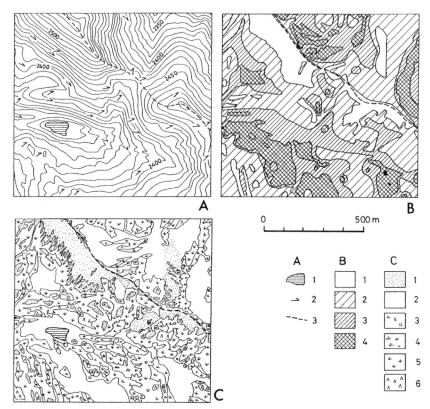

図 11-5 長池付近の A 地形, B 積雪, C 植生の分布図. A (1：長池, 2：卓越風向, 3：主稜線), B (1：5月はじめの無雪域, 2：5月はじめ〜7月上旬の積雪域, 3：7月上旬〜下旬の積雪域, 4：7月下旬以降の積雪域), C (1：強風砂礫地, 2：残雪砂礫地, 3：風衝草原, 4：雪田植生, 5：ハイマツ群落, 6：高木(おもにオオシラビソ))) (Iwata 1983).

関係) を推定することができるようになっていた.

　その筋書きの第1は，卓越風が積雪分布を決め，その結果，積雪の寡多が植生の分布や砂礫斜面の分布を決めるという気候環境を軸にした原因−結果の関係がある．しかし，これは，小林 (1956a, b)，五百沢 (1967)，大角・熊田 (1971a, b)，小泉 (1974) によってすでにのべられていることであった．これをさらに進める方向，つまり日射量や積算温度などの気候環境をくわしく調べて植物生産量との関係を追究する方向は，生態学が専門ではない岩田

176 —— 第3部　統合自然地理学の研究例

には難しかった.

第2の筋書きは, 植生・微地形の分布の違いや砂礫斜面の様相が場所によって違っており, それは基盤岩 (地質) の違いと対応しているというものである. これは, すでに 1970 年夏に五百沢とともに白馬岳を訪れた小泉によって認識されており, これは, その後の小泉の主張の核心になっている (たとえば小泉 1990). 小泉は, 岩の割れ方と斜面形成の時代が関係しているとのべているが, くわしい調査はおこなっていない. 地質と砂礫斜面に関する, 対応関係以上の因果関係を解明することは価値あるテーマであると考えた. そして, これには卒論以来続けていた砂礫移動量の観測が役立つはずだった.

4) 砂礫斜面での詳細調査

地質と砂礫斜面との間の因果関係を解明するための, 砂礫斜面の詳細調査を次の①~⑨の項目に関しておこなった.

まずは, 砂礫斜面そのものの把握である. ①砂礫斜面の地形断面形測量と②砂礫層の断面観察をおこなった. 地形図を作成しなかった場所でも, 地形断面形を測定し, そこに砂礫層の断面を記入した (図 11-6). 砂礫層の断面は複雑な様相を示し, 砂礫斜面変化を推定するための材料になった. ③砂礫層の粒度分析と, 表面角礫層の表面粒径・厚さによって, 砂礫斜面を図 11-7, 図 11-8 に示す 6 タイプに区分した. 図 11-7 の B, C で見られるように, 逆淘汰 (表面ほど粒径が大きい)・礫支持・すかし構造 (openwork) が表面角礫層のはっきりした特徴である.

次に, 砂礫斜面を取りまく気候環境を調べた. ④植物を用いた卓越風向調査. 積雪期の風向は, 風衝地の形成と積雪の堆積域を決めるので重要である. 機器を使った観測はできなかったが, 偏形樹の形態, ハイマツの枝の方向, 風衝地植物群落の伸びる方向によって卓越風向を推定した. ⑤土壌凍結調査. 周氷河砂礫斜面でも残雪砂礫斜面でも, 土壌や斜面物質の凍結・融解作用が物質移動や植生に影響していることはよく知られている. そこで, さまざまな時期と場所 (残雪の底も含めて) で, 地面を掘って土壌や砂礫層の凍結状態を調査した. ⑥植物群落調査. 砂礫地やその周囲に生育する植物群落は, それ自体が重要な砂礫地の属性であるが, 砂礫斜面の気候環境を示す重要な

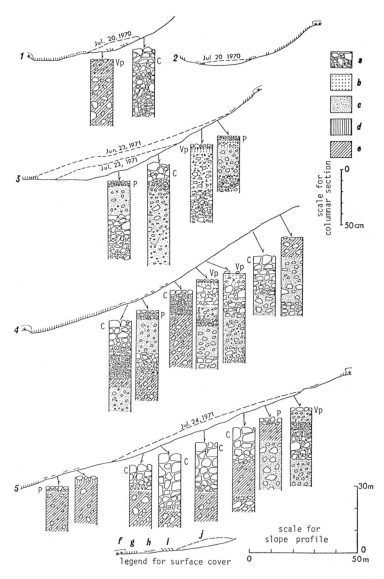

図 11-6 残雪砂礫斜面と残雪の縦断面形と砂礫層柱状図．断面 1, 2 は残雪砂礫斜面 10 (図 11-4)，断面 3 は残雪砂礫斜面 08，断面 4 は残雪砂礫斜面 01，断面 5 は残雪砂礫斜面 20．a：砂礫，b：細礫，c：砂質ローム，d：腐植，e：腐植に富む土壌．f：ハイマツ低木，g：高山草原，h：低木群落，i：まばらなイネ科群落，j：残雪．柱状図脇の記号は図 11-7 を参照 (Iwata 1983).

178 ── 第 3 部 統合自然地理学の研究例

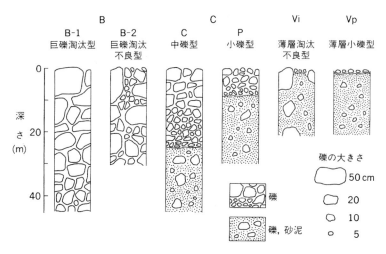

図 11-7 表面角礫層のタイプを示した柱状断面. B:巨礫型, C:中小礫型は細分される (岩田原図).

指標でもある. 調査地域全体の群落調査と植生分布は高山地形研究グループ (1978) によって調査されていたが, 砂礫斜面の群落のタイプ (優占種や種組成など) や植被率はあらたに調査した.

最後は, 物質移動の調査である. ⑦砂礫移動量観測. すべての地質と表面角礫層のタイプをカバーするように砂礫移動の観測地を9カ所に増やした. 測定方法は, 先にのべた 1970 年秋にはじめた方法を踏襲し, 1977 年秋まで続けた. 観測期間は最長で5年間, 最短のものは1年間であった. 砂礫移動を観測した地点では, ①斜面の形態や②③構成物質をくわしく調査したのはいうまでもない. 砂礫の移動の様相を図 11-9 に示す. ⑧地温観測. 周氷河砂礫斜面では周氷河性クリープ (凍結作用と関係した表層部のゆっくりした動き) が卓越し, 残雪砂礫斜面でも残雪の周辺での土壌凍結が知られている. したがって, 砂礫移動観測地の凍結・融解状態を知るための地温測定を通年記録可能な温度センサーを埋め込んで観測した. おなじ観測は植生に覆われた場所でもおこなった. ⑨流域の土砂移動収支観測 (雨量観測を含む). 砂礫のクリープだけではなく, 流水 (降雨) による物質移動を調べるために, 周氷河砂礫地, ハイマツ植生地, 残雪砂礫地からなる小流域を実験流域 (図

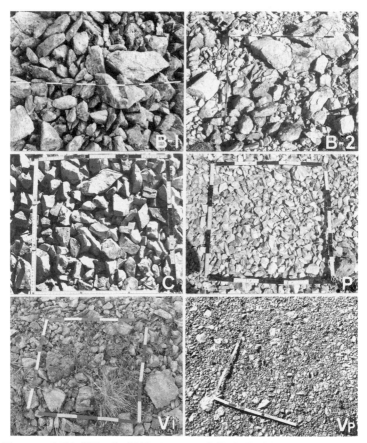

図11-8 表面角礫層の表面状態. 図11-7の柱状断面と対応する. B-1:巨礫淘汰型, B-2:巨礫淘汰不良型, C:中礫型, P:小礫型, Vi:薄層淘汰不良型, Vp:薄層小礫型 (Iwata 1983).

11-3のF) として選定し, 砂礫移動トラップや流量堰, 雨量計を設置し, 1年間観測した. 異なる場所でのさまざまなタイプの地形形成作用の強度を定量的に比較するためには, ラップ (Rapp 1960: 184) がスカンジナビアで用いた垂直成分としての地形的仕事量の指標を用いた[注12]. これらの結果は相馬ほか (1979)・岩田 (1980) で報告した.

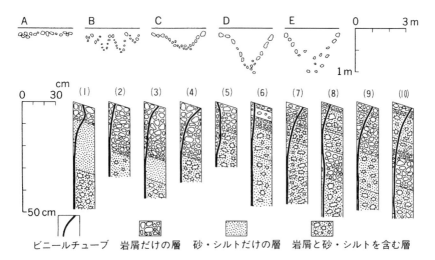

図11-9 斜面物質の移動量の観測結果の例．上（A～E：等高線に平行な線にまっすぐ並んでいた礫が数年後には下方に移動した．A：フロスト＝クリープ[注11]による，B・C：フロスト＝クリープ＋ジェリフラクション，D・E：表面流水が効果的に作用した）．下（(1)～(10)：鉛直に埋め込んだビニールチューブが変形した．(5)のビニールチューブは地面が融解・沈下したときに斜面上方に変形した．(8)のビニールチューブの下部のふくらみ部分ではトンネル状に移動量の大きい部分があった）（岩田 1997）．

5）砂礫斜面の属性（砂礫斜面台帳の作成）

　いくつかの砂礫斜面の詳細調査で砂礫斜面の属性間の関係が明らかになったので，そのことが調査地全体でも成り立っていることを確認するために砂礫斜面台帳を作成した．調査地全域の砂礫斜面の大部分を含む合計82（周氷河砂礫斜面34＋残雪砂礫斜面48）の砂礫斜面を選び，それぞれの砂礫斜面の方位・形態・比高・斜面長・岩質・表面角礫層タイプ・微地形・群落タイプ・植被率を記載した．この台帳は，ヒマラヤの氷河調査でおこなわれる氷河台帳にならったものである．調査対象を多くしたのは，①異なる地質ごとの砂礫斜面の数にバラツキがでないようにするため，②対象斜面数を増やして統計処理ができるようするため，という理由であった．これら砂礫斜面の基本的な調査は，1975年10月に1週間かけて基本的な台帳作成を終えて

いたが，研究の最後の段階まで続けた．その結果を集計したものが表11-2
である．

11-5 得られた結果（砂礫斜面を取りまく諸要因）

上にのべたようなやり方で調査した結果を簡潔にまとめると次の1）～5）
になる．

1）砂礫斜面の属性を示した表11-2が示すように，砂礫斜面に形成される
微地形タイプ・植物群落タイプは，周氷河と残雪の気候条件で大きく2分さ
れる．これは先行研究ですでに知られていたことである．

2）微地形タイプ・植物群落タイプは，大きく4区分した表面角礫層のタ
イプによっても異なる．このような表層物質の違いによって微地形や植生の
分布が異なることは，これまで明確に報告されたことがなかった．

3）砂礫斜面での物質移動については，すべての砂礫斜面での卓越する作
用は周氷河性クリープであり，意外なことに，融雪水が豊富な残雪砂礫斜面
でも，流水の侵食（面的・線的侵食）よりも周氷河性クリープの比率が大き
かった．残雪融解時のジェリフラクションや融雪水が関与したクリープが効
果的に作用すると考えられる．

4）砂礫移動の観測結果からは，移動速度の多少が表面角礫層のタイプと
はっきりと対応していることが明らかになった．気候条件の違いや傾斜の違
いよりもはっきりした対応関係を示した．これは，表面角礫層の粒径と厚さ
（細粒物質層までの深さ）が周氷河性クリープの移動様式と速度を制御して
いるということを意味する．粒径が大きく礫層のすかし構造のある層が厚い
場合，移動速度は遅く，逆に粒径が小さく薄い場合には，凍結作用にも流水
作用にも敏感で移動量は大きくなった．

5）白馬岳高山帯の砂礫斜面の地形形成作用のタイプと強さを大きく制御
しているのは，気候条件，斜面形，地表物質（表面角礫層）という三つの基
本的な属性である．一方，地形形成作用は表面の微地形を直接制御し，植生
にも大きな影響を及ぼす．図11-10はこの関係を示したものである．まわり
に書かれた気候条件（周氷河気候と残雪気候）と，地表物質（表面角礫層の

182——第3部　統合自然地理学の研究例

表11-2 気候条件と表面角礫層のタイプごとの斜面数、斜面上の微地形・植生タイプの発現率

気候条件	表面角礫層のタイプ	斜面数	発現の割合（発現数／斜面の数×100）(%)											平均植被率(%)
			斜面上の微地形のタイプ					植物群落のタイプ						
			構造土	ローブ	階状土	土石流堆	小流路	無植生高山荒原	高山荒原ハイマツ	風衝低木	風衝低木ハイマツ高山荒原	雪田植物群落		
周氷河	巨礫型 B	8	0	88	25	*	0	0	0	25	75	0	13
	中小礫型 Cp	15	27	27	7	*	0	27	53	7	13	0	11
	薄層不淘汰 Vi	9	11	44	89	*	33	0	0	67	33	0	31
	薄層小礫 Vp	2	**	**	**	*	**	**	**	**	**	0	**
残雪	巨礫型 B	10	0	50	10	20	20	0	0	0	0	100	8
	中小礫型 Cp	12	17	67	42	33	67	0	0	0	0	100	12
	薄層不淘汰 Vi	19	5	16	89	32	68	0	0	0	0	100	22
	薄層小礫 Vp	7	29	29	57	43	57	0	0	0	0	100	13

* 少数，正確な数は不明；** わずかな割合．正確な数は不明．Iwata (1983) の Table 9 を利訳．

4タイプ），斜面形（形態と傾斜）の影響を受けて，内側にある砂礫斜面（20のボックス内）の地形形成作用（円：相対垂直物質移動量の値とクリープと流水作用の比率を示す）と植被率（逆三角形），表面微地形の種類（4種類のマーク）が決まる．矢印は影響の方向を示す．

　その影響関係をくわしくみると，気候条件は，風の強さ，凍結融解の頻度，積雪期間，水の供給をとおして，植生と地形形成作用に影響する．地表物質の性質とは，表面角礫層の粒径と厚さである．細粒な充填物質の量，水の浸透性，凍結作用に対する敏感さ，地形形成作用に対する抵抗性をとおして地形形成作用を制御する．斜面形は，重力の強さと流水の集中度をとおして地形形成作用に影響する．これらの結果を受けた地形形成作用（垂直物質移動量）は植生（植被率）と表面微地形を制御する．一方，植生と微地形も地形形成作用に影響するが，図11-10にはその矢印が書かれていない．

11-6　まとめ

1）砂礫斜面の重要性

　日本の高山を高山らしい風景にしているもののひとつが砂礫斜面である．本研究の成果のひとつは，その砂礫地で起こっている地形形成作用や微地形，植生を制御しているのが，砂礫地の表面角礫層であるということが明らかになったことである．

　ところで，激しい凍結融解作用や，大量の降雨・融雪水が，植物の乏しい砂礫斜面に作用しているにもかかわらず，砂礫斜面の地形変化はゆっくりとしている．崩壊跡地や都市の空き地のような雨水侵食や大量の土砂流失は起こらない．これは，密な植生のように，表面角礫層が斜面を侵食から保護しているからである．登山者の踏み荒らしや，土木工事によって表面角礫層が破壊されると，急速な侵食がはじまる．高山植物とともに表面角礫層も保護されるべき対象である．

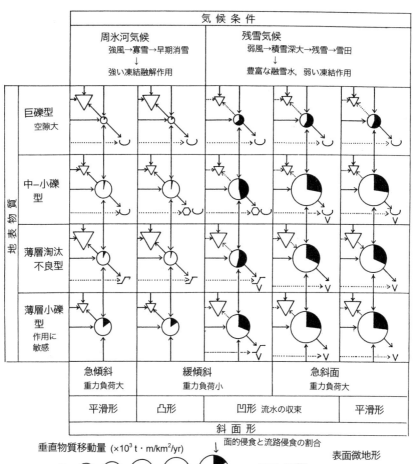

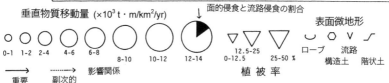

図11-10 白馬岳高山帯の砂礫斜面の地形形成作用のタイプと強さと気候条件，斜面形，地表物質（表面角礫層）との関係．外側の気候条件（周氷河気候と残雪気候）と，地表物質（表面角礫層の4タイプ），斜面形（形態と傾斜）の影響を受けて，内側にある20のボックス（砂礫斜面）の地形形成作用（円：相対垂直物質移動量の値とクリープと流水作用の比率を示す）と植被率（逆三角形），微地形の種類（4種類のマーク）は値を変える．矢印は影響の方向を示す（Iwata 1983のFig.26を和訳）．

2) 風景を決めるもの

　図 11-10 に示した三つの基本的な属性である，気候条件，地表物質，斜面形のタイプは，それぞれ，斜面の向き，もとの地形，基盤岩の岩質という山地の形成に関わる「基本的な要因」によって決まっている．したがって，これらの「基本的な要因」によって，高山帯の自然の様相（風景）ができあがるといえる．第 3 部の扉に掲げた図は，このことを念頭に置いて描いた白馬高山帯の風景の成り立ちの模式図である．

　上記の「基本的な要因」は山地の成因に関わるから，山ごとに異なる，与えられた条件にみえるが，しかし，これらも，長い時間が経つと，地形形成作用は斜面形を変化させるし，風化や地形形成作用によって地表物質も変化する．気候条件も最終氷期から完新世にかけて大きく変化してきた．そのような長い時間スケールでの白馬岳高山帯の自然変化の解明は今後の課題である注13).

注1) 高山帯とは気候によって規定される垂直分布帯のひとつである．世界的には，亜高山帯の上限である森林限界と雪氷帯の下限である雪線（氷河上ではフィルン限界）との間が高山帯とされる．日本では，森林限界に接してその上部に，亜高山帯に含まれる密なハイマツ帯が存在するために，ハイマツ限界（ハイマツ帯上限）より上部が高山帯とされることが多い．ただし，日本アルプス北部では，残雪やなだれの影響でハイマツや亜高山針葉樹の分布が断片的なために，高山帯の下限は不明瞭な場所が多い．日本アルプスの高山帯は，卓越風による山頂現象（本来なら森林に覆われる部分が風の影響で森林が欠如する）ともいわれている．

注2) ロッシュムトネは氷河侵食によってなめらかな形状になった岩の瘤，氷河擦痕は氷河侵食によって岩盤表面に付いた筋状の傷，いずれも氷河存在の証拠である．

注3) 佐藤・苅谷（2008）は，長池平が完新世に起こった大規模な地すべり地形であることを図示して示した．この説明は長年の岩田の疑問をほぼ解消した．しかし，地すべりが発生する前の地形が氷河地形であった可能性は否定されていない（岩田 2014）．

注4) 線状凹地：山地の斜面で見られる溝状の窪み．多くは地すべりによる引っ張り割れ目である．

注5) 雪窪（雪食凹地）：残雪や雪田が存在する窪みや凹地．残雪の作用で形成されると考えられることが多い．

注6) 条線土：砂礫斜面にできる，最大傾斜方向に平行な礫の筋模様．凍結融解作用によって形成される構造土の一種．

注7) 今考えてみると，ルイスのアイスランドでの研究（Lewis 1939）をなぞっただけであった．岩田は，その後，ルイスが氷河研究にも大きく貢献したことを知った．アイス

186——第 3 部　統合自然地理学の研究例

ランドの雪窪を実際に見たのは 1983 年のことである.

注 8) おなじ内容の図を小林は『山の驚異』(1956b) の第 7 章「山の景観」で白馬岳を引き合いにして示している.

注 9) スタジア測量：トランシット (10 章注 6 参照) 視野内のスタジア線と標尺とを用いて距離を測定し位置を決める測量.

注 10) ブラントン＝コンパス：簡易測量ができる視準装置付きのコンパス.

注 11) フロスト＝クリープは，傾斜した表面に垂直に凍上した斜面物質が鉛直方向に沈下することの繰り返しによるクリープ，ジェリフラクションは斜面物質が融解するときに発生する傾斜方向の動き.

注 12) 垂直成分としての地形的仕事量の指標の定義 (Rapp 1960: 184) は：

$$Wv = m \times h$$

ここで，Wv は垂直移動量 (トン‐メートル / 年), m は移動物質の質量, h は垂直移動成分 (高さ). 流水関係の観測例は少なかったが，さまざまな仮定をおいて，砂礫斜面のタイプごとの垂直移動量を推算した.

注 13) 2000 年代はじめに東京都立大学の大学院生だった黒田真二郎は，白馬岳の砂礫斜面に長いトレンチを掘り埋没表面角礫層によって過去の斜面を復元し，斜面発達史を研究し大きな成果を挙げつつあった. ところが，不幸にも交通事故に巻き込まれて健康を害し研究の中断を余儀なくされた. 残念なことである.

【引用・参照文献】

Caine, N. 1974. The geomorphic processes of the alpine environment. *In* Ives, J. D. and Barry, R. G. eds., "*Arctic and Alpine Environments*", London, Methuen, 721-748.

五百沢智也 1967.『登山者のための地形図読本』山と溪谷社.

岩田修二 1974. 白馬岳山頂付近の地形—地形と残雪・氷河とのかかわりあい. 地理, **19** (2), 28-37.

岩田修二 1980. 白馬岳の砂礫斜面に働く地形形成作用—移動様式とその強度. 地学雑誌, **89**, 319-335.

Iwata, S. 1983. Physiographic conditions for the rubble slope formation on Mt. Shiroumadake, the Japan Alps. *Geographical Reports of Tokyo Metropolitan University*, No. 18, 1-51.

岩田修二 1997.『山とつきあう 自然環境とのつきあい方1』岩波書店.

岩田修二 2014. 転向点にたつ日本アルプスの氷河地形研究：今村学郎・五百沢智也と今後の課題. 第四紀研究, **53**, 275-296.

小疇 尚・杉原重夫・清水文健・宇都宮陽二朗・岩田修二・岡沢修一 1974. 白馬岳の地形学的研究. 駿台史学, 35 号, 01-086.

小林国夫 1956a. 日本アルプスの非対称山稜. 地理学評論, **29**, 484-492.

小林国夫 1956b.『山の驚異』学生社.

小泉武栄 1974. 木曽駒ヶ岳高山帯の自然景観—とくに，植生と構造土について. 日本生態学会誌, **24**, 78-91.

小泉武栄 1990. 地質がきめる高山植物の分布. 日本の生物, **4**(5), 58-63.

小泉武栄 1993.『日本の山はなぜ美しい—山の自然学への招待』古今書院.

小泉武栄 2002. 日本における地生態学研究. 横山秀司編『景観の分析と保護のための地生態学入門』39-50, 古今書院.

高山地形研究グループ 1978. 白馬岳高山帯の地形と植生（研究報告書, 非売品）, 168pp.

Lewis, W. V. 1939. Snow-patch erosion in Iceland. *Geographical Journal*, **94**, 153-161.

水野一晴 1999. 『高山植物と「お花畑」の科学』古今書院.

大角泰夫・熊田恭一 1971a. 高山土壌に関する研究（第1報）. 土壌肥料学会誌, **42**, 45-51.

大角泰夫・熊田恭一 1971b. 高山土壌に関する研究（第2報）. 土壌肥料学会誌, **42**, 270-272.

Rapp, A. 1960. Recent developments of mountain slopes in Kärkevagge and surroundings, northern Scandinavia. *Geografiska Annaler*, **42**, 71-200.

佐藤 剛・苅谷愛彦 2008. 北部飛騨山脈の地すべり地形学図（1:25,000）および解説書（23p）, 帝京平成大学.

相馬秀広・岡沢修一・岩田修二 1979. 白馬高山帯における砂礫の移動プロセスとそれを規定する要因. 地理学評論, **52**, 562-579.

渡辺悌二 1986. 立山, 内蔵助カールの植生景観と環境要因. 地理学評論, **59A**, 404-425.

第12章
上高地谷の地形変動と河畔林の動態

　上高地のすばらしい風景の核心は，梓川の清流とそれを取りまく
ヤナギ林である．本州島のほかの場所で失われた河畔林はなぜ上高
地に残ったのか．渓流の地形と森林の動態の微妙なからみあい．多
くの研究領域にまたがる共同研究はどのようにおこなわれたのか．

12-1　上高地自然史研究会の発足

　1988 年の初秋に上高地のビジターセンターから，地形観察会の講師を依
頼された．それまで著者（岩田）は上高地の自然を研究したことはなかった
から断ったが，「さんざん断られた末の最後のひとりだから」といわれて，
しぶしぶ引き受けることになった．大急ぎで既存研究を調べたが，上高地の
地形形成に関する研究論文は発見できなかった．

　地形観察会「秋の自然教室」は 10 月 15～16 日に開かれ，五百沢智也が書
いた上高地の地形図判読の手引き（五百沢 1967）を参考にして，なんとか講
演と観察会を終えることができた．終了後，ビジターセンターの山本信雄世
話役やレンジャーの奥田直久自然保護官から，上高地には地形災害と環境保
全に関する多くの問題があることを教わり，それらに関する非公開の報告書
類を見せていただいた．河童橋付近では河床上昇による浸水の恐れがあり，
その対策のために支谷の砂防堰堤の建設や本流明神での河川工事がはじまっ
たが，これらの工事が河畔林や風景を破壊する可能性が危惧されていた．支
谷からの土砂流下のメカニズムや，本流の河川地形変化と河畔林の動態との
関係が不明のまま工事が進められている．そのために自然保護の側から，地
形調査をすべきであるという意見が強くなって，地形観察会が開かれたので
あった．これを機会に岩田は，上高地の地形や自然を研究しようと思った．

　上高地の地形についての既存の研究はないに等しい状態だったから，岩田

189

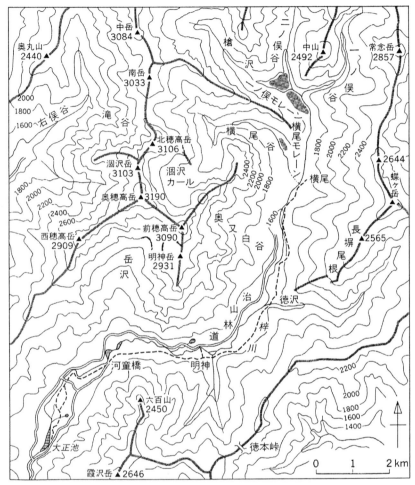

図 12-1　上高地と周辺の地形．太線は主要稜線，破線は歩道，等高線間隔は 200 m（岩田原図）．

は上高地全体の地形変化を知るため，地形学図を作成することにした．幸いなことに，1989〜90 年度の科学研究費補助金が得られたので，地形変化と土砂災害防止に関する研究ができた（岩田 1991, 1992）．

　ちょうど，そのころ穂高岳涸沢では東北大学大学院の岩船昌起が岩壁地形の研究をおこなっており，かれも上高地の地形や環境保全に関する総合的な

研究が必要であると考えていた．そのためには，さまざまな研究領域が協力して統合自然地理学的な調査・研究をおこなうことが必要であった．そこで，1991年2月26日に岩田・山本・岩船が発起人となって「上高地自然史研究会」を発足させた[注1]．「発足にあたって」という文章の末尾には，「個別の学問分野の枠を超え，上高地の自然史を総合的に研究することを目的とする」と書かれている（上高地自然史研究会ニューズレター No.1：1993・2・25）．それ以来，上高地自然史研究会の研究活動は25年以上続き，「研究成果報告書」は12冊印刷され，『上高地の自然誌——地形の変化と河畔林の動態・保全』（上高地自然史研究会 編／若松伸彦 責任編集 2016）という25年間の成果に基づく解説書も刊行された．

　この章では，上高地自然史研究会の研究成果を軸にして，上高地の自然の成り立ちと維持のしくみを解説しよう．

12-2　上高地の自然の空間・時間スケール

　一般的に上高地とされる場所は，大正池の堰堤から上流横尾までの梓川の谷底と両側の谷壁斜面で，長さ約15 km，幅約3 kmほどの範囲である．この範囲には，梓川本流に流れ込む岳沢，横尾谷，槍沢，二ノ俣谷，一ノ俣谷，徳沢などの支流があり（図12-1），それらは，焼岳，槍・穂高連峰，大天井岳，常念岳，蝶ヶ岳，大滝山，霞沢岳を結ぶ稜線にかこまれた広い流域を形成している．この流域の形態，とくに上高地の広い谷や下流の峡谷の成因に関しては，飛驒山脈南部の山脈形成，槍・穂高火山の噴火・隆起・侵食，焼岳火山群の形成など，まわりを取りまく広い範囲での自然史を考えなければならない．一方，最近の問題である，土砂災害防止や自然保護などは，狭い範囲での地形変化や植生動態などに関する研究が必要になる．

　このような，上高地の自然に関わる，さまざまな自然の空間スケールと時間スケールを表12-1に示した．それを第6章に示したような，時間スケールと空間スケールを軸にした図にプロットすると，図12-2のようになる．上高地自然史研究会の共同研究では，①上高地谷（大正池から横尾まで）の全体像，②上高地谷の谷底部，③明神橋から徳沢までの谷底部の調査範囲

表 12-1 上高地における自然現象の空間・時間スケール

地形	水平距離	継続時間	植物・植生	水平距離	継続時間
南部飛騨山脈	60 km	200-300 万年	植生垂直分帯	20 km	5-6 千年
槍・穂高連峰	10 km	100-200 万年	梓川河畔林（全体）	10 km	5-6 千年
焼岳火山群	6 km	8 万年	徳沢-明神間の渓畔林	1.7 km	150-200 年
圏谷地形	4 km	5-50 万年	継続観察地河原群落	500 m	15 年
周氷河斜面	1 km	0.5-2 万年	ギャップ更新周期*	10-50 m	40-50 年
構造土	1 m	数カ月-数年	ケショウヤナギ群落	5-100 m	5-80 年
梓川流路変更	10 km	0.5-1 万年	ケショウヤナギ個体	1-5 m 樹冠	1-50 年
上高地谷埋積	10 km	2.6 万年	ケショウヤナギ老木	10 m 樹冠	150 年
大正池地形成埋積	2 km	3-4 万年
沖積錐	0.2-0.8 km	2-5 千年
土石流ロープ	0.5-8 m	数時間
梓川出水（作用）	5-10 km	24 時間
土石流（作用）	1 km	1-2 時間
岩盤崩壊（作用）	0.5 km	1 時間

*ギャップ更新周期とは，風倒，老衰などによって林内に空き地ができた後，樹木が回復するまでの時間．

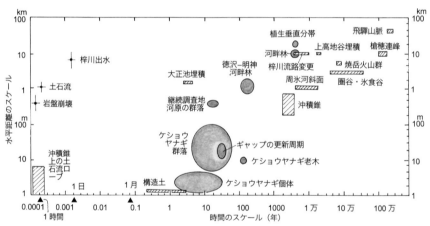

図 12-2 上高地とその周辺で見られる自然地理学的現象の時空間スケール．水平距離と継続時間（いずれも対数軸）にプロットした（表 12-1 に基づいて作成）．

（図 12-8 中央の枠内），④明神-徳沢間の河原の継続観察地（図 12-8 の方形枠）という空間スケールの違いに注目して調査をおこなった．

12-3　上高地谷の全体像（大正池から横尾まで）

1）地形の全体像

　前述のように1989～90年に岩田は，大正池から横尾までの区間の，梓川の谷底から穂高岳と蝶ヶ岳の稜線までの地形変化様式（地形形成作用）の分布図と地形災害危険度地図をつくった（岩田 1991）．この調査はおもに空中写真判読でおこなったが，その最中に地質調査所から5万分の1地質図が刊行された（原山 1990）．この地質図は，丹念に脚で歩いてつくられたことが一目でわかるすばらしいものだった．この地質図のおかげで，地形と地質の関係が明らかになり，地形変化を考える上でとても役に立った．その後，1996年に当時研究室の学生だった杉本宏之がくわしい地形学図をつくった（杉本 1997）．

　上高地谷の流域は，海抜高度1500 mの谷底部から3000 mを超える稜線までを含む，日本を代表する高山地形からなる．その形態や，地形変化の様相は基盤地質の違いをよく反映している．溶結凝灰岩や凝灰角礫岩，花崗閃緑岩からなる穂高連峰と霞沢岳北面は，岩壁が多い急峻な地形で，岩壁から崖錐，急峻なガリーへとつらなる重力地形の占める面積が広い．一方，美濃帯の堆積岩からなる蝶ヶ岳から徳本峠にかけてはなめらかな斜面が広い面積を占める．この違いは，大きなブロック状に割れる穂高岳・霞沢岳の火山岩・火成岩類と，細かな砕片に割れる美濃帯との岩質の違いに起因している．大きなブロック状に割れる基盤岩には岩壁ができやすく，割れた岩塊も侵食を受けにくく，ごつごつした山容になる．一方，細かな砕片に割れる基盤岩は岩壁を形成しにくく，砕片は容易に運搬され，なめらかな斜面をつくる．

2）植生の全体像

　上高地の植物や植生については，環境庁中部山岳国立公園管理事務所（1984）や亀山（1985）に全般的な説明や植生図があり，谷底の河畔林や湿地植物の解説や報告もいくつか発表されている．穂高岳・霞沢岳の山脚斜面（岩壁や崖錐，急峻な谷をのぞいた部分）や，蝶ヶ岳・大滝山の森林限界以

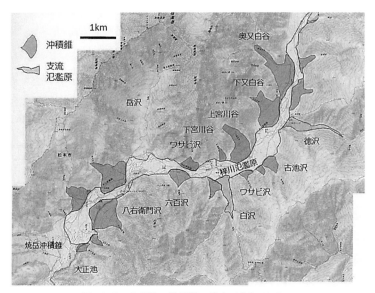

図 12-3　上高地の沖積錐の分布（島津 2016）．

下の斜面，谷底の段丘化した沖積錐は，土壌に覆われ安定しており，極相林やそれに近い成熟した森林が発達している．上高地自然史研究会による上高地谷の全体的な植物・植生の研究は，これらの安定した森林の，ブナやウラジロモミ，カラマツ，ハルニレなど代表的な林分[注2]に関するものが多い．最近では，人工衛星（ALOS「だいち」）データなどを用いた植生図もつくられている（高岡 2014）．上高地谷の谷壁斜面の森林の分布の違いも，地形とおなじように地質の影響を反映していることが，高岡によって明らかにされた（高岡 2016）．

12-4　上高地谷（大正池から横尾まで）の谷底部

　上高地の特徴である広い谷底は，大正池から上流へ横尾まで続いている．そこには，梓川の**流路**を軸に，そのまわりには**河原**があり，その外側には**氾濫原**がある．流路は水のある河道，河原は平時［低水時］には水が流れない干あがった河道，氾濫原は洪水のとき［高水時］には冠水する谷底部分であ

図 12-4 南側（下流側）上空から見た上高地谷の谷底．明神の上流から横尾までが写っている．河原と流路，河畔林，沖積錐（右岸側中央は下又白谷沖積錐）（2016年10月10日セスナ機から岩田撮影）．

る．流路は水に満たされ，河原は砂礫で構成され（礫河原），氾濫原は河畔林や湿性植生に覆われている．さらに，支谷の出口には**沖積錐**という扇状の地形が多数形成されている（図 12-3）．つまり，上高地の谷底は流路・河原・氾濫原・沖積錐から構成されている．まず流路と河原からみてゆこう．

1) 流路と河原

　上高地谷の谷底の平坦部分の幅は平均 500 m ほどである．そのなかを，平均すると幅 150 m ほどの砂礫の河原がゆるやかにカーブして続き，そこを梓川が蛇行して流れている．河原の幅が広い部分では，梓川の流路は分岐・合流を繰り返し，ほぐれた組紐状の形態をなす（図 12-4，図 12-9）．このような流路の平面形態が生まれるのは，縦断方向の，ゆるやかな河床勾配（9〜10‰）と広い砂礫の河原の存在によってである．過去の地形図や空中写真を調べると，流路の位置が年代によって大きく変化していることがわかる．流路は大きな出水の度に位置を変える．

　上高地の河原は，白っぽい花崗岩や安山岩類の亜円礫で構成され，礫の粒径がそろっている（分級がよい）ので美しく見える．最大礫の大きさ（中

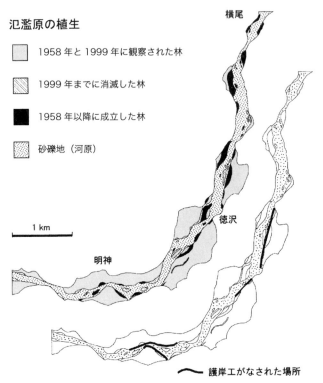

図 12-5 上高地の六百沢合流点から横尾までの流路と氾濫原の植生（河畔林）の変化（左上）と流路と護岸工（右下）（高岡 2016 による）.

径）も山間の渓流にしては驚くほど小さく，横尾あたりで 60 cm ほどであるが，大正池では 10 cm ほどに減じる（島津 2005）．砂礫の河原には，生育途中のヤナギ類の群落や，成熟したヤナギの孤立樹が点在するが，イネ科や高茎草本の群落の発達は悪く，砂礫地（裸地）が広がっている．

2）氾濫原

平坦な谷底の河原以外の部分は植生に覆われた氾濫原である．氾濫原には，ケショウヤナギ，エゾヤナギ，オオバヤナギ，ドロノキなどのヤナギ類が卓越する河畔林が成立している．ケショウヤナギは，日本では，北海道十勝地方と上高地周辺だけに隔離分布する貴重種である．

多量の降水があり，河原に河水があふれて流れる高水時には，氾濫原は浸水する．流路の横方向への移動や，突然の流路変更によって，河畔林が破壊され，新たな流路が形成され砂礫が堆積し，河原になることがある．逆に長年，川による攪乱を受けない場所の植生は成熟した河畔林に遷移する．図12-5に上高地核心部における氾濫原の河畔林の変化を示した．1958年から1999年までの41年間に消滅した林と新たに成立した林が区別でき，新たに成立した河畔林の面積の方が消滅した面積より大きい．氾濫原の河畔林は川による破壊と再生を繰り返しながら維持されているのである．

ところで，河原と氾濫原との境に，登山道や山小屋・旅館などを浸水から守るために，1960年代から護岸工（多くは蛇籠の堤防状構造物）が設けられるようになった（図12-5右下）．このような護岸工によって，その背後（堤内地）の河畔林は川による攪乱を受けなくなり，遷移が進んでいる．

3）沖積錐

図12-3に示したように，上高地には多くの沖積錐がある．上高地の谷沿いの歩道はゆるやかな上り下りを繰り返すが，これは歩道が沖積錐を横切っているからである．沖積錐は，支谷を流下した土砂が，傾斜がゆるくなる支谷出口に堆積して，平坦な氾濫原にまで扇状に押し出してできる地形である．扇状地より小型，急傾斜で，おもに土石流によって形成される．沖積錐の大きさ，平面形，傾斜は，支谷流域の地質，土砂生産量，傾斜，出口の形態などによって変化する．植生も変化に富んでおり，各沖積錐には個性がある．数年ごとにどこかの沖積錐で土石流が発生し，地形変化や植生変遷が追跡できるので，多くの沖積錐が自然史研究会の調査対象になってきた．

ここでは，梓川右岸の，前穂高岳東面を流下する下又白谷の出口にある沖積錐（位置は図12-3）を例に，沖積錐の地形変化と植生遷移を説明しよう．下又白谷沖積錐を形成した土石流の流心（流れの中心軸）の位置の変化を図12-6に示した．1947年から1978年までの空中写真から読みとった土石流の流路は，沖積錐上を左右に移動し，流れる位置が変化していることがわかる．この沖積錐上には1985〜88年に複数の砂防堰堤が建設され，1994年以後は流路が固定化した．それは，2004年の図の楕円で囲んだところで顕著で，

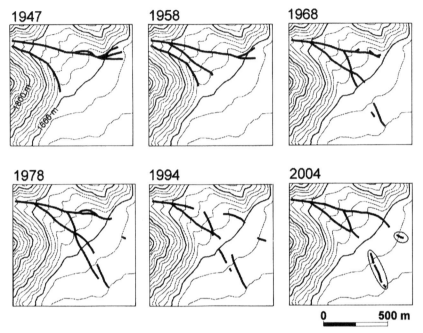

図12-6 下又白谷沖積錐（位置は図12-3）における土石流流心の位置の変化．空中写真（数字は撮影年）判読によって，林冠が破壊され裸地になっている部分を土石流流心とした．2004年の楕円に囲まれた流路は固定化された部分（高岡 2016）．

ここでは土石流が治山運搬路（自動車道路）を横切ってしばしば堆積する．

このような沖積錐での土石流発生直後の状態を観察すると，上流の谷から流下した土石流は，沖積錐上では流下しながら流心から両側に広がって薄く堆積する．流心の部分では下方侵食したり土砂を厚く堆積させたりするから，やがて樹冠構成樹も枯死する．一方，流れの両側では堆積層が薄く草本や低木は枯死するが樹冠構成樹は生き残る．そして，本流の氾濫原にまで到達する土砂はわずかである．次回に土石流が発生したときには別の場所を流下するから，長年経過すると土石流は沖積錐全体にまんべんなく土砂を堆積させることになる．つまり，沖積錐は支谷の土石流のトラップ（貯留場所）なのである．

図12-7に下又白谷沖積錐の植生分布を示す．狭い範囲にさまざまの遷移

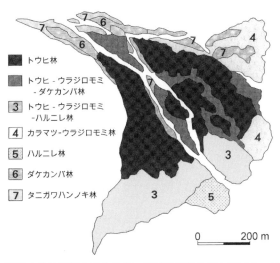

図12-7 下又白谷沖積錐の植生分布．林冠構成樹の優占種によって区分した（高岡 2016）．

段階の森林が混在しているが，7種類に区分できる．高岡（2016）によると，土石流によって森林が破壊された場所には，まずタニガワハンノキやダケカンバなどの落葉広葉樹が優占する森林や，カラマツの優占する森林ができる．土石流による攪乱を受けない場所は，トウヒやウラジロモミ，コメツガなどの針葉樹がふえ，針葉樹林にかわってゆく．砂礫の粒径が小さく地下水面が高い沖積錐末端部はハルニレ林になる．

このように沖積錐は，支谷からの土砂流出の貯留と多様な植物群落の維持という，上高地の自然にとって重要な役割を果たしている．ここまでの調査で，上高地谷の地形そのものが，さまざまな地形や岩質の相互関係のもとでできあがっており，その植生も河川や土石流などの地形形成作用の影響を強く受けて成立していることが理解できた．しかし，それらの相互作用のさらに重要な実態を知るためには，河畔林でのくわしい調査が必要であった．

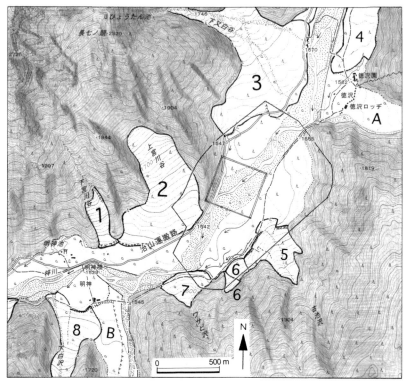

図12-8 明神と徳沢の間の地形と**調査範囲**(中央の枠内).1:下宮川谷沖積錐,2:上宮川谷沖積錐,3:下又白谷沖積錐,4:弁天沢沖積錐,5:古池沢沖積錐,6:沖積錐(無名),7:左岸ワサビ沢沖積錐,8:下白沢沖積錐,A:徳沢氾濫原,B:白沢氾濫原(段丘化している).細かい点を打ったのは河原(砂礫河道).調査範囲内の方形枠は**継続観察地**(2万5000分の1国土地理院地形図「穂高岳」による).

12-5 明神橋から徳沢までの河原とヤナギ類群落

明神橋の上流から徳沢までの梓川本流は,砂礫の河原と河畔林に覆われた氾濫原が広い.ここは,上高地のなかでも比較的人工構造物が少なく,もっとも典型的な河原と河畔林が残っている.河原での流路変化や植生変遷,氾濫原の出水と河畔林の動態との関係を,くわしく調べるために,この区間の中央部に**調査範囲**を設定した(図12-8).調査範囲の右岸側には治山運搬路(車道)があり,上宮川谷沖積錐と下又白谷沖積錐,山腹斜面の一部を含む.

左岸側には山腹斜面と古池沢沖積錐, 左岸ワサビ沢沖積錐などの沖積錐の一部を含む. 谷底部の右岸側に河原があり, 左岸側はおもに氾濫原 (河畔林) である. まず, 河原の調査からのべよう.

1) 調査範囲の河原

調査範囲の右岸側の河原は幅が広く, 流路は網状に分流・合流し, 流路の間は砂礫堆となり河原を構成している. 砂礫堆の下流側の縁は比高 0.5〜1 m の小崖が形成される. 河原の礫は大きさがそろっているが, くわしく見ると, やや粗い礫部分や, 砂ばかりの部分などの性質の違うパッチ (小部分) がモザイク状に配列している. その表面には, 図 12-4, 図 12-9 に見られるように, ヤナギ類の群落がパッチ状 (島状) に点在している. これらは裸地に侵入し定着してゆく群落なので, 先駆樹種 (パイオニア植物) と呼ばれる.

河原では, 大きな出水の度に流路の移動が起こり, 地形が変わり植物が影響を受ける. そのなかで, ヤナギ類の定着と維持がどのようにおこなわれるかが大きな問題であった. そこで, 調査範囲中央部の右岸側の山腹斜面 (治山運搬路) から河畔林までの約 400×400 m の方形枠を**継続観察地** (図 12-8) とさだめて, 河道変動と植生変化を調査し続けてきた.

立正大学の島津 弘 (渓流地形学) が中心になって, 1994 年からほぼ毎年 8 月に河道位置と植生分布を平板測量して地図をつくっており, 2011 年からは右岸山腹に定点カメラを設置し, 連続的にモニタリングを続けている. 一方, 高知大学の石川愼吾 (植物生態学) たちは, 1994 年から 2008 年までほぼ 5 年ごとに, 継続観察地にあるパッチ状の植物群落それぞれで毎木調査をおこなってきた. 石川は北海道, 東北, 中部などでもヤナギ類を研究しており, 並行して, 各種ヤナギの栽培実験もおこなってきた.

2) 流路変化

継続観察地での測量結果に基づく流路変化の概略を, 流路の変化が大きかった 2008〜11 年について図 12-10 に示した. ここで見られた流路の変化は, ①上流からの土砂が埋積し流路が途切れる, ②行き場を失った河水は別方向に転進し, 新たな流路を開削する, ③つまり, 流路の変更は, 流路が横方向

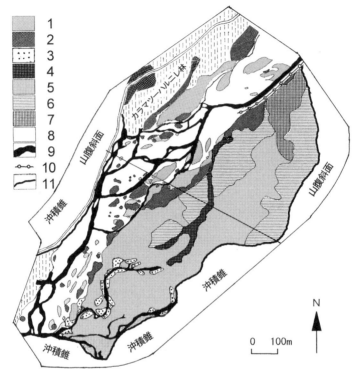

図 12-9 明神－徳沢間の調査範囲の河原と氾濫原の植生（植生は 1994 年 6 月調査）．1：先駆樹種の低木林（ヤナギ類の一斉林），2：先駆樹種若齢高木林（ケショウヤナギ－ドロノキ林），3：エゾヤナギ－タニガワハンノキ林，4：タニガワハンノキ林，5：先駆樹種成熟林（ケショウヤナギ－ドロノキ－ダケカンバ林），6：ハルニレ－ウラジロモミ林，7：カラマツ林，8：河原（砂礫河道），9：流路，10：護岸工，11：山麓線，中央の直線は図 12-12 の断面線（進ほか 1996 を一部改変）．

に徐じょに移動して進行するのではなく，一気に新流路が形成される，と整理できる．このため，大規模な出水があった場合でも，河原の植物群落が全面的に破壊されることは少ない．

その後，2013 年 6 月に河原の全域が水没する大出水があった．そのときの島津の観察では，流路での水深は 1 m を超え，砂礫堆の表面での水深は 50 cm 程度であった．流路の地形は大きく変わったが，生き延びたケショウヤナギの幼樹群落も少なくなかった．水没し強い流れにさらされただけでは，

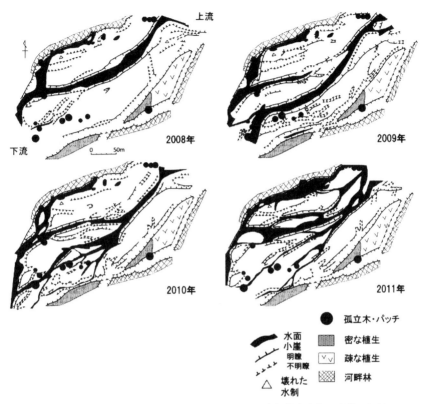

図 12-10　継続観察地の地形学図の比較による流路と植生などの変化．2008～11年の8月に測量した図を簡略化したもの（石川・島津 2016の図5-5）．

ヤナギ類は損傷を受けず，根元をえぐられた場合のみ，流失や倒壊することが明らかになった（石川・島津 2016）．

3）ヤナギ類（先駆樹種）群落の動態

　河原に点在する先駆樹種群落の多くは群落高5m以下の低木林で，構成種はケショウヤナギ，エゾヤナギ，ドロノキ，オオバヤナギ，タニガワハンノキ，カラマツなどである．ケショウヤナギ，エゾヤナギなどの特定の種がパッチごとに優占し一斉林（同年齢林）を形成する．ケショウヤナギの優占するパッチがもっとも多いが，エゾヤナギやドロノキのパッチもある（図

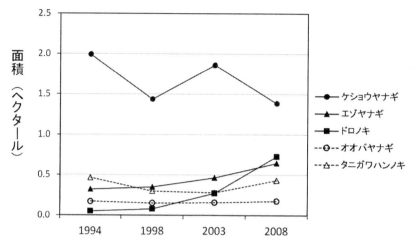

図 12-11 継続観察地の河原の先駆樹種群落パッチの樹種ごとの合計面積の変化（1994～2008 年）（石川・島津 2016 の図 5-8）.

12-9）．ケショウヤナギやオオバヤナギの大木も単独または数本かたまって残存しており（図 12-10），それらの下流側に若い群落が形成されていることもある．成熟木や流木が障害物となってその下流側に堆積した細粒砂の部分には，ドロノキやイネ科草本も見られる．

継続観察地で植生調査をおこなった河原の面積は 25 ha である．そのうち群落（植被）部分の面積は 3.0 ha（1994 年）から 3.5 ha（2008 年）へと 14 年間に 0.5 ha 増加した．1.4 ha の植被が流失し，1.9 ha の植被が新たに定着したので，差し引き 0.5 ha 増加した．樹種別にみると，ケショウヤナギがもっとも広いが，増減変動も大きい（図 12-11）．それに対してドロノキとエゾヤナギはわずかに増加傾向にあり，オオバヤナギとタニガワハンノキはほとんど変化しなかった．

流路変化とあわせて，群落の変動の要因を考えると次のようになる．①ケショウヤナギの 1994～98 年間の減少は，1995 年・1996 年の出水によって左岸側と右岸側上流部に新流路が多数形成されたため（島津・瀬戸 2009）．②ケショウヤナギの 2003～08 年の減少は，左岸側の堤防を守るために人為的に流路を右岸側へ誘導した結果，右岸側の河原が河川攪乱を強く受けたため，

表12-2　栽培実験によるヤナギ類の実生の1カ月後の主根の長さ

樹　種	粗　砂		細　砂	
	表面からの水位			
	-2 cm	-15 cm	-2 cm	-15 cm
ケショウヤナギ	6.8 cm	13.0 cm	0.9 cm	2.6 cm
エゾヤナギ	8.1 cm	9.7 cm	6.9 cm	6.9 cm
オオバヤナギ	5.2 cm	5.9 cm	5.2 cm	6.0 cm
ドロノキ	5.9 cm	3.7 cm	6.0 cm	3.8 cm

異なる土壌（粗砂と細砂）と異なる水位（-2 cm と -15 cm）で育てた（石川 2016 の図6-5から作成).

③ドロノキの増加は，左岸堤防の延長と，右岸側への流路の誘導とによって，左岸側が安定し細粒の砂が堆積したため．④オオバヤナギの変動が小さかったのは，大木群落だけが分布しており，それらが出水に耐えた一方，新たな群落が成立しなかったことによる．オオバヤナギは，河原が乾燥する8月が種子散布期なので発芽が難しいのであろう．

　河原の先駆群落の大半はケショウヤナギで，25％もの面積的変動を繰り返しながらもしぶとく生き残っていることが明らかになった．

4）ヤナギ類の栽培実験

　なぜ，ケショウヤナギは，河川による攪乱にさらされながらも生き残っているのか，なぜ，ヤナギ類のパッチ群落ではパッチごとに優占種がはっきりしているのか，などを解明するために，石川たちは栽培実験をおこなった．表12-2は，上高地でみられるヤナギ類の実生[注3]を1カ月間育てた後の主根の長さを比較したものである．ケショウヤナギは，粗砂の水位マイナス15 cm[注4]での主根の生長量がとくに速く13 cmに達したが，細砂では水位の違いにかかわらず，主根の生長量がとても少なく，やがて枯死した．一方，ほかのヤナギ類では，粒径の違いによる成長の差は見られなかった．

　明らかになったことは，通気性のよい粗砂や小礫が卓越する場所では，ケショウヤナギは主根をすばやく伸長させて成長するが，通気性の悪い細粒物質の場所では成長できなかった．つまりケショウヤナギは水分が乏しい場所でも生き残る確率が高いということである．ヤナギ類は場の環境に対する選

り好みが種によって異なっている．これがヤナギ類のパッチ状群落ごとの優占種がはっきりしている理由である．言い換えれば，ケショウヤナギには，現在の上高地の河原が好みの環境なのであって，この環境条件が変化すれば生存が難しくなるのである．

　長年にわたって河川の大きな攪乱を受けなければ，河原の先駆群落はどんどん成長し定着する．ヤナギ類のなかで，とくにケショウヤナギの伸長成長はきわめて速く，樹高5m以下の群落では，9年間で平均約6.5m増加し，なかには10m近く成長した群落も見られた．1990年代はじめには完全な裸地であった左岸側の河原は，2005年ごろには立派なケショウヤナギ林に成長した．このケショウヤナギ林は，現在では，次にのべる左岸氾濫原の河畔林とほとんど連続した．

12-6　調査範囲の氾濫原の河畔林

1）林分の分布

　調査範囲の左岸側には，ヤナギ類，ハルニレ，ウラジロモミ，カラマツなどの樹高25mを超える河畔林がある（図12-9）．この河畔林は幅400m，長さ1kmにわたって連続して分布する．ここで最初にくわしい調査をおこなったのは，当時東京都立大学の卒論学生であった進 望で，1994年であった（進ほか1996, 1999）．林分のくわしい記載は川西（2009）にある．その後の自然史研究会の調査では，微地形の調査や土壌・砂礫層の調査や花粉分析もおこなわれ，森林の発達史を調べるための年輪の調査もおこなわれた．さらに2007年には同一樹木個体の再調査という方法でくわしい追跡調査がおこなわれた（石川 2010）．

　この河畔林は6種類の植生タイプに区分でき，梓川にほぼ平行にならんでいる（図12-9，図12-12）．もっとも河原よりの部分には先駆樹種若齢高木林が帯状・パッチ状に分布する．そこには，ケショウヤナギやドロノキなどのヤナギ類が混生する．洪水のたびに攪乱され，破壊と定着を繰り返している林分である．河畔林の中央部には，河原側から細長くのびて先端が分岐し

206——第3部　統合自然地理学の研究例

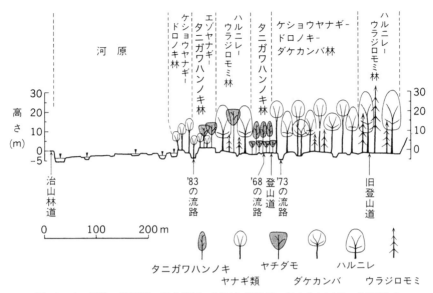

図 12-12　明神－徳沢間の調査範囲の河原と氾濫原の地表と河畔林の断面模式図（1996 年 6 月）．断面線は図 12-9 の中央部を西北西から東南東に引かれている（進 望の現地調査の結果に基づく）（岩田 1997 の図を改訂）．

た形に分布する高さ 15 m のタニガワハンノキ林がある．ここは 1973 年までは流路跡の裸地であった．低木層にはヤチダモが密生している．河畔林の東南部には細い蛇行流路が湧水を起源として突然出現する．それに沿ってエゾヤナギ－タニガワハンノキの小さな林分が立地する．そこも 1973 年までは流路に沿う裸地であった．パッチごとにエゾヤナギかタニガワハンノキが優占し，群落高は 12 m である．なお，エゾヤナギ－タニガワハンノキの林分は，図 12-12 の河原よりの 1983 年の流路ぞいにも分布する．

　図 12-9 の河畔林の中央部から南部にかけてもっとも広い面積を占めるのが，先駆樹種の成熟林である．河畔林北端にはカラマツ林がある．カラマツ林の高木層にはハルニレやドロノキが混生し，亜高木層と低木層にはウラジロモミが多い．カラマツ林の南西側に続くケショウヤナギ－ドロノキ－ダケカンバ林では，成熟したヤナギ類（ケショウヤナギ，オオバヤナギ，ドロノキ）とダケカンバが林冠層を形成している．河原に侵入・定着した先駆樹種

が成長したもので，年輪調査によって1900年ごろ発芽した樹齢約110年の成熟林であることが判明している．亜高木層には数十年生のハルニレやウラジロモミが生育している．これらは先駆樹種が定着したあとに林床に侵入定着した遷移中期の樹種である．

　左岸側上流の山腹斜面に接した部分にはハルニレ–ウラジロモミ林が成立する．ここは長年大規模な河川攪乱を免れてきた．山腹斜面に接した部分には，樹齢300年を超えるハルニレの大木もある．群落高約30 m．林冠層はハルニレが優占し，亜高木層と低木層にはウラジロモミが多く見られる．河畔林の中ではもっとも遷移が進行している．背後の山腹にある極相林の構成種，トウヒやシラビソも混生しているが，個体数はわずかである．河辺林の河原寄り部分にもハルニレ–ウラジロモミ林が成立する．こちらの樹高は約25 mで，やや若い林分である．

　1994年と2007年の調査結果を比較することによって，この河畔林では遷移が確実に進行していることが確認された（石川 2010）．

2）河畔林の成立史

　河畔林の中央部を西北西–東南東に横切るラインに沿う河畔林の模式断面の，水準測量による地表面の凹凸を図12-12に示した．氾濫原は全体としては平坦であるが，河原の流路と同じ形態の流路跡が多数残されている．梓川が増水して河原全体に溢流するようなときには，これらの林内の流路跡にも水が流れ，林内の低い部分は浸水するのが観察される．林内の地面を掘ってみると，薄い腐植土層の下には，砂層や礫層があり，それらは河原の砂層や礫層と同じ層相である．河畔林は，もとは河原であった場所に成立した森林であることがはっきりとわかる．

　断面東端の山腹斜面に接したハルニレ–ウラジロモミ林は，河床礫層の上に厚さ80 cmの砂層と腐植土層の互層が堆積した場所に成立している．砂層の深さ56 cmに埋没していた木片の放射性炭素年代は400年前であった（調査地点は図12-13に示した）ので，この林分の場所は，以前は河道（流路と河原）であり，西暦1600年ごろ以前に河道から河畔林に変わったらしい．また，ここでの花粉分析の結果からは，それ以後，ここは連続して森林

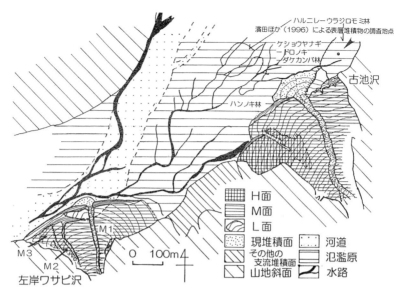

図 12-13 明神－徳沢間の調査範囲左岸下流側の古池沢沖積錐，左岸ワサビ沢沖積錐と谷底の地形と植生（島津 2001 の図 1-2）．

であったと推定でき，先駆樹種群落からハルニレ-ウラジロモミ林に遷移したと推定できる（濱田ほか 1996）．

　西暦 1600 年ごろより前に梓川の本流が左岸側の山腹斜面沿いを流れていたことは，ハルニレ-ウラジロモミ林の下流側に接する古池沢沖積錐の研究からも明らかになった．この沖積錐は形成時期が異なる地形面から形成されており（図 12-13），H 面，M 面の末端には崖が形成されている．これらの崖は梓川が沖積錐を侵食して形成されたものであり，H 面末端の崖は位置からみてハルニレ-ウラジロモミ林の場所を流れていた梓川によって侵食されたと考えられる．

　なお，図 12-13 の下流側の左岸ワサビ沢沖積錐末端の崖は，1970〜90 年代前半に侵食されたものである．

　成長錐[注5]を使った年輪調査によって，河畔林の樹木が生育をはじめた年代を確かめた．河原側のハルニレ-ウラジロモミの林分は，少なくとも 1860 年以前から存在していた．ハルニレ-ウラジロモミ林に両側をはさま

れた先駆樹種の成熟林（ケショウヤナギ−ドロノキ−ダケカンバ林とカラマツ林）は，1900年ごろに成長をはじめたことがわかった．つまり，ある時期に河畔林の中央部に河原ができ本流が流れていたが，1900年ごろ，梓川は西側の現在の河原の場所に位置を変え，その後，中央部には先駆樹種が定着した．

その後も1968年や1983年などに流路（砂礫の河道）の形成があり，タニガワハンノキやヤナギ類が侵入したが，河畔林は維持されてきた．これらから推定すれば，最近の約100年，梓川の河原はずっと谷の中央から右岸寄りに位置しており，その結果，川による攪乱を受けない左岸側に広大な河畔林が形成された．しかし，その河畔林は，攪乱を受けないためにどんどん遷移が進み，河畔林の特徴は薄れつつある．

12-7　上高地谷の風景の維持機構

これまで，上高地谷の自然の成り立ちとその維持のしくみをみてきた．それは，かなり複雑であった．最後に土砂の流れと河畔林の動態を整理しよう．

1）土砂の流れ

支谷流域の岩壁や崩壊地から供給される砂礫は，支谷谷底に蓄積され，豪雨によって土石流となって流下し，大部分が支谷出口の沖積錐に堆積する．本流にまで達した砂礫は，出水時に河道（河原）を流下するが，氾濫原にも広がり，谷底全体に薄く堆積する．このようにして，谷底平坦地の砂礫層はゆっくりと厚さを増しながら下流に移動し排出される（図12-14A）．このような土砂の流れは，最終氷期終了後の，現在とおなじ環境になってからずっと続いてきたと考えられる．

ところが，このような土砂の流れは，最近，大きく変わった．①主要な沖積錐に砂防堰堤がつくられ土石流の流れが固定化されたので，土砂が沖積錐上に拡散せず，本流にまっすぐ流れ込むことになった．②上高地谷底では，河道（河原）と氾濫原（河畔林）との境界に護岸工や堤防が多数建設され，砂礫は氾濫原に広がらず，河道内に堆積しながら流下するようになった．③

210——第3部　統合自然地理学の研究例

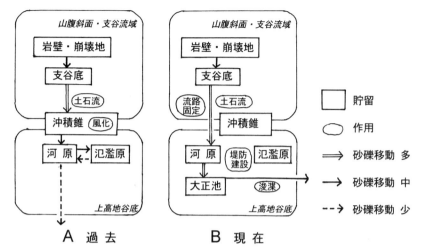

図12-14 上高地谷における土砂移動の概念を示す流下システム図．Aは過去の人工改変がおこなわれていない状態，Bは現在の治山堰堤や堤防，護岸が建設された状態（岩田原図）．

大正池に流入した砂礫は，1977年以降は毎年秋におこなわれる浚渫によって除去されている（図12-14B）．この①②の土砂の流れの変化が，河童橋周辺の河道（河床）の上昇をもたらした（岩田 2007；岩田・山本 2016）．つまり，現在，問題になっている梓川の河床上昇の問題は，人為的な治山・河川工事の結果なのである．

2) 河畔林の動態

　大規模な出水によって形成された砂礫の河原には，風によって飛散したヤナギ類の種子が発芽し，急速に根を伸ばして定着し，パッチ状の低木群落ができる．毎年あるいは数年ごとに起こる小規模な出水（攪乱）によって流失する群落もあるが，攪乱からまぬがれて成長した群落は，5年ほどで高さ7〜8mの密生したヤナギ林になる．攪乱によって群落が流失した場所は砂礫河原にもどる．河原全体に河水が流れるような十数年ごとの攪乱にも耐え抜けば，ヤナギ類の群落は20年ほどで樹高20mほどの成熟林になる．ヤナギ類の成熟林は多くの種子を飛散させ，河原に種子を供給する．数十年以上，

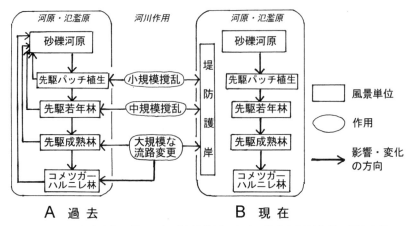

図12-15 上高地谷の梓川の河原と氾濫原における植生と河川作用の概念を示す形態システム図．Aは過去の人工改変がおこなわれていない状態，Bは現在の治山堰堤や堤防，護岸工が建設された状態（岩田原図）．

　河川の攪乱を受けない状態が続くと，成熟林の低木層にはヤチダモ，ウラジロモミ，サワグルミなどが侵入する．50年以上の時間が経つと，林冠を形成するヤナギ類の高木は倒壊し，ハルニレ，ウラジロモミなどの林に置き換わる．しかし，数十年あるいは100年ごとに起こる大規模な流路の変化によって，ヤナギ類成熟林やハルニレ林が破壊され，新たな砂礫河原が出現することが起こる．その砂礫河原では，再びヤナギ類の低木群落が成長を開始する．そのような砂礫河原にもヤナギ類の孤立木が攪乱に耐えて生き残ることがある．河畔林はこのように川の攪乱によってできる，再生に適した環境をうまく利用して生きのびてきたのである（図12-15A）．
　ところが，上高地の観光地化が進むにつれて，利用者の利便性と安全性の確保という名目のもとに，河原と河畔林との間に堤防や護岸工が建設される場所が増えた．そのため，河畔林が川による攪乱を受けることが減った．成熟した河畔林に河川が突っ込んだり，横方向に侵食したりして新たな砂礫地が生まれることもまれになった．安定した河畔林では遷移が進み，ハルニレ林やウラジロモミ林が広がりヤナギ林が減少する．つまり，人為的な影響によって，自然のサイクルで維持されていた河畔林が減り，貴重なケショウヤ

ナギも減少するのである（図12-15B）.

　治山学（砂防学）や河川工学で普通におこなわれている砂防堰堤，導流堤の建設や，堤防（護岸）・床固め工の建設・設置が，河床上昇や河畔林の破壊という予期せざる結果をもたらす可能性があることが理解できたのは，研究領域俯瞰型の自然史研究会の活動の賜である．河川地形，重力地形，測量，地質，植物生態，植生地理，土壌，花粉，年代測定などを調査・研究対象にしている研究者・学生による同じ場所での同じタイミングでの共同調査の成果である．

注1）上高地は国立公園特別保護地区，特別天然記念物に指定され，全域が国有林であるから，環境省上高地自然保護官事務所，文化庁，中信森林管理署などからの調査許可の取得が必須であり，そのためにも研究団体としてまとまる必要があった．
注2）林分：現実の森林群落の姿．ここでは，林相がほぼ一様で，周囲の森林とはっきり区別できる森林群落．
注3）実生：種からの発芽によって成長すること．
注4）マイナス15 cm：土の表面からの深さ15 cm.
注5）成長錐：樹木の樹皮部分から幹の中心までの，細い円筒状の年輪コアを採取する器具．樹木を損なわずに年輪情報を取り出せる．

【引用・参照文献】

濱田三賀・三宅 尚・石川愼吾 1996. 土壌花粉分析による上高地梓川河辺林の動態の解析. 上高地自然史研究会 編「上高地梓川の河床地形変化と河辺林の動態に関する研究」，38-49, 上高地自然史研究会.

原山 智 1990. 上高地地域の地質，地域地質研究報告（5万分の1地質図幅），地質調査所.

五百沢智也 1967.『登山者のための地形図読本』山と渓谷社.

石川愼吾 2010. 明神―徳沢間の左岸における河畔林の13年間の変化. 上高地自然史研究会 編「上高地における河畔植生の動態と地形変化に関する研究」上高地自然史研究会研究成果報告書，12号，19-27.

石川愼吾 2016. ヤナギ類の生き残り戦略. 上高地自然史研究会 編／若松伸彦 責任編集『上高地の自然誌―地形の変化と河畔林の動態・保全』89-101, 東海大学出版部.

石川愼吾・島津 弘 2016. 河畔林と河道植生の動態. 上高地自然史研究会 編／若松伸彦 責任編集『上高地の自然誌―地形の変化と河畔林の動態・保全』75-88, 東海大学出版部.

岩田修二 1991. 長野県上高地における現在の地形変化と地形災害危険度地図の作成. 平成2年度科学研究費補助金（一般研究（C））研究成果報告書.

岩田修二 1992. 上高地の地形変化と環境保全. 地形，13, 283-296.

岩田修二 1997.『山とつきあう 自然環境との付き合い方1』岩波書店.

岩田修二 2007. 国立公園上高地の未来像―ケショウヤナギ群落消滅の危機. 日本第四紀

学会・町田　洋・岩田修二・小野　昭　編『地球史が語る近未来の環境』211-233，東京大学出版会.

岩田修二・山本信雄 2016. 破壊される上高地の自然. 上高地自然史研究会 編／若松伸彦 責任編集『上高地の自然誌─地形の変化と河畔林の動態・保全』146-165，東海大学出版部.

亀山　章 1985. 『上高地の植物』信濃毎日新聞社.

上高地自然史研究会 編／若松伸彦 責任編集 2016. 『上高地の自然誌─地形の変化と河畔林の動態・保全』東海大学出版部.

川西基博 2009. 明神─徳沢間の氾濫原と古池沢沖積錐における植生調査資料. 上高地自然史研究会 編「上高地梓川における植生およびその保全・管理に関する研究」上高地自然史研究会成果報告書，11 号，1-12.

環境庁中部山岳国立公園管理事務所 1984. 『上高地の自然』上高地自然教室.

島津　弘 2001. 上高地における梓川の流路変動と沖積錐の発達. 上高地自然史研究会研究成果報告書，6 号，1-5.

島津　弘 2005. 川は自然の生き証人─上高地梓川の二百万年史. 「河川文化 河川文化を語る会講演集」18，7-87，日本河川協会.

島津　弘 2016. 梓川の地形と水の流れ. 上高地自然史研究会 編／若松伸彦 責任編集『上高地の自然誌─地形の変化と河畔林の動態・保全』19-37，東海大学出版部.

島津　弘・瀬戸真之 2009. 徳沢─明神間の継続観察地における流路の年々変動と降雨イベント. 上高地自然史研究会 編「上高地梓川における植生およびその保全・管理に関する研究」上高地自然史研究会成果報告書，11 号，13-18.

進　望・石川愼吾・岩田修二 1996. 上高地における河畔林のモザイク構造. 森林航測，179 号，14-17.

進　望・石川愼吾・岩田修二 1999. 上高地・梓川における河畔林のモザイク構造とその形成過程. 日本生態学会誌，49，71-81.

杉本宏之 1997. 上高地の沖積錐における地形変化と植生変化. 石川愼吾 編「上高地梓川の河辺植物群落の動態に関する研究」1-14，上高地自然史研究会.

高岡貞夫 2014. 植生図が語る大地の変化と植生の関係. 地図中心，502（7 月号），14-17.

高岡貞夫 2016. 上高地谷の植生. 上高地自然史研究会 編／若松伸彦 責任編集『上高地の自然誌─地形の変化と河畔林の動態・保全』38-57，東海大学出版部.

第13章
ブータンの氷河湖決壊洪水

　災害や防災に関する研究・教育の重要性が叫ばれている．災害には，多様な自然現象が関わっているが，社会現象も関わっている．統合自然地理学が大きく貢献できる分野だ．ブータン゠ヒマラヤの氷河湖決壊洪水の防災研究を例に，統合自然地理学がどのように役立ったかを解説する．

13-1　ヒマラヤでの拡大する氷河湖決壊洪水の危機

　19世紀半ばに世界的な寒冷期である「小氷期」が終了した．その後の温暖化によって，ヒマラヤ山脈の東部では，氷河が融解して氷河湖が形成され拡大する現象が現在まで続いている．氷河湖はしばしば決壊し，氷河湖決壊洪水（Glacial Lake Outburst Flood，以下GLOFと略す）を起こし，災害が発生することもある．

　ブータン゠ヒマラヤの氷河湖も，1960年代後半から決壊の危険が警告されていた（Gansser 1970）が，注目されなかった．しかし，1985年にはネパールのエベレスト南麓のディグ湖がGLOFを起こし，完成直後の水力発電所が破壊された（Vuichard and Zimmermann 1987）．1990年代には日本のJICA（国際協力機構）の援助によって，ネパール゠ヒマラヤの氷河湖の実態が明らかにされた（Yamada 1998）．1994年10月にはブータン北部ルナナ地域のルゲ湖が決壊し，下流の街プナカで死者がでた（Watanabe and Rothacher 1996）．1998年9月にはネパールのサバイ湖が決壊し，洪水被害が生じた（Dwivedi *et al.* 2000）．地球温暖化の影響が強くなった21世紀になると，現地の政府や外国の研究者が，GLOFの発生メカニズムや発生予測，被害軽減や防止に強い関心をもちはじめた．

　このような動きのなかで，本書の著者岩田を含む研究グループは，2009

215

年からブータンで GLOF の発生と防災に関する研究プロジェクトを実施した．このプロジェクトは，2012 年 3 月に終了し，地元への貢献も大きかったとブータンと日本の関係者から高い評価を受けた．その概要は岩田・小森（2011），Fujita *et al.*（2012）にある．

ここでは，ブータンで GLOF の調査をおこなうことになった経緯をのべ，研究と援助を両立させる防災研究援助に統合自然地理学の考え方がどのように役立ったかについて岩田の経験をのべる．

13-2 氷河湖決壊の謎

氷河湖とは，氷河および氷河地形と関係して形成された湖の総称である（岩田 2011：240-253）．氷河が基盤岩を侵食した凹地に湛水した湖や，古いモレーン[注1] の内側の凹地に湛水した湖も氷河湖であるが，今問題にしているのは，氷河融解によって氷河表面にできた湖や，氷河が後退した跡にできた湖で，とくに氷河と接している湖，新しいモレーン堤に堰き止められたモレーンダム湖である．

不安定な氷河氷や未固結モレーンによって堰き止められ形成された湖は，しばしば決壊し GLOF をひき起こす．19 世紀中ごろから 20 世紀前半には，アルプスやカラコラムで，おもに氷河に堰き止められた氷河湖が頻繁に決壊したことが報告されている．20 世紀後半になって，ヒマラヤ山脈東部や中央アンデス（ペルーやボリビア）では，下流部が岩屑に覆われた氷河（岩屑被覆氷河）の表面に形成された池が拡大してモレーンダム湖にまで成長し，それがしばしば決壊するのが報告されるようになった．しかし，GLOF 発生時の目撃例はほとんどなく，発生直後の調査も少なかった．いつ，どのような条件で決壊するのかは謎であった．

13-3 ブータンでの広域氷河湖危険度判定調査

1994 年のルゲ湖 GLOF 発生後の調査は，1994～95 年にかけて DGM（Department of Geology and Mine：ブータン地質鉱山局）がおこなったが，

216——第 3 部　統合自然地理学の研究例

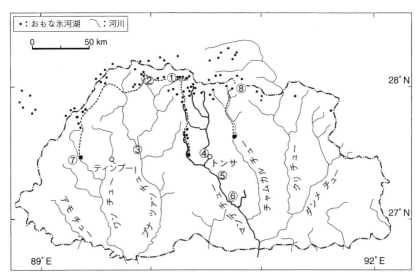

図 13-1 ブータンの国土と河川，おもな氷河湖の分布．マンデチューは太線で示した．細点線は1998年のスノーマントレック調査ルートと2002年のチャブダ湖の調査ルート．①ルナナ東部氷河湖群，②タリナ氷河湖群，③プナカ（1994年に洪水被害を受けた），④ジザム村，⑤発電所建設予定地，⑥ティンティビ村，⑦パロ，⑧チャブダ湖．

　その後も DGM は国内の氷河湖の全貌を明らかにする調査をおこないつつあった．一方，ネパールやチベットでの研究実績がある日本の氷河・氷河地形研究者たちは，ブータンでの研究を熱望していたが，実現していなかった．ブータン政府は登山や学術調査の意義を認めず，外国の登山隊や学術調査隊の活動を許可しなかったからである．しかし，1997年になって，名古屋大学の上田 豊がブータンに出かけて交渉した結果，ブータン側と日本側の考えが一致し，翌年，DGM と共同で氷河湖調査をおこなうことが決まった．

　この共同調査は1998年9〜10月に実施された．メンバーは6人で上田リーダーを含む3名が雪氷分野，岩田を含む2名が自然地理分野で，ブータン側メンバーは地質分野であった．調査の第1の目的は，なるべく多くの氷河湖を観察し，それぞれの氷河と地形の状態から氷河湖決壊の危険度を評価・判定することであった．そこで，チベットとの国境をなすブータン=ヒマラヤ主脈の南側に沿って，ブータン西部のパロから，ルナナ地域を経て南下す

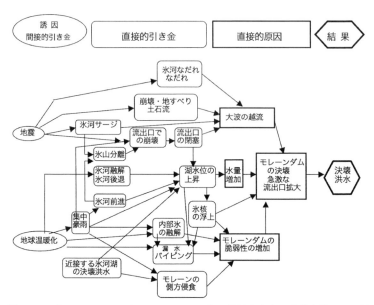

図 13-2　東ヒマラヤにおけるモレーンダム湖の決壊をもたらす潜在的原因・結果の関係．決壊洪水の間接的・直接的な引き金，直接的原因の因果関係を示した（岩田 2011，図 14.8）．

るスノーマン゠トレックと呼ばれているブータン最長のトレッキングコースを歩いた（図 13-1）．歩いた距離は 400 km 以上，調査をしながら 40 日間ほとんど毎日歩きづめだった．その間，高さ 4000 m 以上の峠を 15 越えた．観察した氷河湖は 30 以上になり，ひとつひとつについての「氷河湖台帳個別表」と「決壊危険度評価・査定チェック票」を作成し，5 段階評価で危険度を判定した（Ageta *et al.* 2000; Iwata *et al.* 2002）．

　それまでわれわれは，氷河表面の小さな池の調査をおこなったことはあったが，大規模な氷河湖の調査ははじめてだったので，出発前に，これまでの GLOF 事例の調査報告をよく研究し，東ヒマラヤにおける GLOF 発生のメカニズムや誘因（引き金）の因果関係を把握し，さまざまな決壊の潜在的原因をまとめ（図 13-2），観察項目・調査方法を決めた．それにしたがって，野外でそれぞれの氷河湖とその周辺地形，氷河を観察・記録することは自然地理研究者がもっとも得意とするところである．

表 13-1　ブータン GLOF プロジェクトの発足までの経緯（主要な出来事）

年・月	出来事	備　考
1994 年 10 月	ルゲ湖（Lugge Tsho）GLOF 発生	すべての発端
1998 年 9～10 月	スノーマントレック沿いの氷河湖調査	上田 豊・岩田修二・内藤 望・坂井亜規子・奈良間千之・カルマ
1999～2004 年	氷河・氷河湖調査	名古屋大学が中心，ブータンと共同
2005～2008 年	ブータンでの氷河・氷河湖調査実施せず	学術成果に対するブータン側の否定的意見（役立つ貢献がない）による
2008 年 2 月	岩田への援助要請(ティンプーで)	ブータン地質鉱山局氷河部門カルマからの個人的要請
2008 年 2 月	新プロジェクト（研究＋援助）の情報	JAXA 国際部の知人からの申請要請
2008 年 3 月	氷河研究会（長岡）で新プロジェクトを提案	実施機関名古屋大学での実施を決定
2008 年 5 月	ティンプーでブータン政府と JICA 現地事務所に要請	岩田が研究計画の提出を依頼
2008 年 7 月	首相が洞爺湖サミットで GLOF 援助に言及	2007 年世界水サミットからの野口 健の根回しなどによる
2009 年 4 月	プロジェクトの実質的な開始	2009-2011 年で 3 億円の予算

　この調査によって，五つの氷河湖に決壊の危険があり，継続的な監視が必要であるという結論を得た．われわれの調査は，予察的なものであったが，統一した基準に基づいて，現地での観察によって危険度を判定したという点で，GLOF 研究にも大きく貢献したと考えている．

13-4　その後の調査の経緯

　1998 年の調査をきっかけにブータンの氷河・氷河湖に関するブータンと日本の共同研究がはじまった．その前後の経緯は表 13-1 に示した．1999 年から 2004 年までは，名古屋大学を中心に科学研究費補助金によって毎年，氷河・氷河湖の調査をブータン北部のルナナ地域でおこなってきた．2002 年 9 月には，DGM の依頼によって，岩田と小森は中央ブータン，ブムタン北部のチャブダ氷河湖の危険度評価をおこなった（Komori *et al.* 2004）．これら

第 13 章　ブータンの氷河湖決壊洪水——219

の調査は，これまで氷河学・地形学などの研究調査がまったくなかったブータン゠ヒマラヤでおこなわれたということもあって，大きな成果を挙げた．

ところが，これに対して「学術研究ばかりでブータンに役立つ貢献がない」という批判的意見をブータン側がもっていることが明らかになった．われわれの研究調査の財源である科学研究費補助金では，研究以外の，相手国への援助には支出できないしくみになっている．現地で使い終わった研究装置などをブータン側に寄贈することもできないし，防災対策に役立つ施設の設置のような貢献はまったく不可能である．そのため，2005年以降，名古屋大学の氷河研究はブータンから撤退しネパールに重点を移し，岩田もブータンでの調査を取りやめた．しかし，ブータンのGLOFの危険性と継続監視の必要性が減少したわけではなかった．氷河の融解と氷河湖の拡大は続いているので，GLOF研究の必要性を訴えてきたが（岩田 2002, 2007），日本での反応は冷たかった．

このころまでに，東部ヒマラヤに分布する決壊の可能性がある氷河湖は，次にのべる2種類に分類できることが明らかになった（岩田 2007）．それは，①丸池型モレーンダム湖（小型・円形の氷河湖で急な氷河を背後にもつ）と，②長池型モレーンダム湖（大型・長方形の氷河湖でゆるやかな谷氷河の前面や下流部に形成される）とである（図13-3）．

氷河湖決壊の直接の原因は，湖水を堰き止めているモレーンの崩壊や，急激な流出口の拡大である．決壊をもたらす直接的な引き金は，互いに関連し，多様であるが，東ヒマラヤでの過去の事例から，決壊の引き金の中で重要なものは，氷河なだれとモレーンダムの脆弱化であることがわかった．上記①の丸池型モレーンダム湖では，背後の急峻な氷河からの氷河なだれの落下が引き金になって，越流・大波による侵食によってモレーンダムに裂け目ができ，下流に洪水が起こっている．1985年のディグ湖，1998年のサバイ湖など例が多い．しかし，引き金になる氷河なだれの発生予知は難しく，したがって決壊の予測も困難である．

これに対して，②の長池型モレーンダム湖では，氷河なだれではなく，モレーンダム自体の脆弱化・崩壊によって決壊が起こる．1994年のルゲ湖の決壊は側方モレーンの芯になっていた氷河氷（アイスコア）の融解によって

220── 第3部　統合自然地理学の研究例

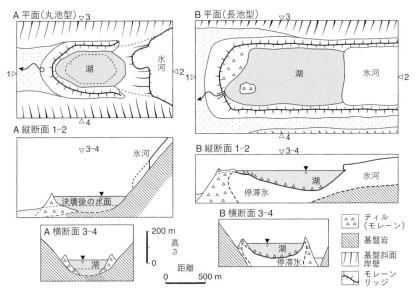

図 13-3 ヒマラヤ山脈東部の氷河湖の典型例の模式図．左側 A が丸池型．急な氷河や岩壁の直下に位置し湖は小規模．右側 B は長池型．ゆるやかな谷氷河の末端に形成され湖は大規模．湖底の氷河氷はやがて融解する（岩田・小森 2011）．

起こった．このようなモレーンダムの脆弱化は，モレーンダムを継続的にくわしく調査すると予測可能であろう．モレーン内部の氷の有無を物理探査などで推定することも，実施は困難を伴うが可能である．

　このような考えにいたったのは，1998 年と 2002 年の野外調査の体験をベースにして，世界各地で発生した GLOF に関する報告を読み，地形図，空中写真，衛星画像などで多くの氷河湖の氷河・湖・地形を検討した結果である．自然地理学の空間俯瞰的研究方法が役に立った．

13-5　災害対策のための新しいプロジェクト

　2007 年秋から 2008 年はじめにかけて，テレビや新聞，雑誌などが，ヒマラヤでの氷河湖の拡大と，その結果起こる GLOF の危険を盛んに報道した．これは登山家野口 健の働きかけが原動力であった．そのなかで，GLOF 対

策の実施が地球温暖化問題に対する日本の貢献になると考えた政治家や官僚がいた．マスコミと行政の相乗効果によって，あれよ，あれよという間に「援助のための学術研究」（SATREPS：地球規模課題対応国際科学技術協力：開発途上国のニーズを踏まえた防災科学技術）という JICA と JST（科学技術振興機構）による海外援助の枠組みができあがった．紆余曲折はあったが，名古屋大学大学院環境学研究科教授の西村浩一を代表者とする「ブータンヒマラヤにおける氷河湖決壊洪水に関する研究」が採択され，2009 年 4 月から動き出した．これはブータンのなかでも，これまで氷河や氷河湖調査がまったくおこなわれていなかったマンデチュー流域（図 13-1，図 13-4）の氷河湖群を対象としたもので，3 年間でおよそ 3 億円の予算のプロジェクトである．メンバーは日本側だけでも 30 名に達した．

　じつは，「援助のための学術研究」という枠組みを知って，このプロジェクトの基本計画を作ったのは岩田である．日本政府の海外援助は，相手国政府からの援助要請がなければ実施されない．しかも，その援助要請は，日本政府の援助の枠組みに合致している必要がある．だから，岩田は DGM とティンプーの JICA 事務所を通じてブータン政府に援助要請の申請書を提出することを依頼し，同時に申請書類（研究計画）の下書きをつくってブータン側に渡したのである．ブータン政府内には「医療や教育への援助なら大歓迎なのに」という消極的な意見が多かったが，最終的には日本政府への援助申請が提出され，プロジェクトは実施されることになった．

　このプロジェクトの目玉は，学術研究（JST 所管）と防災援助（JICA 所管）の両方を同時におこなうことである．学術研究は問題ないが，防災援助を雪氷学や地形学の理系研究者だけでおこなうことは不可能である．リモートセンシングや防災対策など，工学系研究者や技術者の参加が不可欠であった．この援助の枠組みによってブータン側が要望していたブータンへの貢献が可能になるとはいえ，大規模な防災工事の実施や避難計画の策定などは予算規模からいっても不可能である．危険な氷河湖の抽出，災害危険度地図作成，防災計画の立案などの一過性の研究結果の提示だけではない，長期的にブータンに役立つ貢献は何かを考えた．結局，それはブータンへの技術移転である．このプロジェクトをおこなう過程で，ブータン側に調査・研究・作

図13-4 トンサから上流のマンデチュー流域．灰色の部分が氷河，黒い島状が氷河湖，白四角は集落．ジザムやトンサ付近を除いて，マンデチュー流域上流部は非居住地である．枠は図13-6の範囲（Mool *et al.* 2001 の図を加工した）．

第13章 ブータンの氷河湖決壊洪水——223

業の全工程を経験してもらい，ブータン側だけでGLOF防災に関する調査・研究・作業を実施できるようにすることを最大の目標とした.

13-6　研究プロジェクトでおこなわれたこと

　プロジェクトでの研究対象は，Ａ GLOF関連の氷河湖調査と，Ｂ それに伴う下流域河川沿いの防災対策研究である．対象になる空間的広がりは，ⓐ広域，ⓑマンデチュー流域全体，ⓒ個別氷河湖や特定河川区間などの小地域に区分される．研究方法は，①リモートセンシング分析，②現地調査，③総合評価の三つに分けられる．得られた成果には，(ⅰ) ブータン側への技術移転・教育と，(ⅱ) 学界への学術貢献が含まれている．これらについて順にのべる.

1）リモートセンシング分析による広域氷河湖調査 Ａ ⓐ ①

氷河湖目録

　東部ヒマラヤには山脈の南面・北面を問わず多数のモレーンダム湖が分布する．それら氷河湖の目録作成には，日本が打ち上げた陸域観測技術衛星（ALOS「だいち」）に搭載されたセンサによる最新の衛星情報を利用した．その高解像度による細密DEM（デジタル高度情報）の利用と，JAXA（宇宙航空研究開発機構）・RESTEC（リモート・センシング技術センター）を中心とする研究者・技術者の最新技術によって，画像上で氷河湖を切り取る精度は格段に向上し，その精度は野外調査によって確認された（Ukita *et al.* 2011）．ブータンのマンデチュー流域だけではなく，チベット側も含むブータン゠ヒマラヤ全体の目録をこのプロジェクトで完成させた[注2]．このプロジェクトの研修で分析技術を習得したDGMスタッフも作業に加わった．氷河湖のリモートセンシング分析の概要はTadano *et al.* (2012) に書かれている.

危険な氷河湖

　衛星情報から危険な氷河湖を判定する便宜的な方法として，藤田耕史（プロジェクト事務局）は，衛星画像のDEMを用いて，湖水面下流端からモレ

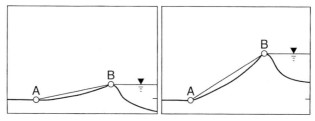

図 13-5 モレーンダムの傾斜(見下ろし角度)を示した模式図.A:モレーンダム基部,B:氷河湖の水面の下流端,A—B を結んだ線の傾斜が急角度であるほど決壊の危険性が高い(岩田・小森 2011).

ーンダム外側基部までの比高と距離の比(すなわち傾斜角度〔見下ろし角度〕)を測定した(図 13-5).これはモレーンダムの高さと基底の幅(奥行き)を測定することと同じであり,ダムの安定性と水圧の状態を大まかに推定できる.藤田は,見下ろし角度が 10 度を超えると危険が大きいと判断した[注3].この測定と,背後の氷河・氷瀑などの状態を判定することによって,マンデチュー流域から危険度が大きな 7 氷河湖が抽出された(図 13-6).

2) 現地調査による個別氷河湖調査 A ⓒ ②

リモートセンシング分析によって抽出された危険度が高いと考えられたマンデチュー流域の氷河湖は,流域最奥の海抜高度が 5000 m を超えるザナム地区に集中していた(図 13-6).マンデチュー源流域には住民がおらず,高い峠を越えなければ到達できず,日数もかかる.源流域の現地調査・観測はブータンやネパールでの調査経験が豊富な比較氷河研究会[注4]の研究者(院生も含む)が中心となっておこなった.

最初の年は,接近路と輸送方法をさぐることと,選定した試験調査地でのモレーン構造と水文調査,氷河動態の予備調査に費やした.気象データを得るための自動気象観測装置(AWS)がザナム F 湖岸(図 13-6 の★)に設置された.2 年目は,マンデチュー流域全体にある氷河湖の詳細な小地域調査をおこなった.ゴムボートを運び込んで 13 の氷河湖(ルナナの 5 氷河湖も含む)で水深を測定し湖盆図を作成した.モレーンダムの内部構造を知るために,(株)地球システム科学の技術者が,地球物理学探査(比抵抗二次元

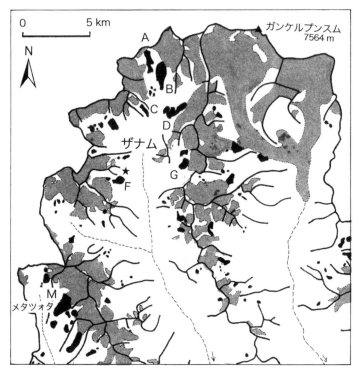

図 13-6 マンデチュー源流部の氷河（灰色部分）と氷河湖（黒ベタ）．A～D，F, G（ザナム氷河湖群），M（メタツォタ湖）の 7 湖が予察調査で危険と判定された．★は自動気象観測装置 AWS（Mool *et al.* 2001 の図を加工した）．

電気探査と微動アレイ探査[注5]）によってモレーンダムの内部構造を明らかにした．ここではザナム C 湖の周辺地形と湖盆断面（図 13-7），モレーンダムの内部（図 13-8）を示す．モレーンダム構成物質の地質工学的試験も実施した．3 年目（プロジェクトの最終年度）は，マンデチュー流域で追加の調査をおこなっただけではなく，藤田たちが 2004 年以来おこなっていたルナナ地域の氷河湖との比較調査もおこなった．

3）氷河湖の総合評価 A ⓑ ③

　これらの結果によって，マンデチュー流域の氷河湖には，ルナナ地域の氷河湖にみられるような差し迫った決壊の危険はないという結論を得ることが

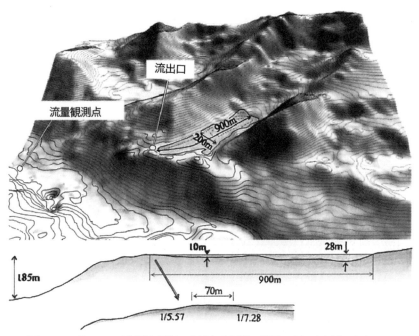

図 13-7 ザナム C 氷河湖と周辺の地形と氷河湖の断面. 水深は実測による. この湖は, 本流からの比高が大きい懸谷にあるので危険が大きいと考えられていた (Koike and Takenaka 2012 の Fig. 4 による).

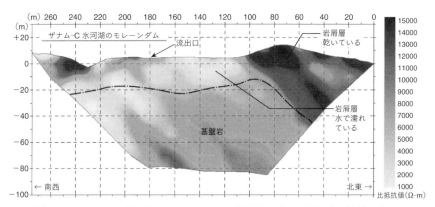

図 13-8 ザナム C 氷河湖のモレーンダムの比抵抗二次元電気探査の結果. 氷河湖前面のモレーンダムに平行に測線を設置した. この結果ではモレーンダム内部には氷は存在しないが, 一部で漏水が疑われる. 北東部（右側）を除いて岩屑層と基盤岩の境界は −20 m 付近と考えられる (Ohashi *et al.* 2012 によって作成, 岩田・小森 2011 による).

第 13 章 ブータンの氷河湖決壊洪水 —— 227

できた．湖の背後からの氷河なだれの危険も少なく，モレーンダムの背後に
深い水深をもつ湖や，アイスコアをもつ高いモレーンも存在しなかったから
である．モレーンダム構成物質の土質試験からも極端な脆弱性はないと判定
された．マンデチュー流域のモレーンダムは，広いリッジとゆるやかな傾斜
のために通常の流入条件では土砂の侵食量はほとんど加速されず，溢流侵食
の可能性はルゲ氷河湖と比較して小さいと考えた．

4) リモートセンシング分析による下流域の災害対策研究 B ⓑ ①

氷河湖決壊が起こった場合の災害緩和対策として，3種類の衛星画像解析
がおこなわれた．第1には，洪水危険度地図を作成するために，衛星の
DEM から川沿いの危険地点の大縮尺地形図が作成された．第2には，洪水
流の侵食による渓岸崩壊や地すべりの危険地点を抽出する画像判読がおこな
われた．第3は，土地利用や構造物の分布のマッピングがおこなわれた．こ
れらは伝統的な自然地理学の方法であるが，最新の衛星画像解析の手法が用
いられた．

5) 現地調査による下流域の災害対策研究 Ⓑ ⓒ ②

下流域の洪水危険度地図作成や崩壊・地すべりの現地調査は，（株）地球
システム科学のメンバーと地形研究者が中心となっておこなった．関係する
調査として，ブータン南部の国境沿いでは活断層調査がおこなわれ，過去に
濃尾地震クラスの直下型地震が起きたことを示す活断層が発見された．活動
的なプレート境界であるヒマラヤ山脈では，ときに強い地震が起こるので，
それが引き金となって氷河崩落やモレーン崩壊が起こり，GLOF を発生させ
るからである．

6) 下流域の災害対策の総合評価 Ⓑ ⓑ ⓒ ③

ハザードマップ

マンデチューの川沿いでは，古くからある集落や耕作地の大部分は川から
離れた谷壁斜面上に位置するので，決壊洪水による危険はないことが明らか
になった．しかし，ブータン東西縦貫道路（国道）の渡河地点であるジザム

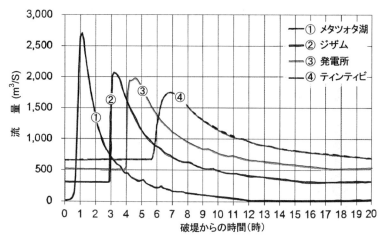

図 13-9　マンデチュー沿いの危険地点での計算された流量変化（ハイドログラフ）（Koike and Takenaka 2012 の Fig. 9 による）．

村と，はるか下流にあるティンティビ村は，確実に洪水の影響を受けるので，洪水予測をおこなった．

　予測は，マンデチュー流域で最大のメタツォタ湖（図 13-6）が決壊した場合を想定して計算された．この数量的予測で使われたモレーンダムの破壊モデルでは，モレーンダムの溢流水路での土砂運搬作用と斜面安定度を考慮した下方・側方侵食速度が計算された．メタツォタ湖への流入水量が毎秒 50 m^3 を超えるとモレーンダムが決壊をはじめ，その決壊時の合計洪水水量と最高流量は，それぞれ 1800 万 m^3 と毎秒 2750 m^3 と推算された．洪水の伝播を，平面洪水モデルを使って計算した後，最高水位は DEM を用いた二次元洪水モデルを使って計算した．このシナリオでは，湖の水が瞬時に排出され，洪水波は 62 km 下流のジザム村まで 3 時間以内に到達し，洪水の最大流量は毎秒 2000 m^3 に達する（図 13-9）．この予測によって，保護が必要な目標（住民や構造物）への洪水到達時刻と最高水位を出力した．それによって洪水ハザードマップ（災害危険度地図）が，災害が予想されるジザム村（図 13-10）とティンティビ村に関してつくられた．この推定では，ジザム村の下位段丘面は水没し，川を横切る国道の橋（ジザム橋）はおそらく破壊される．

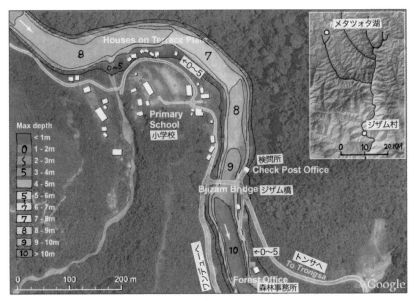

図 13-10 マンデチュー沿いのジザム村の洪水ハザードマップ．最大水深の分布を示す（Koike and Takenaka 2012 の Fig. 11〔原図はカラー〕に加筆した）．

災害概要

マンデチュー流域全体についての，洪水流量・最高水位と谷地形の関係，洪水流によって起こる樹木の倒壊と流木化や渓岸崩壊・地すべりなど，さまざまな災害が，どこに，どのように発生するかを模式的に図 13-11 に示した．住民の意識調査をおこない，その結果に基づき，早期警戒システムの簡易デザインを提案した．ハザードマップとともに，これも住民に対する，防災対策としての具体的な貢献である．

7）技術移転（i）

調査開始後しばらくして，マンデチュー流域の氷河湖や下流域には大きな危険はないことが判明した．これによって，防災対策や避難計画の策定から技術移転にプロジェクトの重点を移すことになった．ブータンへの技術移転とは，ブータンの研究者・技術者たちと協働することによってブータン側が能力を高め，氷河湖の危険度評価や防災計画立案を独自にできるようになる

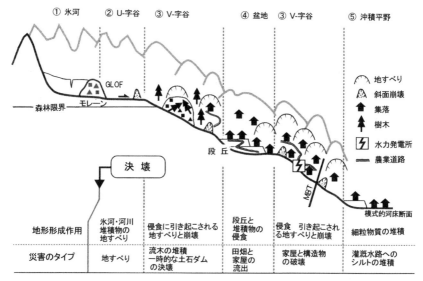

図 13-11 マンデチューの源流から下流までの川沿いで，GLOF に伴って発生する可能性がある地形形成作用と災害のタイプの模式的分布（Higaki and Sato 2012 による）．

ことである．日本側とおなじことがブータンの人びとだけで可能になり，ほかの流域でも実施でき，今後の氷河湖変化にも対応できるようになることが望ましい．必要な機材も提供した．

プロジェクトの3年間，多数のOJT（研究実務による研修授業）が野外でも室内でもおこなわれた．2011年10月末までにおよそ80人・月の活動になった．それに加えて，日本での研修授業が，野外実習と学会に出席するという形で9人のブータン共同研究者に対しておこなわれた．

もっとも重要なOJTは，われわれの野外調査に参加することをとおして野外観測と関係する設営技術を学んだことであった．ブータンの共同研究者たちは，水深測定，氷河測量，モレーンダムの地球物理探査，気象観測などの観測技術を学ぶことを望んでいた．それによって得られた情報をどのように分析するのかは，プロジェクトのなかで実際に作業しながら学んだ．室内では，衛星のリモートセンシング情報をどのように処理し分析するかについての最先端技術の教育がおこなわれ，実際にブータンの共同研究者たちが特

定の流域の氷河湖の抽出作業をおこなった．洪水予測と危険度地図の訓練授業もこのプロジェクト中におこなわれた．

8）市民への広報・教育活動（i）

プロジェクトの最後の段階で，氷河湖に関するブータン住民への広報・普及活動がブータン側と協力して精力的におこなわれた．高校生向けの講演会や説明会が何回も開かれ，現地の新聞や雑誌に連載コラムなどを執筆した．氷河湖決壊洪水に対するブータンの人びとの反応について，プロジェクトの期間中3年間ブータンに駐在した小森次郎は次のようにのべている．

「一般市民も氷河湖決壊洪水について強い関心をもっている．とくに1994年のGLOFによって多くの人命が失われたことは強く記憶されている．氷河湖の決壊に対して，多くのブータン人は，冷静に考え，冷静に対応していこうという姿勢をもっている．しかし，氷河湖の存在そのものを知らない人も少なくない．だからこそ，市民への広報活動が必要である」（岩田・小森 2011）．

9）学術的貢献（ヒマラヤでの氷河湖の形成条件）（ii）

すでにのべたように，このプロジェクトの特徴は，学術研究と防災援助の両方をおこなうことであるから，学術的貢献もおろそかにはできない．このプロジェクトの学術的成果は雑誌 *Global Environmental Research* の特集号「南アジアの山岳の最近の氷河変動と氷河湖，氷河湖決壊洪水の研究」に9篇の論文として掲載された．そのほかに *Journal of Glaciology, The Cryosphere, Natural Hazards and Earth System Sciences* など関係諸領域のコアジャーナル（基幹雑誌）に少なくとも8篇の論文が2016年までに掲載されている．これら学術的貢献で目立つのは，ヒマラヤ地域の氷河湖の形成条件の解明と，氷河・氷河湖研究と防災研究・対策に役立つ衛星画像解析技術の開発である．

ここでは Fujita *et al.*（2012）の記述によって，氷河湖の形成条件に関する研究について説明する．東ヒマラヤで氷河湖が形成される条件を明らかにするために，衛星情報を用いて東ヒマラヤと東南チベット全域の氷河湖と氷河，周辺地形を調査した．その結果，Sakai and Fujita（2010），Sakai（2012）は，

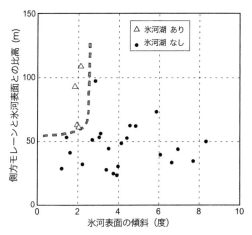

図 13-12 ヒマラヤの岩屑被覆氷河の［側方モレーンと氷河表面との比高］と［氷河表面傾斜］の関係を示したグラフ．白三角は氷河湖がある場合，黒丸は氷河湖がない場合．氷河湖は長さ1km以上のものを対象にした．灰色の破線は氷河湖のある場合とない場合の境界（Fujita *et al.* 2012による）．

ネパール゠ヒマラヤとブータン゠ヒマラヤでは，氷河の表面の傾斜値と「小氷期」以降の表面低下量によって，氷河湖の形成条件が明瞭に示せることを明らかにした（図13-12）．この図は，長さ1km以上の氷河湖をもつ氷河は緩傾斜で，氷河湖のない氷河より「小氷期」以降の表面低下量が大きいことを示している．この関係が生じる理由は次のように説明されている．氷河湖は，氷河表面の池群が拡大して形成されるから，氷河湖の形成は氷河表面の低下を加速する．氷河表面湖が拡大して氷河湖ができると，湖と接した氷河前面は，地面や前面モレーンからの抵抗を受けないから，氷河の下流部の圧縮力は低下する．次に，この圧縮力の低下は，氷河流動の上向きベクトルをへらすので，氷河表面の低下量が大きくなる．さらに氷河湖は氷河末端の分解を進め，氷河表面の低下速度を加速する．このように説明された形成条件は，氷河湖の変化に関する将来予測を可能にすると考えられる．

13-7　まとめ：このプロジェクトと統合自然地理学

　この 3 年間のプロジェクトは，DGM の真摯な努力とブータン JICA 事務所の支援によって計画通り終えることができた．また，地形研究者小森次郎と研究支援スタッフ依田明美がプロジェクトの期間中の 3 年間ティンプーに駐在したことも技術移転や広報活動に大きく役立った．

　もうひとつの要因は，地形学やリモートセンシングのような広域での調査を得意とする研究者・技術者と，狭い範囲で細かい分析調査をおこなうさまざまな領域の研究者・技術者とが共同で作業できたことである．日本側メンバーの専門領域は，氷河学・地形学・砂防学・衛星情報学・湖沼学・地質工学・防災科学（流域保全管理）など広範囲にわたり，しかも各領域の最先端の研究者・技術者が集まった．さらに，集まったメンバーの多くが空間俯瞰的，あるいは領域俯瞰的な研究方法を身につけていた．それは，プロジェクトの事務局を務めた藤田耕史や，洪水解析・ハザードマップ制作を担当した小池　徹の研究態度によく現れている．藤田は地球物理学の出身であるが，学術的成果を挙げるためには，ブータンだけにこだわらず，ヒマラヤとチベットの広い範囲での比較研究をすべきであると強く主張した．藤田の努力によって，ヒマラヤ山脈全体の氷河湖の研究が進んだ．小池は，地質学出身であるが，洪水解析の数値シミュレーションから，ハザードマップの制作，住民の意識調査まで広い範囲の領域俯瞰型調査をこなした．つまり，空間俯瞰的調査と，領域俯瞰型調査が噛みあったのである．そして，これらの俯瞰的調査と，詳細な細部分析的調査とがうまく結合した．

　このようなやり方は，工学や技術の分野では普通のことなのかもしれない．しかし，防災対策援助という工学・技術分野の結果だけではなく，理学系の領域でも学術的な成果を挙げることができたのは，このプロジェクトの大きな特徴であった．

注 1）モレーン：氷河によって形成された砂礫などからなる堆積地形.
注 2）http://www.eorc.jaxa.jp/ALOS/en/bhutan_gli/index.htm（2011 年 2 月 25 日）
注 3）藤田耕史は地球物理学出身の雪氷学者であるが，このような自然地理学的な発想ができる.

注4）比較氷河研究会：名古屋大学や京都大学，北海道大学の氷河研究者や学生を中心とした氷河研究グループで不定期に研究会を開催している．

注5）比抵抗二次元電気探査：地面に電流を流して地下構造をさぐる方法．微動アレイ探査：地面の微振動を地震計でとらえて地下構造をさぐる方法．

【引用・参照文献】

Ageta, Y., Iwata, S., Yabuki, H., Naito, N., Sakai, A., Narama, C., and Karma 2000. Expansion of glacier lakes in recent decades in the Bhutan Himalayas. In Nakawo, M., Raymond, C. F., and Fountain, A. eds., *"Debris-Covered Glaciers"* (Proceedings of a workshop held at Seattle, Washington, USA, September 2000), IAHS Publ. no. 246, 165-175.

Dwivedi, S. K., Achrya, M. D., and Simard, R. 2000. The Tam Pokhari glacier lake outburst flood of 3 September 1998. *Journal of Nepal Geological Society*, **22**, 539-546.

Fujita, K., Nishimura, K., Komori, J., Iwata, S., Ukita, J., Tadano, T., and Koike, T. 2012. Outline of research project on glacial lake outburst floods in the Bhutan Himalayas. *Global Environmental Research*, **16**, 3-12.

Gansser, A. 1970. Lunana: the peaks, glaciers and lakes of northern Bhutan. *The Mountain World* 1968/69, 117-131.

Higaki, D., and Sato, G. 2012. Erosion and sedimentation caused by Glacial Lake Outburst Floods (GLOFs) in the Nepal and Bhutan Himalayas. *Global Environmental Research*, **16**, 71-76.

岩田修二 2002．ヒマラヤの環境変動と多発する自然災害．科学，**72**，1233-1236．

岩田修二 2007．氷河湖決壊洪水の危機にさらされるブータン王国―緊急に必要な監視調査．*E-journal GEO*, **2**(1), 1-24. http://wwwsoc.nii.ac.jp/ajg/ejgeo/210124iwata.pdf

岩田修二 2011．『氷河地形学』東京大学出版会．

Iwata, S., Ageta, Y., Naito, N., Sakai, A., Narama, C., and Karma 2002. Glacial lakes and their outburst flood assessment in the Bhutan Himalaya. *Global Environmental Research*, **6**, 3-17.

岩田修二・小森次郎 2011．ブータンの氷河湖決壊洪水 1―住民を守るための調査と援助．科学，**81**，562-568．

Koike, T., and Takenaka, S. 2012. Scenario analysis on risks of glacial lake outburst floods on the Mangde Chhu River, Bhutan. *Global Environmental Research*, **16**, 41-49.

Komori, J., Gurung, D. R., Iwata, S., and Yabuki, H. 2004. Variation and lake expansion of Chubda Glacier, Bhutan Himalayas, during the last 35 years. *Bulletin of Glaciological Research*, **21**, 49-55.

Mool, P. K., Wangda, D., Bajracharya, S. R., Karma, K., Gurung, D. R., and Joshi, S.P. 2001. *"Inventory of Glaciers, Glacial Lakes and Glacial Lake Outburst Floods: Monitoring and Early Warning System in the Hindu Kush-Himalayan Region: Bhutan"*, Kathmandu, ICIMOD and UNDP-ERA-AP.

Ohashi, K., Takenaka, S., and Umemura, J. 2012. Study on applicability of electric sounding for interpretation of internal structure of glacial moraines. *Global*

Environmental Research, **16**, 51-58.

Sakai, A. 2012. Glacial lakes in the Himalayas: A review on formation and expansion processes. *Global Environmental Research*, **16**, 23-30.

Sakai, A., and Fujita, K. 2010. Formation conditions of supraglacial lakes on debris-covered glaciers in the Himalayas. *Journal of Glaciology*, **56**(195), 177-181.

Tadono, T., Kawamoto, S., Narama, C., Yamanokuchi, T., Ukita, J., Tomiyama N., and Yabuki, H. 2012. Development and validation of new glacial lake inventory in the Bhutan Himalayas using ALOS 'DAICHI.' *Global Environmental Research*, **16**, 31-40.

Ukita, J., Narama, C., Tadono, T., Yamanokuchi, T., Tomiyama, N., Kawamoto, S., Abe, C., Uda, T., Yabuki, H., Fujita, K., and Nishimura, K. 2011. Glacial lake inventory of Bhutan using ALOS data: Part I. methods and preliminary results. *Annals of Glaciology*, **52**(58), 65-71.

Vuichard, D., and Zimmermann, M. 1987. The 1985 catastrophic drainage of a moraine-dammed lake, Khumbu Himal, Nepal: cause and consequences. *Mountain Res. and Develop.*, **7**, 91-110.

Watanabe, T., and Rothacher, D. 1996. The 1994 Lugge Tsho glacial lake outburst flood, Bhutan Himalaya. *Mountain Research and Development*, **16**, 77-81.

Yamada, T. 1998. *Glacier lake and its Outburst Flood in the Nepal Himalayas*. Monograph No. 1, Data Center for Glacier Research, Japanese Society of Snow and Ice.

第14章
アムール川とオホーツク海の環境変化

　この章では，アジア大陸の広大なアムール川流域とオホーツク海，太平洋の親潮域を「鉄」という物質に注目して結びつけ，陸と海の環境変化や人間活動を総合的に扱った壮大な研究を紹介する．研究リーダーの白岩孝行は地球環境学の研究であるというが，まさに統合自然地理学の研究である．

14-1　本の評価

　この章は，白岩孝行著『魚附林の地球環境学』（白岩 2011：図 14-1）に書かれているアムール・オホーツクプロジェクトの解説である．最初に，この本を読んだときの著者岩田の感想を記す．

　本の前半は，アムール・オホーツクプロジェクトの成果，海を育むアムール川の「鉄」の解明，の一般向けの解説である．ところが，10 章あたりから，学術成果を超えた，このプロジェクトの真の目的，オホーツクの環境を守るための国境を越えた研究者の組織（認識共同体）を育てあげる過程が描かれている．これは，壮大で総合的な活動の記録である．このようなプロジェクトを組織し，動かした白岩は，真の統合地理学者であり，この研究は地理学の誇りである．

　続いて，アムール・オホーツクプロジェクトの性格を理解していただくために，岩田が地学雑誌（岩田 2011）に書いた「書評・紹介」から抜粋して示す．

237

図14-1　白岩孝行著『魚附林の地球環境学』.

書評・紹介〔白岩孝行著：魚附林の地球環境学　親潮・オホーツク海を育むアムール川，昭和堂（地球研叢書），2011年3月，A5判，230ページ，2,300円＋税．ISBN978-4-8122-1118-2〕

　この本のタイトル『魚附林の地球環境学』をみたとき，何のことか理解できなかった．しかし，副題の「親潮・オホーツク海を育むアムール川」と白岩孝行という名前をみて，京都の地球研（総合地球環境学研究所）のプロジェクトの報告なのだとわかった．
　著者の白岩孝行さんは，学生・院生時代には急峻な山岳（剱岳やヒマラヤ）で氷河地形の研究をしていた．同時に，巨大岩壁の初登攀の輝かしい記録を多数もつ登山界では有名なクライマーでもあった．北海道大学の低温科学研究所に勤めてからは，南極・北極・アラスカ・カムチャツカ・スイスなどで氷河コアの掘削と解析をおこない，氷河学と氷河地形とをつなぐ研究者として期待されていた．ところが，そのうちに「京都に行ってアムール川の訳のわからないことをやっている」という噂が流れてきた．やがて，そのプロジェクトは終了し，大きな成果を収めたことを，報告書や研究所の広報誌，テレビ報道などによって知ることができた．その後，北海道大学に戻った白岩（以下敬称省略）は「もう氷河の研究はできない．新しいことをはじめる」と言っているという．白岩をこのように変えたものは何か．それを知りたく

238——第3部　統合自然地理学の研究例

て読みはじめた.

本書の内容は「はじめに」に 10 行にわたって要約されている. その冒頭と末尾を引用しよう.「本書は『鉄』という物質に着目し, 大陸の陸面環境と外洋の海洋生態系を結びつける試みに挑戦したプロジェクトの軌跡である」「これまでの専門分野の垣根を越えて, 私たちは考えた. 本書を通じ, 七年半におよぶ研究者たちの研究活動と議論を伝えたい」. いいかえると本書は, 研究成果の一般社会向けの解説というよりも, プロジェクトをどのようにして成功させたかという研究活動の記録を, プロジェクトリーダーとしての立場から書き残したものである. そして肝心の, このプロジェクトの課題は, もっとも短くまとめるとつぎのようにいえる. オホーツク海や三陸沖（親潮）の高い海洋生産性が, アムール川流域で生産され, アムール川によって輸送される溶存鉄に依っているという仮説を検証すること.
〔中略〕.

本書の前半では, 仮説を組み立て研究計画にまとめてゆくおもしろさ, それを検証するための野外調査の苦労など, 先端科学の研究のあり方と現実を教えられる. 読み進めてゆくうちに, 12 章のヘルシンキ条約のあたりから, プロジェクトの最終的な狙いがわかってくる. 白岩たちのこのプロジェクトは, 海を育むアムール川の鉄の問題の解明という大きな成果を挙げたうえに, さらに, 研究グループを, 国境を越えた研究者の組織（認識共同体）にまで育て上げるという驚くべき成果をあげた.

このプロジェクトを白岩が京都に売り込みに行ったとき, 白岩はまだ 38 才であった. 若かったから無謀ともいえる企画に取り組めたのか, 成算はあったのかなど, 直接, 白岩から話を聞きたいものである. この活動報告を, これから大プロジェクトに取り組む可能性が高い 30 代後半の研究者にぜひ読んでいただきたい.（岩田修二）

最後に書いた「直接, 白岩から話を聞きたいものである」という点に関しては, 東京地学協会の講演会でくわしく話を聴くことができた. それでは, これから『魚附林の地球環境学』の内容にしたがってプロジェクトの内容をくわしく紹介しよう[注1]. 本文中の引用に後に示したページ番号は断りがない場合は白岩（2011）のページである.

14-2 研究計画

[第1章]

　1964年に東京で生まれ，育ち，早稲田大学教育学部の地理学専攻を卒業した白岩は，北海道大学大学院を経て，1990年に北海道大学低温科学研究所に就職した．ヒマラヤや南極で氷河の雪氷学研究に取り組むが，東西冷戦の終結によってロシアでの研究が可能になる．白岩はカムチャツカの氷河研究を1995年からはじめた．氷河をボーリング（掘削）して氷河コアを取り出して過去の環境を復元する研究である．氷河コアの解析からは気候変化が解明される．明らかになったカムチャツカやアラスカの気候変動の意味を考えるうちに，白岩は，気候変動とアラスカのサケや太平洋のイワシなどの魚の増減とが対応するという事実に注目した．気候変動と魚の増減をつなぐものは何か？　白岩は，氷河コアが示す大気中のダスト（黄砂など）の変動がプランクトンの生産量に影響し，それが魚を増減させるのだろうと考えた．海に関心をもった白岩はオホーツク海が「流氷，生物多様性，水産資源」によって「極東地域の宝」であることに気がついた．これが，白岩がオホーツク海に関心をもった経緯であり，氷河コアの研究結果によってオホーツク海の豊かさを説明できるのではないかという発想がはじまりであった．なぜ白岩がそのような発想をもつにいたったかは書かれていないが，文系地理の学部を卒業したからではないかと岩田は考えている．

[第2章]

　その発想による研究計画「北東アジアの人間活動が北太平洋の生物生産に与える影響評価」を練りあげ，京都の総合地球環境学研究所（以下地球研）に売り込んだ．2000年に新設された地球研の使命は，「地球環境問題の解決に役立てる総合研究にある」と現所長の安成哲三は表明している[注2]．白岩の研究計画は，自然と人の関係を究明するという研究所の趣旨に適合しており，2002年に萌芽研究として採択された．

　いざ採択が決まると，お膝元の低温科学研究所からいろいろ批判された．

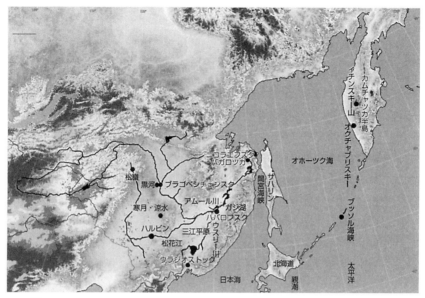

図14-2 オホーツク海とアムール川．黒丸は主要な調査地点（白岩 2011の図3による）．

氷河の研究者が，海洋や水産資源を研究するのは無理だという批判には「その通りの指摘なのだが，これに屈していては，従来の視点を突き破る視点は生まれない」(p.20) と考え無視した．無視できなかったのは，オホーツク海の研究にはアムール川の影響は外せない，とくにアムール川から運び出される溶融物質が重要であるという指摘を受けたことである．実は1997～2002年にオホーツク海でくわしい研究がおこなわれており，オホーツク海北西海域では，海氷[注3]の形成に伴って，低温で塩分濃度が高く，固体粒子に富む中層水（水深200～500 m）が形成されオホーツク海を南下し北太平洋にまで流れ出していることがわかっていた．

海洋生態系の生産量の基は海中に浮遊する植物プランクトンであり，その増減をコントロールしているのが海水中の溶存鉄（海水に溶け込んだ鉄）である．そして溶存鉄の豊富なことがオホーツク海の生物生産性の高さを維持している．そしてこの鉄の供給源がアムール川であるという仮説がたてられ，アムール川とオホーツク海（図14-2）とを同時に研究するというプロジェ

クトの方針が 2003 年はじめに決定された.

14-3　プロジェクト始動

[第 3 章]

　この段階で研究プロジェクトは気候学・雪氷学・海洋生物学だけではなく，海洋物理学・堆積学・陸水学・地球化学などの多分野に及ぶことがはっきりした．地理学や陸上生態学も加わった．アムール川の研究のために，白岩たちはロシアと中国の多くの研究所を訪問して研究計画を説明した．ロシアと中国を含めた共同研究の合意を得るまでにまる 1 年かかり，ようやく 2004 年 3 月にプロジェクト発足の会議開催にこぎ着けた.

　2004 年 9 月には日中露三国の研究者がともにクルーズ船に乗って会議をしながらアムール川を遡航するという企画が実施され，三国協働の記念すべき出発点となった.

[第 4 章]

　2005 年 4 月からプロジェクトが正式に動きだし，野外調査もはじまった．2005〜09 年の 5 年間のプロジェクトで研究予算（申請額）は約 6 億円，日中露三国の研究者総数が 100 名になる大型プロジェクトである．ロシア・中国と共同の野外調査にはとてつもない困難が伴った．とくに，これまでほとんど経験がないロシアでの野外調査は予期せぬ困難の連続だった．予期せぬ困難は，風土病対策，調査費用の入金トラブル，地元公安機関による妨害，調査拠点の選定，ロシア観測船の利用交渉などであった.

14-4　仮説の検証結果

[第 5 章]

　プロジェクトでは対象・地域と研究領域を異にする九つの課題が掲げられ，

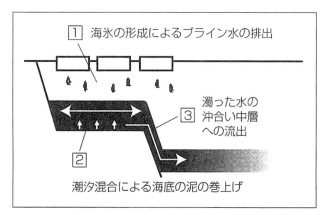

図14-3 オホーツク海北西沿岸における中層水の形成されるメカニズム[1][2][3]
(白岩 2011の図6による).

それぞれの研究グループが担当した．白岩の著書では，それが五つの仮説の検証という形で第5章～第9章で説明されている．これがプロジェクトの研究成果である．

まず「中層水鉄仮説」．先にのべたように溶存鉄の豊富さがオホーツク海の生物生産性の高さの原因である．この鉄はどこから来るのか．仮説は，オホーツク海北西部で海氷が形成されるときに高濃度塩水（ブライン）が形成され，沈降し，陸棚でさまざまな物質を取り込んで中層水となり（図14-3），東カラフト海流として，南へ，そして東へ流れる（図14-4）というものである．これを検証するためにロシアの観測船による2回の航海と，親潮域での5年にわたる調査（海水採取）によって海水の鉄濃度が測定され，鉄の流れが解明され，仮説は立証された．

[第6章]「風成鉄仮説」

黄砂など風によって運ばれ落下する鉄（風成鉄）も貢献しているという仮説．北海道とカムチャツカの陸上でのエアロゾルの観測とアラスカ東南部のランゲル山の氷河コア採取・分析によって風成鉄の量が測定された．年間の降下量からみると中層水から供給される量と同程度であるが，風成鉄は春の短期間に集中して降下するので植物プランクトンにとっては利用しにくいと

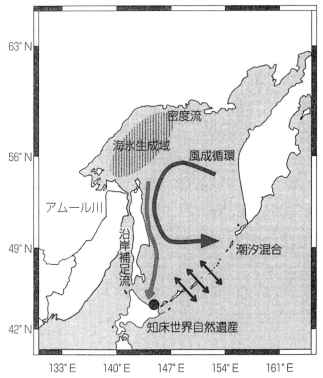

図14-4 オホーツク海北西沿岸の海氷生成域と海流．東カラフト海流（中層水）が反時計まわりに流れる（白岩 2011 の図5による）．

判断された．つまり，仮説は半分だけ立証された．

[第7章]「アムールリマン鉄仮説」

 アムール川から流出する鉄はアムールリマンを通過するという仮説．アムールリマンとは，アムール川の河口とサハリンとの間の細長い海峡状の浅海で北側のサハリン湾に続く．ここはアムール川から流れてきた鉄が海水と接して変質する場所なので，溶存鉄の量を測定する必要がある．軍事機密のために共同調査が難しかったのでロシアの研究者が海軍の船でサンプリングし測定した．アムール川の淡水域からアムールリマンの海水域に入ると，鉄は海水中のイオンと結合し，ほとんどが沈殿してしまい海水中の濃度はゼロに

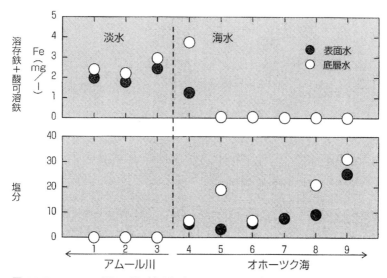

図 14-5 アムール川河口域（左側）とオホーツク海（アムールリマン）における表面水と低層水の溶存鉄＋酸可溶鉄濃度（上）と塩分（下）の空間分布．塩分が増すと溶存鉄濃度は減少する（白岩 2011 の図 16 による）．

なる（図 14-5）．しかし，フルボ酸と結合した鉄（次項参照）が全体の 10% あり，それは表層にとどまり遠くまで運ばれることがわかった．また，ここで沈殿した鉄は，海氷形成時に沈降する高塩分水で運ばれ中層水に含まれることも明らかになった．ここまでで，オホーツク海での溶存鉄の流れの全体像が明らかになった（図 14-6）．

[第 8 章]「フルボ酸鉄仮説」

　沿岸域での水産物の死滅（磯焼け）は，森林からもたらされる腐植物質，とくにフルボ酸と結合して川から供給される鉄が欠如して起こるという仮説が日本にある．これから考えると，アムール川からの鉄の供給もこの仮説で説明できると白岩は考えた．つまり鉄の起源は森林からもたらされる．ところが，ロシア側のデータによるとアムール川中流の湿原における溶存鉄の濃度が桁違いに大きいことがわかった．アムール川の鉄の供給源は森林なのか湿原なのか？「アムール川のどこで，いつ，どのようなメカニズムで鉄が

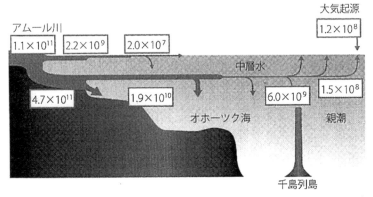

図14-6 アムール川河口からオホーツク海をへて親潮域までの経路における年間溶存鉄のフラックス（g/年）の推定値（白岩 2012の図3による）．

溶出し，それがいかにしてアムール川に流入するのか」（p.118）を解明する必要があった．そのためにアムール川中流域の4カ所を調査地点として選び，ロシアと中国の研究者が継続して土壌・地下水・河水の試料採取と分析測定をおこない，環境の違いによる鉄と腐植物質の動きを解明した．調査地は大学の演習林や研究所の実験圃場に設定された．

結果は次のようにまとめられる．①溶存鉄濃度が大きいのは，地下水が豊富で還元状態になっている場合と，腐植物質が多い場合である．②山地河川と湿地を比べると湿地の方が，濃度が高い．③森林内の河川では，流域源頭部より，中下流域の平坦部分で濃度が高い．④森林が失われた場合（山火事や水田化による），濃度は下がる．これらから流域の陸地表面を覆う森林と湿地の重要性が明らかになった．森林河川での濃度は湿地より低いが，面積的には大きいので森林から供給される腐植物質と鉄が重要であるという，「フルボ酸鉄仮説」を立証する結論が得られた．

[第9章]「土地利用変化仮説」

これは，アムール川への鉄の供給を減らしているのは土地利用変化であるという仮説である．「フルボ酸鉄仮説」を検証する過程で，アムール流域のある支川で1964年から2008年の間に溶存鉄の量が激減して15%になって

表14-1　アムール川流域の土地被覆・土地利用率の変化（%）

年	森林	低木草原	湿原	畑地	水田	その他
1930-40	56.6	20.6	13.2	6.7	0.0	2.4
2000-10	53.5	18.2	6.9	17.0	1.3	3.0

Ganzey *et al.* 2010 の数値によって作成. 合計が100%になっていない.

しまった事例がある. これは湿原が干拓されて農耕地に変わったからであった. そこで, 流域全体の土地利用の変化と鉄供給の変化の関係が明らかになれば「フルボ酸鉄仮説」がさらに検証されたことになる.

　日本側の地理学者と, ロシアと中国の地理学系の研究所が協力して, 2000年の土地利用図は衛星画像から, 1930年代のものはおもに外邦図（旧日本陸軍陸地測量部作成の地図）からアムール川全域の土地利用図が作成された. アムール川流域における土地被覆・土地利用の変化を表14-1にまとめた. 森林は3.1%, 湿原は6.3%減少したにすぎないが, 流域面積205万 km^2[注4]のアムール川では, それぞれ6万 km^2 と13万 km^2 という大きな面積になる. 中国では湿原が干拓されて農地に変わった. とくに三江平原で著しい（図14-7）. ロシアでは森林火災と森林伐採によって森林面積の減少と森林の質の低下が進んだ. このような変化が河川水への鉄の供給に影響するのは必至である.

14-5　結論と将来予測

［第11章前半］結論

　第5章〜第9章の仮説の立証によって, プロジェクト全体の仮説が立証された. つまり, アムール川流域がオホーツク海と北西太平洋（親潮域）にとっての「巨大魚附林」であることがはっきりした. 言い換えれば, アムール川（鉄をつくる陸域環境）, オホーツク海（鉄を運ぶ海洋循環）, 親潮域（栄養塩が豊富で鉄を必要とする海）という3地域の役割がそろうことによって, オホーツク海や親潮域が世界有数の豊かな海になった原因が判明したのである. このことの意義は,「科学者の間に厳然として共有されている『汽水を

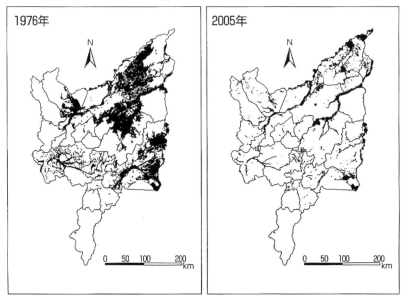

図 14-7 中国三江平原（アムール川〔黒竜江〕・松花江・ウスリー川が合流する場所を占める平原）における湿原の減少（白岩 2012 の図 26 による）．

越えて陸域の物質が遠くまで運ばれることはない』という常識」(p.167) を覆したことである．オホーツク海では，海氷が形成する中層水がベルトコンベアの役割をはたしているのである．白岩は「大陸と外洋の物質的・生態的な結びつきを立証した世界で最初の研究」(p.167) であるとのべ，さらにこれは「海洋生態系の保護や水産資源の持続的な利用に対し，陸域の土地利用の方法も考慮しなければならないという新しい視点が得られたことになる」（白岩 2012）とのべている．

[第 10 章] 将来予測のための数値モデル

これまでの検証で仮説が成立することが確かめられた．そこで，将来予測を試みた．地球温暖化に関する研究でよくわかるように，将来予測のない研究の価値は認められないのが現在の学術世界である．将来予測には数値モデル[注5]を組み立ててさまざまな条件を与えて答えを解く（モデルを走らせる

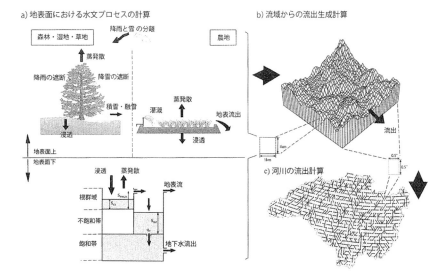

図 14-8 アムール川流域の溶存鉄フラックスを計算する水収支モデルの構造を示した模式図（大西 2012 の図 5 による）．

という）ことが必要である．白岩たちは，プロジェクトの開始と同時に，鉄の流出に関する数値モデルを組み立てていたが，なかなか実現できなかった．とくに陸地表面（数値モデルの世界では陸面という表現が好んで使われる）での鉄の流れ（フラックス）を計算するモデルの作成には苦労があった（大西 2012）．

考え方を簡単に説明する．鉄は水に溶けて運ばれる．だからまず，水の流れを記述する基本単位（モジュール）として，アムール川流域を 1 km 四方のグリッドに分けて，その水収支をモデル化し，流域全体の流出量を計算する（図 14-8）．そして，その基本単位での溶存鉄濃度を計算するための手順（アルゴリズム）を組み立てた（図 14-9）．基本単位の計算結果と計算された溶存酸素濃度を掛け合わせれば鉄の流れの量が得られる．まず，モデルの計算結果と実測値を比較してモデルの精度を確認する．月単位であればかなりよい精度で実測値を再現できることが明らかになった．これによって，さまざまな条件を与えてアムール川がオホーツク海に供給する鉄の量が計算できることになったのである．

第14章　アムール川とオホーツク海の環境変化——249

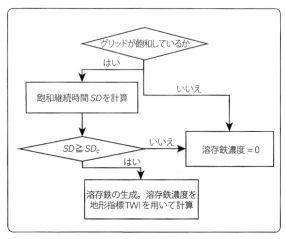

図14-9 水収支モデルの基本単位での溶存鉄濃度を計算するための手順(アルゴリズム).くわしい説明は大西(2012)の説明を参照されたい(大西 2012の図6による).

[第11章後半] 巨大魚附林の機能劣化

アムール川流域の巨大魚附林に関わる鉄供給システムに劣化(輸送される鉄フラックスの減少)が起こっている.その主原因は,ⅰ)アムール川流域における急速な土地利用変化に伴う湿原の減少,ⅱ)温暖化に伴う海氷の減少とこれがもたらす中層水循環の弱化である.ほかにも,さまざまな環境汚染が発生しており,アムール川はロシアの中でもっとも汚染された川であるという.その下流域であるオホーツク海や親潮域の水産資源に依存する日本にとっては心配になるところである.

通常の学術研究はここで終わる.しかし,白岩たちは,さらに先へ進んだ.それに関しては,次のまとめでのべよう.

14-6 まとめ

このプロジェクトで立証できた陸域から海洋への溶存鉄の流れは,蛇足ながら,図14-10のようにまとめられよう.こうしてみると,話の筋は簡単・

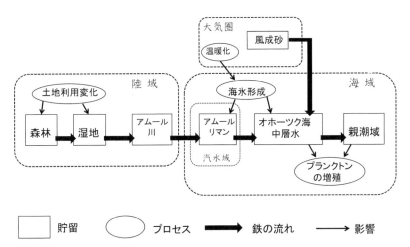

図 14-10 アムール・オホーツクプロジェクトの最大の仮説である溶存鉄の流れを示した作用—応答システム．鉄の流れと，それに関係するプロセスの影響関係を示したもっとも基本的なシステム図（岩田原図）．

明快である．

　このプロジェクトで白岩たちは，アムールの鉄の問題はオホーツク海や北西太平洋親潮域での問題だけにとどまらず「アムール川の運ぶ鉄こそが，人類の生存にとって必要な二つの大きな地球環境問題—食糧と気候変動—の鍵となっている」(p.181) ことを認識した．つまり，これは人類全体にとっての課題であり，国際協力によって取り組むべき課題であると考えたのである．このプロジェクトの結果を発展させるために，今後どうすればよいのかを考えた白岩たちは，北欧バルト海の環境を守るために組織された多国間連携組織であるヘルシンキ委員会をお手本に「アムール・オホーツク＝コンソーシアム」という組織を 2009 年 11 月に立ちあげたのである［第 12 章］．関係諸国でのアムール・オホーツク域の科学研究と環境問題を議論し，最終的には共同環境モニタリングをおこなうことを目標としている．このような組織によってこそ，これまで官僚や省庁の研究機関だけが担ってきた政策提案を大学や学会の研究者が担えるようになると白岩は主張する［第 13 章］．これは大学の新しい役割になるだろう．かつて米本昌平が提案していた「極東の環境を守るための国際組織の設立」（米本 1994）がようやく実現する．

第 14 章　アムール川とオホーツク海の環境変化――251

最後に，このアムール・オホーツクプロジェクトの研究方法と統合自然地理学との関係について岩田の感想をのべたい．白岩は，オホーツク海の中層水の鉄が大陸棚から来ていることが判明したときに「最大の疑問は，大陸棚の鉄がいったいどこから来たかという問題である．地理的な位置から見て，それはアムール川から来たことは間違いない」（p. 95）と予想している．従来の自然地理学では，これが結論になる．しかし，白岩は，続けて「予想は予想であって，仮説の検証のためには，実際にアムール川の鉄を測定しなければならなかった」とのべて，困難な観測・調査と分析を続けたのである．

　白岩のこの本から岩田が学んだのは次のことである．自然地理学者は俯瞰的な仮説を立てるのが得意である．しかし，その仮説は多くの場合，分析的手法で検証する必要がある．それは，分析的手法をもつ自然地理学以外の諸領域にゆだねるとしても，それら諸領域を組織して俯瞰的な研究にとりまとめてゆく能力を自然地理学者がもたないならば，真の統合自然地理学は進まない．

注1）プロジェクトのまとまった成果は地球研の報告書（"Report on Amur-Okhotsk Project"）として No. 6 まで刊行されている（http://www.chikyu.ac.jp/AMORE/publication08.htm）．一般向け論文・解説が，「月刊海洋」（2008 年号外 No. 50）や「月刊地理」（2009 年 12 月号），「海洋生物」（2012 年 2 月）の特集号に掲載されている．さらに，プロジェクトの成果に基づいて新しい流域概念を提案した単行本（Taniguchi and Shiraiwa 2012）も出版された．「海洋生物」特集号冒頭の白岩の解説文は，大学院の授業などに最適であろう．

注2）総合地球環境学研究所：環境科学分野での，領域俯瞰型のプロジェクトを組織し支援する研究機関．現所長の安成哲三は，古地磁気測定から気候学に転身したグローバル気候・気象学者．筑波大学地球科学系（地理学）の教授も歴任した．

注3）海氷：水面に浮かんでいる氷（浮氷）のうち海水が凍ってできた氷．漂流する流氷や，岸に固着した定着氷などに分かれる．

注4）アムール川の流域面積は理科年表（2011 版）では 184 万 km²．この面積はオホーツク海の 139 万 km²（理科年表　2011 版）より広い．この両者に関わる国はモンゴル・中国・ロシア・日本の 4 カ国である．

注5）数値モデルとは，ある現象の諸要素とそれら相互の関係を数式で表したもの．対象とする現象の変化をあらわす基本方程式をつくり，初期条件・境界条件を与えて数値的に解くための模式的な枠組み．

252——第 3 部　統合自然地理学の研究例

【引用・参照文献】

Ganzey, S. S., Ermoshin, V. V., and Mishina, N. V. 2010. The landscape changes after 1930 using two kinds of land use maps (1930 and 2000). Report on Amur-Okhotsk Project, No. 6, 251-262, Research Institute for Humanity and Nature.

岩田修二 2011. 書評・紹介. 地学雑誌, **120**(5), N2-N4.

大西健夫 2012. アムール川流域を対象としたマクロスケールの溶存鉄生成モデル. 海洋生物, **34**(1), 59-67.

白岩孝行 2011. 『魚附林の地球環境学──親潮・オホーツク海を育むアムール川』昭和堂 (地球研叢書).

白岩孝行 2012. アムール・オホーツクプロジェクト 概要と成果. 海洋と生物, **34**(1), 3-9.

Taniguchi, M., and Shiraiwa, T. eds. 2012. *"The Dilemma of Boundaries: Toward a New Concept of Catchment"*, Springer.

米本昌平 1994. 『地球環境問題とは何か』岩波書店.

第3部のまとめ

　第3部の第10章から第14章までの内容をまとめよう．ここでは，統合自然地理学の研究例を示し，統合自然地理学とはどのようなものであるかという著者岩田の考えを具体的に示した．これらの，対象も場所も方法も研究の規模も異なる五つの研究例から引き出せる，共通の方法とは次のようになろう．

統合自然地理学における共通の方法
1. 地図の作成（測量やリモートセンシングによる）
2. 地図や分布図の重ね合わせ
3. さまざまなスケールでの対応関係や物質などの流れの発見
4. 対応関係を因果関係へと解明するための調査（細部の分析的調査も）
5. 全体の枠組み（部分と部分の関係と流れ）を再検討

　これら1〜5の方法を確実にする具体的な方法は，ありきたりではあるが，次の①〜④にまとめられよう．

①広域空間情報の収集と処理

　19世紀の学術の遺産であると揶揄される自然地理学ではあるが，最近では，人工衛星情報などの高度なリモートセンシング技術や，地図情報，位置情報，画像解析技術など，高精度の多様な調査技術を駆使できるようになった．その結果，地理学の本質である，地域の全体像を把握するための大量の空間情報の入手や解析が現実的に可能になっている．

②多くの研究領域による同時観察や観測

　最近の電子機器による観測技術の向上はめざましい．そのため長期の連続的野外観測など，多様な調査技術を駆使できるようになった．また，多数の領域にまたがる各種の観測が，おなじ場所で同時に継続しておこなえるようになった．その結果，自然地理学の本質である，さまざまな自然構成要素の相互関係の解明が可能になってきた．

③分析的・実験的方法

　全体的・俯瞰的な研究であっても，細部の分析的研究による因果関係の解明が不可欠なのはいうまでもない．分析的・実験的方法を排除することはできない．これらの方法による成果は，個別領域研究の成果を利用することになるが，それなくしては，統合自然地理学も成り立たないことは，強調しすぎることはない．

④システム論的アプローチ

　得られた大量の情報をどのように解析し，自然諸要素の関連をどのように検証

254——第3部　統合自然地理学の研究例

し，どのように整理しまとめてゆくのかは，限定された空間範囲内の研究であっても大きな問題である．領域別自然地理学で達成された成果を最大限利用するのは当然であるが，それには自然史科学の一般的研究方法，実体（構造・機能・運動・時間変化）の比較，類型（タイプ）化，総合化，モデル化などの駆使が必要と思われる．

　その場合に有効と考えられる方法論はシステム論的アプローチである．1970年代に，自然地理学は，システム論的アプローチを取り入れて，総体としての自然の把握という自然地理学本来の姿に近づくことができた．システム論的アプローチによる，生きた自然の全体像の把握は，こま切れの個別分野の研究にはない，自然を構成する諸要素の相互の関連を解明し，自然の全体像を把握する自然地理学の構築を可能にした．また，これによって，とくに工学諸分野との連携がとりやすくなった．

まとめ

　統合自然地理研究者に必要とされるのは，俯瞰的な見方による仮説の提示と，それを検証する研究をとりまとめる能力が必要である．統合自然地理学では俯瞰的な仮説を立てることがまず求められる．しかし，その仮説は分析的手法によって検証されなければならない．その検証は，分析的手法をもつ領域別自然地理学や自然地理学以外の諸領域にゆだねるとしても，それら諸領域を組織して俯瞰的研究にとりまとめてゆく能力を自然地理学者がもたないならば，真の統合自然地理学は進まない．

第15章
成功する統合自然地理学への道
注 文の多い付録文[注1]

成功する統合自然地理学をめざすならば，既存の教育の枠からとびださなければならない．そのためには，自分自身の興味と教養を広げ，共同研究をおこなうための仲間づくりに励まなければならない．具体的にはどうすべきなのか？　著者岩田の経験談である．

15-1　昆虫採集・切手収集・鉄道趣味

学生のころから，切手収集，昆虫採集，鉄道趣味をやる人は地理学者として成功するという伝説があった．著者岩田のまわりにも，切手収集では岡山俊雄・矢沢大二（岩田の恩師ではあるが敬称は略した．以下おなじ），昆虫採集では町田 洋，小野有五，鉄道趣味では町田 洋や杉浦芳夫などが知られていた．岩田も小・中学生のころには切手収集，昆虫採集，鉄道模型が好きだった．このような趣味が，自然や地理現象についての広い関心をもつきっかけになったのだろうか？　統合自然地理学に関心をもつ資質はどのようにして形成されたのだろうか？

切手収集は，かつては世界各地の地域情報の源でもあったので，切手収集から世界に関心をもった人が地理学に進んだのは想像できる[注2]．昆虫採集は，1920年代から1960年代まで都市の小・中学生の夏休みの宿題（現在なら自由研究）の定番だった．それがきっかけで昆虫採集を続け，それが登山や自然科学をはじめる動機になった人も多いが，そうではない場合も多い．昆虫採集は趣味に限定し，仕事は別という場合である[注3]．

ところで，切手収集と昆虫採集は，非科学的な活動の象徴として，しばしばやり玉に挙げられる．2002年12月20日の朝日新聞に加藤周一が「原子

核を発見したラザフォードは"物理学こそは唯一ほんとうの科学であり，その他は蝶の標本の蒐集にすぎない"といったそうである．たしかに蝶の蒐集家は科学者ではない」と書いている．同じ内容は，1983年に地球物理学者小嶋 稔によっても紹介されている．「かつてラザフォードは，"すべての学問は物理学か切手収集かのいずれかに分類される"と語ったと伝えられている」（ホームズ『一般地質学』東京大学出版会の推薦文）．これは博物学に起源をもつ諸領域を科学ではないと切り捨てた物理学者ラザフォードの奢りにほかならない．切手収集や昆虫採集という網羅的な収集やその整理技法は，自然史学領域では研究のトレーニングとして大いに役立っていると思われるのだが．

　鉄道趣味は，乗鉄，撮鉄，模型製作などと多様であるが，鉄道趣味から交通地理学の大家になった青木栄一のように（青木 1992），鉄道趣味がきっかけで地理学者になったケースも少なくないであろう．

　確かに，これらの趣味が，地理学を学ぶきっかけになった人が多いのは否定できないが，特定の趣味に対する強烈な指向は，個別領域研究に没頭することをもたらすのではないか．最初に挙げた諸先生も専門的な研究に邁進された．領域俯瞰研究に進む人と個別領域研究を好む人とが分かれる理由は何か？　自然（地域）の全体像が好きな人と学問体系の論理性が好きな人との違いだろうか？

15-2　登山と探検

　この本の10章から14章の研究例に登場する研究者のかなりが山岳部・探検部OBや登山愛好家である．岩田自身も登山が好きで，山登りが地理学に進むきっかけになった．その経緯は岩田（1992）や野中（2012）に書かれている．都会の子供にとって登山は非日常の特異な経験であり，登山中に見るものすべてが珍しく，山の自然のすべてを知りたくなる．他方，田舎の子供にとっては，山は日常生活（山菜・きのこ採りや山遊び，スキーなど）の場であり，総合的な自然体験の場であった．

　高校や大学に進学して山岳部やワンダーフォーゲル部の活動に参加すれば，

山行ごとに，事前に目的の山の自然を調べ，終了後は山行記録を残すことを課せられる．1960〜70年代の山関係の部活動では，身体を動かす登山のほかに，いろいろな行為が付随していた．当時は，ヒマラヤやアンデスなどの世界の辺境には未踏峰が残されており，未踏峰に登ることは若い登山者にとっては憧れであり，そのために過去の探検記を読んだり初登山の記録を整理したりすることも，未踏峰や未踏ルートを探す勉強として普通であった．

とくに探検は，地図もない未知の場所に行くのであるから，見るもの，経験することのすべてが記録に値するものであり，学術的関心の対象になる[注4]．探検的登山（未踏峰の登山）や大学探検部の探検旅行は，領域俯瞰的な視点を育てるのに有効であった．同時に，登山や探検行動の野外トレーニングは，地理学の野外調査のための行動技術のトレーニングにもなったのである．1970年代まで，日本の大学での野外科学のトレーニングは，山岳部やワンゲル部，探検部などの「部活」によっておこなわれてきたと言っても言い過ぎではないであろう．しかし，最近のこれらクラブの活動の低迷は野外科学の衰退を招いている．統合自然地理学の研究振興にとってもマイナスの要因である．

15-3　領域俯瞰型研究のための学習

1）幅広い学習が必要

ここでは，大学学部・大学院での領域俯瞰型研究を可能にする能力をどのようにして身につけるかを考えよう．大学に入学したばかりの学生の興味は漠然としており，専門領域にとらわれていないのが普通である[注5]．高校でのサークル活動や趣味の（悪？）影響を受けて，最初から限定された方向性をもっている学生は例外的である．逆に，幅広い学習を望んでいたのに，入学した学科や専攻に自分が勉強したい授業がないことを嘆く学生が多い．岩田も，明治大学の文学部史学地理学科に入ったとき，勉強したい文化人類学の授業が文学部になかったので，政経学部の文化人類学の授業をモグリで受講した[注6]．大学院に入ったときには指導教員（貝塚爽平）から「気候地形

第15章　成功する統合自然地理学への道──259

学を研究するのだったら都立大学の気候学の授業は全部聴くべきだね」と言われたので，矢沢大二・前島郁夫・中村和郎の講義には学部の授業も含めてほとんど出席した．さらに，修士課程では地形学研究室のセミナーだけではなく，地誌学研究室のセミナーにも出席した．高校時代の友人や山仲間のツテをたよって，ほかの大学院の授業の聴講に出かけたりもした．

とにかく，大学や大学院の枠組みや学問の体系に関わりなく，幅広く（興味のおもむくままに）勉強することが大切である．ただし，このような幅広い学習に対しては，指導教員からクレームがつくかも知れない．「専門的な領域を集中して勉強しないと，卒論や修論が書けないぞ」とか「研究職に就けないぞ」というようなものである．日本の大学では，広い領域への関心を，狭い個別領域に閉じ込めることが専門教育の「指導」であるという考えがいまだに根強く残っている．教員によっては，「指導できない」という理由で，自らの専門領域以外の勉強を許さない場合もある．そのような場合，一応，先生の指導にしたがって，狭い領域の勉強に集中しよう．しかし，機会があれば，そして余裕があれば，他領域の勉強も素知らぬ顔でおこなえばよいのである．

2）野外学校の重要性

統合自然地理学の研究をおこなうには，さまざまな自然現象に関心をもち，野外での調査や研究をするのが基本である．そのための学術的教養と訓練が必要である（岩田 1997）．野外に出て，多様な，生の自然を総合的に観察・観測できる技術の習得はかかせない．欧米の地理学や生態学の学部・修士レベルでおこなわれている，長期間の，複数の領域にまたがる野外訓練（野外学校など）が効果的である[注7]．欧米では長期間（3週間程度）の野外学校が夏休みなどによく開かれている．岩田が大学院生の時（1970年代）に，コロラド（合衆国）やカルガリー（カナダ）で開かれたその種の学校に参加しようとしたが，授業料だけで1000ドル以上かかり，渡航費も考えるととても無理だった．日本の地理学関係の学部・大学院の野外実習は長くても1週間で，期間が短すぎるし，内容も限られている．生態学や地質学なども含めた幅広いものにすべきである．ところが，最近では地球科学関係の一部の

学科や専攻では，教員の能力不足のために自前で野外実習を実施できなくなってきたという．そこで教員 OB が NPO 法人をつくり野外実習を請け負うこともはじまっている[注8]．

　研究室やその周辺の先生がたや先輩が野外調査に行くときは，積極的に申し出て連れて行ってもらおう．調査の手伝いをすることができれば，カリキュラムの野外実習よりは，はるかに得るものが多いだろう．学会などもさまざまな野外見学会や野外学校を開催している．そのような催しが少なかった1990 年代中ごろには，氷河研究を志しているイギリスの大学院の女子学生から，「氷河調査技術を習得するために山岳ガイドを雇って技術講習会を開くから，希望する女性院生は連絡しろ」というメールが来ていた．必要な野外学校は自分たちで開設するという意気込みである．

　1941 年，京都帝国大学の 1 年生だった梅棹忠夫・川喜田二郎・吉良龍夫・藤田和夫・伴 豊・和崎洋一の 6 名は，京都の百万遍近くの汁粉屋の 2 階で探検家になるための指導を今西錦司に頼み込んだ（本田 1992：108）．「今西探検学校」と呼ばれている私塾の誕生である．当時，今西は京都大学理学部の無給講師であり，このとき梅棹たちと個人的な師弟関係（つまり私塾）を結んだのであった[注9]．

　第 12 章でふれた上高地自然史研究会では，1991 年から 2015 年ころまで「夏の学校」「秋の学校」という名前の野外共同調査をおこなっていた．この調査の特徴は，異なる研究領域の教員・院生・学部生がいっしょになってグループを作り調査をすることである．たとえば，植物群落の調査であっても地形屋や水文屋が植物屋に加わって調査をする．地形屋や水文屋は，最初は記録係くらいしかできないが，そのうちに植物の名前も覚え調査に貢献できる．そして地形屋や水文屋としての調査中の発見や解釈を植物屋に伝えることができる．このように協働することによって，はじめて領域を越えた情報の共有ができ，共同研究がはじめられる．そして，それが領域を越えた相互の教育になるのである．つまり，共同研究における野外調査こそが最高の野外学校になりうるのである．

第 15 章　成功する統合自然地理学への道──261

15-4 共同研究

1）共同研究の難しさ

　統合自然地理学のような複数の研究領域にまたがる研究をおこなうためには，専門の異なる研究者が集まっておこなう共同研究が欠かせないというのは学界の常識である．第11〜13章に示したように，岩田も多くの共同研究をおこなってきたし，実際に統合自然地理学の多くは共同研究によっておこなわれている．しかし，学界の常識である共同研究は，ほんとうに個別領域研究の枠を越えた研究になっているのだろうか．というのは，共同研究の成果として印刷される報告書の多くが，領域別の論文を並べただけの論文集にすぎないのを知っているからである．

　京都の国際日本文化研究センターで共同研究を経験した哲学者森岡正博は共同研究について次のように述べている．ある学際的テーマを決め，そのテーマに関わっている全国の研究者を幅広い学問領域から選出し，年に4回ほど共同研究会を開催する．研究会では，メンバーが持ち回りで発表をして討論をおこなう．それを3〜4年間続けたあと，メンバー全員がそれぞれの論文を書いて報告書を作成し刊行する．しかし，この報告書は領域別の「論文集」にすぎない（森岡 1998）．岩田は1992年から2001年まで大阪千里の国立民族学博物館の共同研究に参加したが，そこでおこなわれた共同研究も森岡がのべているのとほとんどおなじであった．研究者の多くは，いろいろな領域の研究を寄せ集めてきて並べれば領域俯瞰型の研究になるという安易な考えをもっているようである．領域を越えた共同研究を推進するために国際日本文化研究センターや総合地球環境学研究所が設立されたが，真の意味で成功した共同研究は少ないようにみえる．

　領域をまたぐ共同研究が困難なのは，①他領域のことは理解できない，②他領域のことには関わりたくない，③他領域からの意見は聞きたくない，という個別領域研究者の本音があるからであろう．したがって，共同研究を成功させるためには，それぞれの研究者が，自分の専門領域以外の研究領域にも関心をもち，自分の領域外とも議論ができるようになるための特別な教育

が必要になる．その方法は後述する．

2) リーダーの必要性（ひとり学際研究）

第14章で示したアムール・オホーツク゠プロジェクトが成功したのはリーダーの白岩孝行の強力なリーダーシップがあったからである[注10]．わたしが1980〜85年に参加した「ネパール゠ヒマラヤの地殻変動に関する研究」は，岩石学・層位学・古生物学・変動地形学・発達史地形学・氷河地形学・測地学という多くの領域の研究者が協働する共同研究であったが，最終段階ではリーダーの木崎甲子郎（当時は琉球大学教授）が独りで報告書（論文集）（木崎 1988）をとりまとめ，普及書を2冊執筆した（木崎 1994；Kizaki 1994）．このように，コミュニケーションや協働の習慣がない複数の領域をまとめて共同研究を進めるためには強力なリーダーが必要になる．

森岡（1998）は，強力なリーダーは，テーマに関連する研究領域に躊躇なく入り込み，その領域の知識・方法を学び，テーマの解明に関する領域俯瞰的枠組みをみずからの内部に形成しなければならないと強調する．それを森岡は「ひとり学際研究」と呼んだ．そして，それを可能にするのは，①領域の壁を乗り越える勇気を与える鮮烈な問題意識，②そこまでして問題を解明する〔その研究者自身にとっての〕切実さ，であるという．言い換えれば，共同研究者に対して，「何を明らかにしたいのか」がクリアーに伝わり，その問題が「なぜ解明されなければならないのか」が明確に示されなければならない．このような問題意識と切実さは，「地域や社会が直面する複雑で深刻な問題」の解決を目指す「課題そのものに駆動された科学」から生まれてくると佐藤（2016）は言い，そのような領域俯瞰型研究を「地域環境学」と呼ぶ．そして，これは，知的好奇心に駆動される科学とは別物であると主張する．

3) 共同研究のための人的ネットワークづくり

上記のような主張があるにもかかわらず，領域俯瞰型共同研究のリーダーとして「ひとり学際研究」をおこなうのは，「問題意識」や「切実さ」のアッピールだけでは難しそうである．岩田がおこなって来たことは，さまざま

な領域を専門とする院生や研究者を包含する勉強会や研究会に参加したり，共同研究グループを結成したりして，日ごろから，異なる領域の人たちと接し，領域間の垣根を低くし，理解を深めておくことであった．このことは，少なくとも，地形学や雪氷学分野では，外国の研究者に自分の研究を認めさせるときにも重要になってくる．国際学会の懇親会やエクスカーション（見学旅行）を積極的に活用しよう[注11]．

　ネットワークづくりの手はじめは研究グループの結成である．岩田は，1971 年に寒冷地形談話会を結成し，1974 年からは GEN（ネパールヒマラヤ氷河学術調査隊）と比較氷河研究会[注12]に参加し，おなじ年に高山地形研究グループを結成し，1991 年には上高地自然史研究会をつくった．寒冷地形談話会にも高山地形研究グループにも地形という名前がついているけれども，気候学・雪氷学から生態学までを含む領域俯瞰型の研究グループであった．大学院のときには，山登りの仲間が他大学の山岳部や探検部にいたので，そのツテで京都大学・北海道大学・東京工業大学などの氷河・気象・地質・生態学などの院生と知り合うことができた．このようにしてできた人間関係のネットワークは，領域を越えた研究グループへの参入やその後の共同研究をとても容易にしてくれた．

　最後に付け加えるならば，自然地理学以外の領域の研究者が主体となっている領域俯瞰型共同研究に参加するためには，地理学（あるいは自分の専門領域）が共同研究に貢献できることをアピールする必要がある．岩田の場合は，測量を含めた地図つくり，空中写真判読，地形調査などが売りになった．予想外だったのは，地理屋にとっては当たり前の，ルート沿いの風景観察やその記録が評価されたことだった（第 4 章参照）．

15-5　領域俯瞰型研究を推進するための学習

　個別領域研究が学界と社会のすべてを覆い尽くしている現在，領域俯瞰型研究を推進するための教育を考えると絶望的になる．しかし，建前やあたり障りのないことを書いても意味がない．この章は，本書で学ぼうとしている学生・院生のために書いているわけだから，ここでは，森岡（1998）の具体

264

的な教育への提案をベースにして，具体的な学習の方法を提案する．

1）学部での領域俯瞰研究の試み

　学部のある時期に（3年生ぐらいか？），複数の領域にまたがるテーマを考えて，野外調査をおこないレポートを書く．以前は3年生から4年生に進級するために進級論文を課す大学も少なくなかった．あるいは，早稲田大学や明治大学などでは，地理研究会などというサークル活動があって独自の調査をおこなっている．とにかく，ひとりででもグループででもよいから何かをやってみる．たとえば，第10章で紹介した丘陵地の野外実習のようなものでもよい．調査の方法を解説した手引き書や各種図鑑類などを参考にして手探りで調査を進めることになるだろう．なんとかして，結果をまとめることができれば，それによって，領域俯瞰的なものの見方とはどういうものかが経験できるだろう．

　卒業研究では，無理に領域俯瞰的なテーマを選ぶ必要はない．個別領域研究を経験しておくことで，ある領域の学問において「厳密に」（既成の学問体系に沿って）ものを考えるとはどういうことか，先行研究を踏まえて議論を進めるとはどういうことかを体得できるであろう．近代以降の地理学が築きあげてきた個別領域地理学での研究を経験しておくことは重要なことである．

2）大学院での領域俯瞰研究の試み

　大学院では，統合自然地理学の研究を本格的に開始する．学部とは異なる研究領域を選択すること，地理学以外の専門から地理学への進学も，研究領域の幅を広げる成功の鍵である．修士（博士前期）課程1年目はなるべく幅広く授業を履修し論文を読もう．しかし，それよりも重要なことは，多くの領域の野外実習や野外調査に参加することである．そして，修士論文（あるいはそれに替わる研究）のテーマに領域俯瞰的なテーマを選択することを試みよう．その場合，複数のセミナー（あるいは修論指導の授業）に出席することを認めてもらおう．あるいは合同セミナーなどの開催を要望する．それと同時に，地理学以外の領域の研究者が集まる場所に出向いて議論に参加し

て，その領域の方法や知見を吸収することも必要である．さらに，自分から進んで領域俯瞰的な研究会を企画することや共同研究を提案・実施する．このような経験をしておくことは，将来「ひとり学際研究」をおこなうときに大きな力となる．

　修士論文や博士論文は単著で発表しなければならない決まりである．共同研究の一部分を修士論文や博士論文にする場合は，ほかの共同研究者との境目をはっきりさせることが必要になる．ただし，共同研究から誕生する学位論文では，統合自然地理学からはずれる個別領域研究になるかもしれない．統合自然地理学からはずれるとしても，学位論文はひとつの通過点に過ぎないから我慢できるだろう．

　統合自然地理学が可能になるような学習や研究をスムーズにおこなうためには，現在とは異なる教育体制の構築が必要になる．研究室や講座の壁を取り払った研究・教育活動，カリキュラムの改訂などである．異なる領域の複数の教員による卒論や修論の共同指導体制がうまくゆくことも望まれる．しかし，このような教育・研究体制の改革は，一筋縄ではいかない．さしあたって学生・院生諸君にできることは，地域を舞台にした領域俯瞰型の研究会や，履修単位や学位取得とはかかわりない私塾のような場をうまく利用することになろう（岩田 1997）．

15-6　教員への提言（教員が変わること）

　「余計なことを言うな」という非難を覚悟のうえで言い残したことをあえて書きたい．

　統合自然地理学を進める上で，最大の問題は，統合自然地理学の研究を実践している（経験した）教員がほとんどいないことである．したがって，学生が領域俯瞰型の研究を望んだとしても，実質的には，教員がそれを抑制することになる．教員が「この研究室の研究内容からはずれている」「わたしが指導できない研究は認めない」というのはもっとも普通の教員の反応である．また，学生たちは，教員が実際に領域俯瞰型研究をおこなっている姿を見ることができないから，領域俯瞰型研究がどのようなものかを知ることが

できない.

　教員が変わるためには，教員がプライドを捨てて，学生と一緒になって，自らの専門外の領域を勉強すればいい. 学生と一緒にその分野の基本文献を読み，野外調査をおこない，学生とディスカッションをする. それによって，教員自身が自分の専門以外の領域も俯瞰できるようになる. それを繰り返すことによって，教員は統合地理学を実践できるようになる（ことを期待したい）.

　最後に，この本を書いた趣旨，つまり統合自然地理学を進めるための，さしあたっての学部教育の改革提案を列挙する.

　①一般教育や教職課程の「自然地理学」では通年授業の半分で「統合自然地理学」を教えること.

　②専門課程の地理学（地理学科や地理学専攻）では，自然地理学概論として「統合自然地理学」を教えること.

　③野外実習は，個別研究領域だけではおこなわず，複数の研究領域が合同で，あるいは連携しておこなうこと.

　④卒業研究や修士論文研究で統合自然地理学の内容をテーマに選ぶ学生や院生がいたら，実現できるような指導体制を整える努力をすること.

注1）この章（15章）が使われるのは，おそらく学期の最後の授業になるだろう. その時間は，試験に当てられたり，休講になったりして，自習教材として使われる場合が多いと思われる. したがって，読み物風に書こう. 著者岩田の愛読記事である「UP」（東京大学出版会の広報誌）に連載されている須藤 靖の文章「注文の多い雑文」をまねてみた. さらに，かつての愛読書『成功するサイエンティスト』（シンダーマン 1988）のタイトルの一部も借用した.

注2）わたしの学部の指導教授の岡山俊雄が切手収集をされているのを知って，高校時代のノルウェーのペンフレンドの手紙に貼られていた北極探検家ナンセンの肖像切手を差しあげたところ，消印のリングセイデ（Lyngseidet）という地名（トロムセの近くの村）を判読されて，「なぜ君がこんなところの人とコンタクトがあるのか」と不審がられたことがあった.

注3）昆虫採集の行方：①多くの人は社会人になったあとも昆虫採集を趣味として続ける. 趣味というよりも昆虫の系統分類学に貢献するような専門的な場合もあった. 解剖学者養老孟司や，政治家鳩山邦夫などである. ②昆虫採集を続けて昆虫学者になった人もいる. 東京都立大学でバッタの系統分類を研究した山崎柄根や，北海道大学理学部，旭川医科大学，竹中工務店でアブの生態，寄生虫，ゴキブリの研究をした稲岡 徹（著者の

中学時代の昆虫採集仲間）などである．③昆虫採集からはじまって山岳研究・生態学・動物行動学・霊長類学・進化論などの大学者になったのは今西錦司である．④昆虫採集から地理学者になった人もいる．鹿野忠雄は東京帝国大学の地理に進学し動物地理学（新ウォレス線の延長）をおこない，その後，氷河地形と民族学の研究をおこなった（鹿野忠雄の生涯は山崎 1992 を参照）．町田 洋は東京大学の地理に進み崩壊地形と火山灰編年学の大家となった．

注4）1953 年，ヒマラヤ山脈のマナスル登山隊の学術班に川喜田二郎は地理学者として参加した．その出発前に川喜田は，気候，地形，植生，蝶から村人の暮らしまで，地理学の全分野をひとりで幅広く調査する意気込みを語っている（川喜田 1957：18）．

注5）東京都立大学の地理科の毎春の新入生歓迎会の自己紹介では，地理科を選んだ理由のほとんどは「地理科では幅広く何でも勉強できるから」というものだった．

注6）明治大学には 2 部（夜間部）があったので専門の地理の授業のほかに受講する時間的余裕があった．当時は東京大学の泉 靖一が出講されていたので，講義もゼミも欠かさずに受講した．学部 3 年生の時岩田は南米パタゴニアに登山に行ったが，その出発前にパタゴニア族に関する民族調査報告書を大量にコピーさせてくださった．

注7）東京都立大学にいた生態学者鈴木和雄は次のように書いている（鈴木 1993）．「私のアメリカ人共同研究者のフィールドワークを見ていると，様々なアプローチを一人でこなし，鳥，昆虫，植物と幅広く研究対象をカバーしているのには驚く．それに対し一般に日本人研究者の多くは研究対象が非常に狭いと思う．そして，アメリカ人研究者は自分たちのフィールド，動植物を良く知っている．またその場の状況を生かした仕事をしている．これは学生時代から毎年夏期の三ヶ月間をフィールドで過ごすことができるからであると思う．この継続した一定期間がフィールドの研究にとって重要である．週に一〜二度通って行なう細切れの時間でできることは限られてしまう．この研究所〔ロッキー山脈生物学研究所 RMBL：岩田注〕では夏期に学生向けに野外実習のコースがいくつかあり，単位を取ることができる．このようなシステムはフィールドの研究者を育てる良い機会となっているようだ．」

注8）たとえば「学生のヒマラヤ野外実習ツアー」という 2 週間の地質学分野の野外学校が 2012 年から毎年ネパールのカリガンダキ沿いで実施されている．このツアーはいくつかの大学の地質学教室と提携していて実習の単位が取得できるようになっている．参照先：www.geocities.jp/gondwanainst/geotours/Studentfieldex_index.htm

注9）今西探検学校の最初の野外教育は，1941 年夏から秋におこなわれたミクロネシアのポナペ（ポンペイ）島の調査であった．ここで学生たちは，今西から野外調査の方法を徹底的にたたき込まれ，帰国後の報告書作成では原稿が原形をとどめないほど訂正された（吉良 1975）．その教育の成果は，翌年の大興安嶺探検（今西 1952）の成功に現れた．

注10）ところが白岩からの私信では「私はプロジェクトメンバーをぐいぐい引っ張っていくようなリーダーではなく，どちらかというと専門家のメンバーをコーディネートするような役割でした．個性が強く，かつ野心的な多分野の専門家を束ねるには，こういう性格のリーダーが結果としてうまく働いたように思いますが，後から考えてみれば，比較的抵抗なく多分野に首を突っ込むことができたのは，地理学で教育を受けたお陰だと思います」と謙遜する．

注11）大学院のころからヒマラヤの氷河や地形の英語論文を書いていたが，引用・参照される機会はなかった．1980 年代になって，国際学会やそのエクスカーション，懇親

会で外国の研究者に知り合いが増えて，ようやくわたしの論文が外国の研究者の論文や教科書に引用・参照されるようになった．諸外国の研究者は，顔が想い浮かばない研究者の論文はなかなか引用・参照しない．

注12）GENと比較氷河研究会：GEN（Glaciological Expedition of Nepal）は，1973年に名古屋大学・北海道大学・京都大学の大学院生を中心として結成されたネパール゠ヒマラヤの氷河を研究するグループ．最初の年はアルバイトの積雪調査で稼いだ資金（約300万円）で活動したが，翌年からは樋口敬二（名古屋大学教授：当時）を研究代表者とする科学研究費補助金による研究にかわった．1978年まで続いた．比較氷河研究会は広く氷河問題を議論する研究会として不定期に開かれた．どちらも氷河学・地形学・水文学・気象学などの研究者や院生から構成されていた（第13章の注4参照）．

【引用・参照文献】

青木英一 1992．鉄道趣味と地理学．地理，**37**(11)，14-21．

本田靖春 1992．『評伝 今西錦司』山と渓谷社．

今西錦司 1952．『大興安嶺探検』毎日新聞社（復刻版：講談社，1975，朝日文庫，1991）．

岩田修二 1992．登山と地理学―山をフィールドにすべきかについての個人的体験．地理，**37**(11)，29-34．

岩田修二 1997．大学院における地理学の野外教育．地学雑誌，**106**，820-825．

川喜田二郎 1957．『ネパール王国探検記―日本人世界の屋根を行く』光文社．

吉良龍夫 1975．解説―復刻版へのあとがき．今西錦司 編『ポナペ島―生態学的研究』（復刻版）講談社（原著は1944年刊）．

木崎甲子郎 編 1988．『上昇するヒマラヤ』築地書館．

木崎甲子郎 1994．『ヒマラヤはどこから来たか―貝と岩が語る造山運動』（中公新書）中央公論社．

Kizaki, K. 1994. "*An Outline of the Himalayan Upheaval*", Japan International Cooperation Agency（JICA）．

森岡正博 1998．総合研究の理念―その構想と実践．現代文明学研究，第1号，1-18．<lifestudies.org/kinokopress>

野中健一 2012．地理学者の地理学―岩田修二の地理学的思考の原風景．立教大学観光学部紀要，14号，99-120．

佐藤 哲 2016．『フィールドサイエンティスト―地域環境学という発想』東京大学出版会．

シンダーマン 著，山本祐靖・小林俊一 訳 1988．『成功するサイエンティスト―科学の喜び』丸善．

鈴木和雄 1993．開花パターン，訪花昆虫，種子食昆虫の観察から．UP（東京大学出版会），253号，10-14．

山崎柄根 1992．『鹿野忠雄―台湾に魅せられたナチュラリスト』平凡社．

索　引

ア　行

アイヴス，ジャック　123, 125
青葉山丘陵　150, 153
アカマツ　163
梓川　191
暖かさの示数　96
アムール・オホーツク＝コンソーシアム　251
アムール・オホーツクプロジェクト　237
アムール川　237
アムールリマン　244
五百沢智也　47, 167, 172, 189
石川愼吾　201
イスラム科学　11
一般教育科目　17
入れ子構造　62
岩崎健吉　48
岩船昌起　190
因果律決定論　15, 24
『魚附林の地球環境学』　237
ウラジロモミ　194, 207, 212
衛星画像解析　228
エコシステム　112, 131
エコトープ（ecotope）　91, 112, 118
　　──構成要素（構成因子）　120
　　──作用関係（因果関係）　120
　　──垂直構造図　114
　　──断面図　118
　　──の垂直的関係　113
　　──の水平的関係　114
　　──分布図　115, 122
応用地理学　17
大村　纂　24, 30, 33
岡山俊雄　24, 168, 267
オーバーレイ構造　90
オホーツク海　237
思わぬつながり　28

カ　行

海岸地形　109
貝塚爽平　73, 83, 259
回転楕円体　58

海氷　241
海洋生産性　239
科学研究費補助金　219
カカニ地区（ネパール）　125
学術探検　21
河床上昇　189, 211
風が吹けば桶屋がもうかる　28, 128
仮想的大陸　109
課題駆動型　26
河童橋　189
カテナ（catena）　117
河畔林　189, 196, 206, 211
　　──の攪乱　197, 212
　　──の破壊と再生　197, 212
上高地自然史研究会　191, 264
上高地谷　189
　　──の谷壁斜面　194
　　──の時空間スケール　192
カラマツ　194, 206, 207
河原　194, 201
環境安全保障　138
環境管理　165
環境教育　17, 30
乾湿度気候帯　97, 98
カント　12
寒冷地形談話会　168, 264
ギーキー，アーチバルド　2, 9, 13
菊池多賀夫　151, 155
危険予測図　125
気候　93
　　──学　8, 46
　　──システム　137
　　──－植生－土壌の相互関係　93
　　──地形区分　106
　　──風景（──景観）　47
技術移転　222, 230
切手収集　257
基盤地質　177, 193
休日の散歩　2, 8, 128
丘陵　150
　　──地谷頭部　152
　　──地の樹木分布　163

271

教員が変わるために　267
教職課程　17
共同研究　29, 262
　　——の人的ネットワーク　263
極相林　131, 194
巨大魚附林　247
吉良竜夫　96, 100
空間時間スケール
　　——の関係　73
　　——の規則性　79
空間スケール　53, 73, 191
　風の——　60, 73
空間パターン　118
空間俯瞰的研究　221
クヌギ　163
クロボク土　162, 165
クンブ氷河　39
景観　40
　　——収支　120
　　——生態学　30, 42, 91, 111
　　——地理学　42, 47
　　——要素　45
継続観察地　192, 201
形態システム　133, 142, 212
ケショウヤナギ　196, 203, 205, 207, 212
結合系　137
原自然（原生自然）　25
玄奘　19
顕生累代　67, 70
現地調査　158, 165
小疇尚　168, 170
小泉武栄　167
工学　24, 43, 49, 142
高山帯　167, 186
高山地形研究グループ　168, 171, 264
高山土壌　172
洪水ハザードマップ（災害危険度地図）　229
広報・普及活動（住民への）　232
護岸工　197, 210
国営武蔵丘陵森林公園　158
個人的な師弟関係（私塾）　261
コナラ　163
個別領域研究　24, 27
孤立樹（木）　196, 212
昆虫採集　257
『坤輿図識補編』　13

サ　行

災害科学　26

災害教育　17, 30
災害のタイプ　231
細部分析的調査　234
細分化　28
サガルマータ（エベレスト）国立公園　125
里山　150
ザナム地区　225
サバイ湖　215
サブシステム　31, 129, 137, 142
　　——間の相互作用　137, 139, 142
砂防堰堤　189, 197, 210
サマーヴィル, メアリー　13, 23, 36
作用（プロセス・過程）　29, 31, 138
　　——-応答システム　134, 142
　　——-応答モデル　171
砂礫斜面　173, 177, 184
　残雪——　173
　周氷河——　173
　　——台帳　181
　　——の基本的な要因　186
砂礫地　169, 196
　強風——　173
　残雪——　169, 173
三角測量　58
三国協働　242
三陸沖（親潮）　239
ジェリフラクション　181, 182
時間空間スケール
　風の——　74
　　——の関係　73
　　——変化の規則性　77, 79
時間スケール　67, 72, 91
　風の——　72
ジザム村　228
システム（系）　112, 120, 129
　　——科学　31, 128, 142
　　——図　120
　　——の安定　139, 141
　　——の因果構造　133
　　——の機能　129
　　——の構成要素　129
　　——の構造　129, 131
　　——の性格　129
　　——の暴走　139, 141
　　——論　129
自然学　11, 53
自然現象の総体　14, 26
自然災害　25
自然史科学　22, 32

自然史学　15, 22
自然諸現象の相互関係　26, 30, 123
自然地域区分　15, 61
自然地域単位　62
自然地理学
　　現在の──　8
　　19 世紀の──　7, 51
　　総合科学としての──　30
　　──教育　30
　　──実習　158
　　──と人間との関係　24
　　──の主要領域　8
　　──の対象　7, 13, 66
　　──の特徴（ユニークさ）　22, 30, 32
　　──の独立・離脱　16, 111
　　──の内容　5, 6, 7, 13, 23, 26, 37
　　──の法則性　67, 79
　　──の本質　32, 79
　　──の目次　9, 23, 36
　　──の歴史　11
自然哲学　11
自然の全体像　2, 13, 16, 26, 30, 33, 142, 255
湿原　247
実験　129
　　──流域　175
島津 弘　201
シームレス　7, 10, 28, 31, 128
下又白谷　197
蛇籠　197
斜面縦断面形測量　160
修士論文　265
10 のべきの旅　65
周氷河性クリープ　179, 182
主題図の重ね合わせ　103
小流域谷地形　152
植生　93, 155, 162, 202
　　──図　175
　　──断面図　155
　　──への地質の影響　194
　　──地理学　8, 46
植民地化　21
『初歩の科学 自然地理学』　2, 6
白岩孝行　237, 263
白馬岳　149, 167
人為的植生改変　99
人工衛星画像　49
人工衛星の軌道　58
震災の帯　88
侵食前線　153

新生代氷河時代　144
浸透　154
人文地理学　25
森羅万象　23
森林　247
人類　29
水文学　8
数値モデル（鉄の流出に関する）　249
数理実験　129
スケッチ　45
鈴木秀夫　101
スノーマン゠トレック　218
成熟林　211
生態学　26, 112
　　──での時間空間スケール　75
生態系　112
生物共同体　112
精密自然科学　24, 33
世界気候区　93
雪食凹地　169
遷移　197
先駆群落　206
先駆樹種　201, 203, 207
潜在自然植生　99
全地球史の時代区分　67
相観　42, 96, 118, 124
相関（correlation）　134
総合地球環境学研究所（地球研）　240, 262
増水した川　4
卒業研究　265

タ 行

大航海時代　12, 19, 20
大縮尺地図　21, 159, 169
大出水　202
対数目盛　69
大生態系の分布と気候の枠組み　97
大地の自然史ダイアグラム　83
太陽系　55
大陸移動　144
武内和彦　117, 151, 159
ダスト　240
多摩丘陵　150
田村俊和　31, 151
探検　19, 258
地域　30, 42
　　──環境学　26, 263
　　──自然単位　113, 146
　　──生態学　30, 111

索　引──273

——の全体像　51, 254
——モザイク　114
地球
　球体の——　58
　100 cm の——　53
　不規則形の——　58
　——温暖化　29, 138
　——環境問題　26, 138
　——規模の地形の成因　93
　——規模の問題　29
　——時間（1年の地球史）　69
　——システム科学　137
　——の大きさ　53
　——の形　53
　——表層の環境　22
　——表層部の高さ（厚さ）　57
　——惑星科学　67
　——惑星システム科学　136
地形学　6, 8, 46
　——図　91, 190
地形形成作用　106, 154, 171, 182
地形災害危険度地図　193
地形的仕事量　180
地形変化様式　193
地誌学　31, 37, 260
地質学　46, 67
地質時代　70
地図の空白部　21
地生態学　16, 30, 111
地生態圏　22
地生態収支　120, 122
　——の均衡　121
地生態的機能　121
地文学　13
『地文学』　7, 23, 35
『地文學初歩』　2, 13
中間項　102
中間流　155
沖積錐　195, 197
中層水（オホーツク海の）　241, 243
鳥瞰的　26
張騫　19
調査範囲　191, 200
地理学教室　23
地理情報解析　49
地理情報システム（GIS）　43, 91
帝国主義的な領土拡大　21
堤防　210
低木群落　211

定量的観測　127
鄭和　20
鉄（風成鉄）　243
鉄道趣味　257
鉄の供給源　241
伝染病　20
東京都立大学理学部地理学教室　151, 158
統合自然地理学　26, 31, 32, 37, 47, 79, 257, 267
　——の課題　64
　——の提唱　22, 32
統合地理学　31
等質（均質）地域区分　91, 104
徳沢　191, 200
登山　258, 264
土砂の流れ　210
土壌　97, 153
　成帯——　98
　——タイプ　117
　——断面　153, 162
　——柱状図　154
　——調査　162
　——地理学　8
土石流　197, 210
土地的自然　112
土地被覆　45
土地分類基本調査　61, 91
土地利用　246
トラップ（貯留場所）　198
トラバース測量　159
トロル，カール　111

ナ　行

長池平　168
長沼緑地　158
夏の学校　168, 261
二次林　163
人間生活　25
人間の生活舞台　25
認識共同体（研究者の組織）　237, 239
熱帯地域の自然図　14, 45
年代
　数値——　71
　絶対——　71
　相対——　70
　放射——　71, 80
　——層序　70
年輪調査　206, 209
農学　24

ハ 行

バイキング　19
ハクスリー，トーマス　7, 13, 23, 35
博物学　12, 17, 22, 47
『博物誌』　12
鉢ヶ岳　175
パッチ（地生態学での）　118
幅広い学習　259
ハルニレ　194, 199, 212
阪神・淡路大震災　88
反復写真　49
氾濫原　194, 196
被害分布図　89
東日本大震災　27
比企北丘陵　159
微地形区分　152, 155
微地形単位　152, 160, 162, 163
ひとり学際研究　263
ビュフォン　12
氷河　6, 39, 50, 56, 169, 215
　　――コア解析　240
　　――システム　135
　　――時代　144
　　――なだれ　220
氷河湖　215
　　危険な――　224
　　――決壊洪水（GLOF）　215
　　――の形成条件　232
　　――目録　224
表面角礫層　177, 184
　　――のタイプ　179, 182
表面流出　154
琵琶湖南湖東岸　119
フィジオグラフィー　18
フィードバック　31, 139, 141
風景　40, 44
　　――研究　47, 49
　　――単位　173
　　――は形態　45
　　――モザイク　173
　　――論　44
　　――を記録する方法　47
風衝地　173
俯瞰型研究　17, 146
俯瞰的視点　17, 26, 104
藤田耕史　224, 234
腐植　245
ブータン＝ヒマラヤ　215

物質移動量　171, 179, 182
　　相対垂直――　184
プナカ　215
ブライン（高濃度塩水）　243
フラクタル構造　62
フラックス（flux）　131
古池沢沖積錐　209
フルボ酸　245
プレートテクトニクス　93
フロスト゠クリープ　181
プロセス　29, 138
分析的研究　15, 24, 104, 128
分布　87
　　――図　87
　　――図の重ね合わせ　90, 91, 100, 103
　　――調査　90
　　――の因果関係　91
　　――の対応関係　91
　　――パターン　87
フンボルト　13, 14, 21, 26
分野　10
平均侵食速度　108
平板測量　160, 169, 175, 201
変化の速さ　77
防災研究援助　216
匍行　153
本草学　13

マ 行

埋没土壌層　153
マンデチュー流域　222
水野一晴　168
水の流れ（斜面における）　155, 165
箕作省吾　13
明神橋　191, 200
メタツォタ湖　226, 229
モザイク状の自然　167
モレーンダム　220
　　――の傾斜（見下ろし角度）　225
　　――の脆弱化　220
　　――の内部構造　225
モレーンダム湖　216
　　長池型――　220
　　丸池型――　220

ヤ 行

野外学校　260
野外観測　123
安成哲三　240

索　引――275

ヤナギ類　196, 200, 203, 210, 211
　　──栽培実験　201, 205
山本信雄　189
有機的な結合　28, 128
雪国離婚仮説　101
雪窪　169
要素還元主義　15, 24, 28, 130
溶存鉄　241
予期せざる結果　213

ラ 行

ラザフォード　258
ラントシャフト　41, 113
　　──収支　120
ランドスケープ　43
流下システム　131, 142, 211
流路　194
　　網状──　201
　　──の固定化　197
　　──変更　197, 201
領域　6, 8, 10
　　──横断型研究　27, 32
　　──俯瞰型共同研究のリーダー　263
　　──俯瞰型研究　9, 16, 27, 30, 138, 259, 264
　　──俯瞰的視点　27
　　──別自然地理学　8, 24, 27, 37
林床植生　163
ルゲ湖　215

レイヤー方式　90
レオナルド゠ダ゠ヴィンチ　12
論理実証主義　12

ワ 行

渡辺悌二　125, 168
ワレニウス　12, 21

アルファベット

AWS（自動気象観測装置）　225
DGM（ブータン地質鉱山局）　216
G-スケール　61
Ga（10億年）　72
GIS（地理情報システム）　43, 49, 91
GLOF（氷河湖決壊洪水）　215
　　──発生メカニズム　218
GNSS（衛星測位技術）　49
JAXA（宇宙航空研究開発機構）　224
JICA（国際協力機構）　215
JST（科学技術振興機構）　222
ka（1000年）　71
Ma（100万年）　71
OJT（研究実務による研修授業）　231
Physiography　13, 15, 18
RESTEC（リモート・センシング技術センター）
　　224
SATREPS（地球規模課題対応国際科学技術協
　　力）　222

著者略歴

岩田修二（いわた・しゅうじ）
1946 年　神戸市に生まれる
1971 年　明治大学文学部史学地理学科卒業
1976 年　東京都立大学大学院理学研究科博士課程退学　理学博士
　　東京都立大学理学部助手，三重大学人文学部助教授・教授，東京都立大学理
　　学部教授，立教大学観光学部教授を経て
現　在　東京都立大学名誉教授
専門分野　地形学・地球環境変遷学・自然地理学・地誌学
主要著書　『世界の山やま』（共編著，1995 年，古今書院）
　　　　　『山とつきあう』（1997 年，岩波書店）
　　　　　『地球史が語る近未来の環境』（共編著，2007 年，東京大学出版会）
　　　　　『氷河地形学』（2011 年，東京大学出版会）

統合自然地理学

2018 年 5 月 18 日　初　版

［検印廃止］

著　　者　岩田修二
発行所　一般財団法人　東京大学出版会
　　　　代表者　吉見俊哉
　　　　153-0041　東京都目黒区駒場 4-5-29
　　　　電話 03-6407-1069　FAX 03-6407-1991
　　　　振替 00160-6-59964
印刷所　株式会社平文社
製本所　牧製本印刷株式会社

© 2018 Shuji Iwata
ISBN 978-4-13-022501-4　Printed in Japan

JCOPY 〈㈳出版者著作権管理機構　委託出版物〉
本書の無断複写は著作権法上での例外を除き禁じられています．複写される場
合は，そのつど事前に，㈳出版者著作権管理機構（電話 03-3513-6969，FAX
03-3513-6979, e-mail: info@jcopy.or.jp）の許諾を得てください．

岩田修二
氷河地形学 B5判 8200 円

太田陽子・小池一之・鎮西清高・野上道男・町田 洋・松田時彦
日本列島の地形学 B5判 4500 円

鹿園直建
地球惑星システム科学入門 A5判 2800 円

安成哲三
地球気候学 システムとしての気候の変動・変化・進化 A5判 3400 円

日本第四紀学会・町田 洋・岩田修二・小野 昭 編
地球史が語る近未来の環境 四六判 2400 円

木村 学
地質学の自然観 四六判 2500 円

ここに表示された価格は本体価格です．ご購入の
際には消費税が加算されますのでご諒承ください．